新フローチャートによる調理実習

編著
下坂智恵　長野宏子

著
大迫早苗　柴田奈緒美　髙橋ユリア　竹下温子　富永暁子　堀光代
松本美鈴　望月美左子　森山三千江

地人書館

はじめに

　日々の生活において多くの食材を無駄なく，おいしく調理して健康的な生活をおくることは重要である．「フローチャートによる調理実習」は，料理のおいしい作り方，その裏付けを見開きで記載した本である．

　調理実習書をフローチャート形式にして講義と実習を行い，学生の理解度を高揚できたらと考え1984（昭和59）年に出版された．各食品素材が調理品になるまでのプロセスを単位行動に分解し，それを約束された図形と文字を使用して，作り方行程を示された通りに進めて仕上げていくものである．本書のもう一つの特徴は調理プロセス中の疑問に対する解説を記載したことである．

　初版「フローチャートによる調理実習」が出版されてから30年以上の時が流れ，食環境も大きく変化してきたことから，初版の先生方の御厚意により，新しい先生方にも執筆をお願いし，この間に明らかになった知見について加筆し改訂を行うこととなった．改訂にあたっては，時代とともに食される料理内容も変化しているが，本書に掲載されている料理は，基本的・伝統的なものが多いため，時が経っても変化しない部分については，先人が記述された内容をそのまま踏襲し変更は最小限にした．基本的な調理手法を身に付け，調理技術のコツを体得してもらうことをねらいとした．

　近年，食の簡便化や外部化が進み，家庭での調理離れが指摘されている．一方，インターネット（Webサイト）による料理レシピの投稿・検索サイトを閲覧・利用する人が増加傾向にあり，自分で料理を作りたいという意識のあることが示唆されている．自ら食事を作る技術を習得することは食生活の根幹であり，生活習慣病予防や食育の視点からも重要である．からだに優しい料理を作っておいしさを楽しみ，心の豊かな生活を実現する上で，本書がささやかな一助になれば幸いである．

　本書をお使い頂いた皆様には感想を含めましたご教示を頂き，今後さらによりよいものへと前進したいと思っている．

　終わりに，本書の改訂に多大なご尽力を頂きました地人書館の上條宰社長ならびに編集を担当された柏井勇魚氏に厚く感謝申し上げる．

2016年3月
下坂 智恵　長野 宏子

執筆者

大迫 早苗（相模女子大学 短期大学部）

柴田 奈緒美（岐阜大学 教育学部）

下坂 智惠（大妻女子大学 短期大学部）

髙橋 ユリア（大妻女子大学 短期大学部）

竹下 温子（静岡大学 教育学部）

富永 暁子（大妻女子大学 短期大学部）

長野 宏子（岐阜大学）

堀 光代（岐阜市立女子短期大学 食物栄養学科）

松本 美鈴（大妻女子大学 家政学部）

望月 美左子（別府溝部学園短期大学 食物栄養学科）

森山 三千江（愛知学泉大学 家政学部）

（50音順 本書刊行時）

初版 はじめに

　調理実習の学習は，食品素材が調理品になるまでの行程に，非常に多くの失敗の原因が潜在することをはじめ，技術の難易度もからみ，まして初心者対象，多人数実習になると要点の把握，理解度が困難するようである．そこで私達は，調理実習書をフローチャート形式にして講義と実習を行い，学生の理解度を高揚できたらと思うものである．すなわち，各食品素材が，調理品になるまでのプロセスを単位行動に分解し，行動すべき順序に従って配列し，それを約束された図形と文字を使用して，作り方行程を示されたとおりに進めて仕上げていくものである．

　各調理は見開き頁にする．左側頁には，その調理の行程中に存在する化学的や物理的変化によって起こる理論やその対応を参考文献や図解，図表の挿入などによって食材料を風味豊かな調理品にするための技術の解説にした．また余白の許す範囲で必要な関連事項，応用事項を記した．そして調理品のでき上がり写真で盛りつけ方を示した．次に右側頁には4人分の材料と分量を使用する順序に明記し，フローチャートの図形を左から右へ，上から下への流れに沿って操作，処理していけば，誰にでも間違いなく調理品に到達できる．

　このフローチャートに記述した材料，分量，作り方などは，調理品のテクスチャーや味付けの嗜好性，材料の鮮度や産地別，郷土料理の特徴，それぞれの家庭の味，おふくろの味などによって一定すべきものではない．本書においては，あくまで一定標準と考えていただきたい．

　しかし調理は失敗なくうまくでき上がればよいというものではない．作る人の真心がこめられてこそ食べる人に喜びと健康をもたらすはずである．それには，試みた調理はくり返し作ること，慣れることで積み重ねの中に真心が大きく成長するのではないだろうか．フローチャートを単に調理工程の機能化と考えず，この工程の中に諸姉のやさしい魂を打ちこんだ温かみのある調理品に作り上げて欲しいと願うものである．

　内容は日本，西洋，中国の各様式調理の基本になるものにとどめて，応用調理へのアプローチと献立例や行事食献立から調理の組み合わせの調和も指示した．

　本書は調理実習書として初めての試みを編集したものであるが，不十分な点も多々あると思われる．諸賢のご叱声，ご批評いただき，機を得てより良いものに改めたい所存である．

　おわりに本書の資料として著書，文献を引用あるいは参考にさせて頂いた諸先生方に著者一同より深く感謝の意を表するとともに，本書の企画出版の機会を頂いた地人書館中田威夫ならびに編集に献身的お骨折り下さいました上條宰氏に深く御礼申し上げます．

昭和59年4月
著者一同

初版　執筆者

大妻女子大学家政学部

市川　朝子

上部　光子

大森　正司

下村　道子

新谷　寿美子

曽根　喜和子

中里　トシ子

岐阜大学教育学部

長野　宏子

(50音順 初版刊行時)

目次

フローチャートについて ……………………… 1

I 調理について

調理の意義と目的 ……………………… 3
調理の基本 ……………………… 3
調理の手法 ……………………… 6

II 日本料理

日本料理の特徴 ……………………… 13
日本料理の供応形式と献立構成 ……………………… 13
食事作法 ……………………… 16

【なま物】
マグロの刺身 ……………………… 18
カツオのたたき ……………………… 20
しめさば ……………………… 22

【汁物】
吉野鶏・シイタケ・ミツバの清し汁 ……………………… 24
けんちん汁（巻繊汁） ……………………… 26
ハマグリの潮汁 ……………………… 28
かき卵汁（薄くず汁） ……………………… 30
豆腐・ナメコダケの味噌汁 ……………………… 32

【煮物】
炒り鶏 ……………………… 34
ヤツガシラと高野豆腐の含め煮 ……………………… 36
レンコンの酢煮（白煮） ……………………… 38
カボチャのそぼろあんかけ ……………………… 40
イカの照り煮 ……………………… 42
サバの味噌煮 ……………………… 44
黒大豆の煮豆（ぶどう豆） ……………………… 46

【蒸し物】
茶碗蒸し ……………………… 48
卵豆腐 ……………………… 50
二色卵（錦卵） ……………………… 52
サケのけんちん蒸し ……………………… 54

【焼き物】
アジの姿焼き ……………………… 56
ブリの照り焼き ……………………… 58
巻き焼き卵 ……………………… 60

【揚げ物】
天ぷら ……………………… 62

【和え物】
白和え ……………………… 64
ホウレンソウのゴマ和え ……………………… 66

【酢の物】
キュウリとワカメの酢の物 ……………………… 68
アサリとワケギのからし酢味噌和え（ぬた） ……………………… 70

【ごはん物】
米飯 ……………………… 72
かゆ ……………………… 74

タケノコ飯	76	クリきんとん	92
親子どんぶり	78		
ちらしずし	80	【飲み物】	
こわ飯	82	緑茶	94

【菓子】
		【麺類】	
柏もち	84	手打ちうどん	96
フルーツ白玉	86		
ひき茶まんじゅう	88	【漬け物】	
水羊羹	90	カブの即席漬け	98

III 西洋料理

西洋料理の特徴	101	ビーフステーキ	126
代表的な西洋各国の料理傾向	101	ビーフシチュー	128
日本における西洋料理	102	チキンソテー	130
香辛料について	102	若鶏のクリーム煮	132
ソースについて	103		
西洋料理の献立構成	104	【野菜・果物】	
		粉ふきイモ，ポテトフライ	134
【前菜】		ポテトサラダ	136
スタッフドエッグ	106	フルーツサラダ	138
カナッペ	108		
		【米飯】	
【スープ】		チキンピラフ	140
さいの目野菜のコンソメ	110	カレーライス	142
スイートコーンのクリームスープ	112		
ハマグリのチャウダー	114	【麺類】	
		マカロニグラタン	144
【卵】		スパゲッティミートソース	146
プレーンオムレツ	116		
		【パン】	
【魚】		バターロール	148
ムニエル	118	サンドウィッチ	150
キスフライ	120		
		【菓子】	
【獣鳥肉】		ホットケーキ	152
ハンバーグステーキ	122	パウンドケーキ	154
ロールキャベツ	124	ロールスポンジケーキ	156

シュークリーム	158	ババロア	168
アップルパイ	160	フルーツパンチ	170
カスタードプディング	162		
ブラマンジェ	164	【飲み物】	
コーヒーゼリー	166	紅茶, コーヒー	172

IV　中国料理

地域による特徴	175	【蒸菜】	
調理法の特徴	175	蒸蛋黄花（茶碗蒸し）	206
特殊材料	176	珍珠丸子（肉だんごのもち米蒸し）	208
調味料と香辛料	177		
中国料理の基本調理	177	【煨菜】	
切り方の名称	177	白片肉（ゆで豚）	210
調理器具	177		
中国料理の献立構成	178	【烤肉】	
食事作法	179	烤肉（焼き豚）	212
【前菜】		【湯菜】	
涼拌墨魚（イカの酢の物）	180	清湯水蓮（ゆで卵と春雨の清し汁）	214
涼拌海蜇（クラゲの酢の物）	182	豆腐蛤蜊羹（豆腐とハマグリのむき身のくず汁）	216
		青瓜魚絲湯（キュウリと白身魚の濁り汁）	218
【炒菜】		豆芽菜湯（モヤシの清し汁）	220
炒墨魚（イカの五目炒め）	184		
青椒牛肉絲（ピーマンと牛肉のせん切り炒め）	186	【点心（鹹味）】	
芙蓉蟹（かにたま）	188	什景炒飯（五目焼き飯）	222
		什景炒麺（五目焼きそば）	224
【炸菜】		鍋貼餃子（焼きぎょうざ）	226
乾炸鶏塊（鶏のぶつ切りから揚げ）	190	包子（豆沙包子, 肉包子）	228
高麗魚条（白身魚の卵白衣揚げ）	192		
桃酥魚片（魚肉の薄切りのクルミ揚げ）	194	【点心（甘味）】	
		杏仁酥（中華風クッキー）	230
【溜菜】		鶏蛋糕（蒸しカステラ）	232
醋溜丸子（肉だんごの甘酢あんかけ）	196	抜絲地瓜（揚げサツマイモのあめからめ）	234
古滷肉（酢豚）	198	（牛）奶豆腐（牛乳羹）	236
蕃茄溜魚片（魚肉のトマトあんかけ）	200		
奶溜鶏片（鶏ささ身の牛乳あんかけ）	202	【飲み物】	
玻璃白菜（ハクサイのくずあんかけ）	204	烏龍茶（ウーロン茶）	238

フローチャートについて

　本書の特徴は，調理実習の手順がフローチャートで示されていること，フローチャートで示された調理手順の説明とその科学的な裏付けが記載されていることである．

　フローチャートとは，「一定の目的を果たすために行う一連の行動を，複数の単位行動にわけ，行動すべき順序に従って配列し，図形と文字を使用して示した図面である」ということができる．フローチャートに示すことにより，実習の再現性が高められることは利点の一つである．

　先ず，行動の目的が明らかにされる必要がある．この目的が明らかでないとか，行動の途中で変わるのでは，フローチャートは示せない．

　次に，単位行動を決める必要がある．この本では，各食品素材が調理されるときの，プロセスを明らかにすることを目的として，そこで必要な行動を単位行動と考えている．その単位行動のひとつひとつ，例えば"煮る"をとらえて更に細かく分け，"鍋に水を入れる"，"鍋をガス台にのせる"，"ガスに火を付ける"，……とすることも可能である．しかし，このそれぞれの行動については，各位がよく知っていると考えられるので，煩わしさを避けるため，細分していない．

　目的を達成するために，単位行動を連続して行えばよい場合もある．しかし，多くの場合，「次に何をなすべきか」を決めなければならない．すなわち，ある単位行動を行ったら，その結果や状況を判断する必要がある．そして，判断に基づいて，次に行うべき単位行動を決める．このように，次に行う単位行動を判断する単位行動を"条件判定処理"という．本書では，絶対に欠くことのできない場合に限って，条件判定処理を示してある．したがって，示されたフローチャート通りに実習を行う場合，条件判定処理が示されているときは，必ずこれを行う必要がある．ここには，本書の特徴である調理手順の説明とその科学的な裏付けが記載されている．

　また，フローチャートに示してある内容は，調理実習の基本となるものである．フローチャートに示されていることについて理由を考え，疑いを持つことである．示されていることは妥当か，省略できるものはないか，加えるべきものはないか，等を考え，フローチャートの修正を行うのもよい．再び実習し，前後の優劣を比較し，検証することも大切である．

本書のフローチャートにおける約束

(1) フローチャートに示された線は，原則として左から右へ，上から下へ流れる．但し，特に矢印をつけてある場合は，この原則によらない．
(2) 各図形には，それぞれ特有の意味がある（次頁参照）．
(3) 図形の中に書かれた言葉，または文は，そこで行う行動などの内容を示している．
(4) 図形の右肩につけた番号は，そこで行う行動を説明したり，注意を述べたりする記述と照合するためのものである．

本書に用いられる図形の約束

- →　：　フローの流れを示す
- （端子形）　：　端子．実習の開始，終了を示す
- （長方形）　：　処理．実習の操作を示す
- （二重長方形）　：　主となる材料を示す
- （平行四辺形）　：　副次的材料，調味料を示す
- （六角形）　：　処分．実習系より不用になったもの，廃棄されるものを示す
- （角丸長方形）　：　あらかじめ用意する食器，調理器具類を示す
- （ひし形）　：　判断．実習上のポイント，確認事項を示す
- Ⓐ　：　接合子．フローとフローの結合部分を示す
- （破線長方形 ⓝ）　：　フローの順番を示す
- （破線長方形 ●n）　：　フローの順番を示すと同時に，左ページの「調理上の注意と解説」の欄に説明のあることを示す

I 調理について

調理の意義と目的

　調理とは，食品材料を選択・入手し，洗う，切る，加熱する，混ぜる，盛り付けるなどの操作によって，食品を消化しやすく，食べやすく，おいしくする操作である．調理を行う目的を以下に示す．

1) **おいしくする**：嗜好性は人によって異なるが，おいしい食べ物が心身に与える影響は大きく，おいしい物を食べて満足感・幸福感に満たされ，それが消化酵素の分泌を促進し，消化吸収が亢進する．
2) **消化吸収を良くし栄養価を高める**：食品を切ったり，加熱することで組織が軟化して食品に含まれる栄養素の消化吸収が良くなる．また，食品を組み合わせて調理することで，栄養効果が高くなる．
3) **衛生上安全なものにする**：じゃがいもの芽の部分を除去したり，加熱により微生物を死滅させたり，塩や酢の利用により微生物の増殖を抑えたりすることで，食品材料を安全な食べ物にする．
4) **外観をよくする**：食材の飾り切り，彩り，盛り付けなどにより食べることの満足感を高め，食欲を増す．
5) **食文化を伝承する**：調理は，それぞれの地域・家庭で長年にわたり育まれ，伝えられてきた一つの文化であり，それを伝承していくことは大切なことで，生活を豊かにすることにつながる．

　調理は，使用する食材の種類が多く，さまざまな調理操作が組み合わされるため，経験によるところが大きいが，調理段階で起こる諸現象について，科学的・系統的な理論を理解することで，技術の上達が早くなり，応用・工夫ができるようになる．

調理の基本

1　計量・計測

　調理をするときに，食材の重量，体積，調理操作時の温度，時間などを測ることは，材料のむだを省き，おいしくするために必要なことで，失敗を少なくするコツでもある．調味料などを計量する場合，正確には重量を用いるのがよいが，体積で測れるものは，体積で測って重量に換算することも多い（表1-1）．計量スプーンを用いる場合，粒状のもの，粉状のものは，かたまりのない状態で山盛りにし，すり切り棒などですり切って測る．スプーン1/2を測るときは，平らにすり切ってから1/2を取り除く（図1-1）．液状のものは表面張力があるので，計量スプーンにすくい，動かしてもこぼれない程度にする．

　重量を測定するには，秤を用いる．秤には秤量（秤ではかれる最大量）と感量（最小量）があるので使用目的によって使い分ける．

　温度を測定するには，アルコール温度計や水銀温度計を使い，蒸し物や寄せ物用には100℃目盛，揚げ物用には200℃または300℃目盛を用いる．天火にはバイメタルの温度計が使われる．

【廃棄率】

　料理に用いる材料の分量は，魚の頭や内臓，野菜の皮などの食べられない廃棄部分を考慮して準備する必要がある．食品の廃棄率は，全重量に対する廃棄部分の割合（%）で示す．

廃棄率(%)＝(全重量－可食部重量)／全重量×100

表1-1 計量スプーン・カップ1杯の食品の重量（g）

食品名	小スプーン （5mL）	大スプーン （15mL）	カップ （200mL）
水・酢・酒	5	15	200
醤油・みりん	6	18	230
味噌	6	18	230
食塩・精製塩	6	18	240
グラニュー糖	4	12	180
上白糖	3	9	130
油・バター	4	12	180
片栗粉・上新粉	3	9	130
精白米	―	―	160

図1-1 計量の方法

2 切る（切断）

切るとは，包丁などの刃物を使って，食品の皮，芯などの食べられない部分を除去し，形状や外観を整え，加熱しやすく，食べやすくするために行う操作である．野菜や肉類は繊維と平行に切ると歯ごたえが残り，繊維と直角に切ると食感が軟らかくなる．乱切りは，繊維を斜めに切るので軟らかくなり，表面積も大きくなって調味料が浸透しやすい．

包丁の種類を図1-2に，包丁の部位と主な用途を図1-3に示した．包丁は利き手でもち，食品を押さえる手は指先を丸めて包丁の腹にあて，手を少しずつずらしながら切り進める（図1-4）．野菜の基本的な切り方と飾り切りを図1-5に示した．

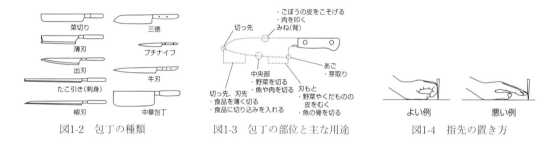

図1-2 包丁の種類　　図1-3 包丁の部位と主な用途　　図1-4 指先の置き方

［基本］

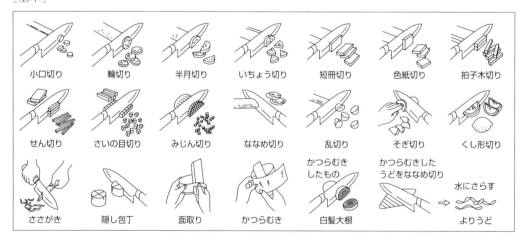

[飾り切り]

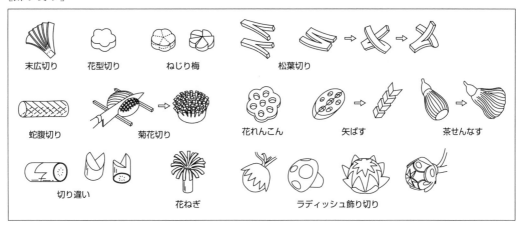

図1-5 野菜の切り方

3　食材の下処理

食材でアクの出るもの，変色しやすいもの，臭みのあるもの，乾物等は，料理の前に下処理をする（表1-2）．食材により，ゆで水に塩，酢，ぬかなどを添加する（表1-3）．一般に，野菜をゆでる場合，根菜類は水からゆで，葉菜類は湯からゆでる．乾燥豆の大豆は，水に浸してからゆでるが，あずきは水に浸漬しないでゆでる．魚類や肉類はタンパク質が溶出しないように湯からゆでるのが一般的であるが，スープとして利用する場合には，水から加熱する．

表1-3　ゆで水への添加物の効果

添加物	効　果
塩	青菜を色よく仕上げる
酢	ウドやレンコンを白く仕上げる（褐変を防ぐ）歯触りをよくする（レンコン）
ぬ か	タケノコのアクを抜く
重 曹	山菜のアク抜き・組織の軟化

表1-2　食材の下処理の方法

食品群	食　材	下処理の方法
いも類	ジャガイモ，サツマイモ	褐変を防止するために切ったら水につける．水からゆでる
	サトイモ	皮を厚くむいて，塩水で洗ったり，ゆでこぼしてぬめりを取り除く
野菜類	ホウレンソウ	緑色色素を保持するために，6〜8倍量の沸騰した湯に食塩（0.5〜1％）を入れて，短時間に加熱する．ゆであがったら水に取り，手早く冷ます
	ダイコン，ニンジン	根菜類は，材料が浸る程度の水を入れて，水からゆでる
	ゴボウ，レンコン	空気に触れると変色するので，切ったら酢水につけて水で洗う
	ナス	空気に触れると変色するので，切ったらすぐに水につける
	カリフラワー	ゆで水に食塩，小麦粉，食酢を加えて煮立て，6分位ゆでる
肉類	肉類	肉類をショウガやニンニクの汁につけると生臭みが抑えられる．焼き物は高温で加熱して肉表面を凝固させると肉汁の流出が抑えられる
魚介類	魚類	魚臭を除去するために，食塩，酒，ネギ，ショウガ，牛乳等につける．沸騰した煮汁に入れて煮ると，旨味成分の流出が抑えられる
	アサリ，ハマグリ	3％前後の食塩水に浸して暗所で砂をはかせる
その他	ヒジキ，切干しダイコン	水で洗って汚れを取り除き，水に20分位つけて戻す
	カンピョウ	塩少々でもみ洗いして，水からゆでる
	レシイタケ	軽く洗って水につけて戻す．戻し汁は煮物料理等のだし汁として使用する
	油揚げ	表面の油を抜くために熱湯をかけたり，熱湯にさっとつける
	こんにゃく，白滝	アクを除去するために水からゆでる

4 調味

食品本来の持ち味に調味料や香辛料を加えて，持ち味や風味を生かし，よりおいしく食べられるようにする操作である．塩味，甘味，酸味，苦味，旨味の五原味があり，味の相互作用が起こる．

塩味：調味の基本味であり，塩，しょうゆ，みそなどを用いる．しょうゆを用いて塩と同程度の塩味にするには約6倍の重量を用い，1g塩分量は，しょうゆ小さじ1杯（5mL＝6g）に相当する．一般に好まれる塩味の濃度は，汁物が0.6〜0.8％，煮物，炒め物が1〜2％と範囲は狭い（表1-4）．

甘味：砂糖，みりんなどを用いる．みりんを砂糖の代わりに使用するときは約3倍の重量を用い（表1-5），1g糖分量は，みりん小さじ1/2杯（2.5mL＝3g）に相当する．甘味として好まれる濃度は，煮物で3〜5％，ジャムで40〜70％と範囲が広い（表1-6）．

旨味：材料としては，コンブ，煮干し，かつお節などが用いられる（表1-7）．

表1-4 食品中の塩分

食品名	濃度（％）
汁物	0.6〜0.8
煮物・炒め物	1〜2
和え物・酢の物	1.2〜1.5
食パン	1.1〜1.4
バター	1.9
マヨネーズ	1.8〜2.3
かまぼこ	2〜2.5
魚の干物	2〜4
たくあん	7〜9
佃煮	5〜10

表1-6 食品中の糖分

食品名	濃度（％）
飲み物	0〜15
煮物	3〜5
甘酒	12〜15
アイスクリーム	12〜18
ゼリー	12〜18
水羊羹・しるこ	26〜30
カステラ	30〜40
煮豆・あん類	35〜40
練り羊羹	40〜60
ジャム	40〜70

表1-5 糖分の換算

種類	糖分含有量	使用量の重量比
砂糖	99.1	1
みりん	31.5	3

みりんの糖分含有量は約30％なので，砂糖と同じ甘味にするには，砂糖の3倍量使う．

表1-7 旨味成分の含有量（mg/100g）

コンブ（グルタミン酸）	2240
煮干し（イノシン酸）	863
かつお節（イノシン酸）	687
干シイタケ（グアニル酸）	157

【味の相互作用の例】

食べ物には，単一の味しかないものはほとんどなく，多くの味が複合されていることが多い．食べ物の味は，相互作用によって変化する．

相乗効果：かつお節とコンブを併用すると，旨味の強さは数倍に増強する．
対比効果：汁粉，あんを作る時，食塩を少量加えると甘味が一段と強く感じる．
抑制効果：コーヒーに砂糖を入れることにより苦味が弱く感じる．

【外割比率と内割比率】

調理では，材料に対する調味料の割合を示す場合に，材料の何％を加えるという表現を使うことが多い（外割比率）．一方，塩分濃度や糖濃度を測定する場合には，100g中に何gの食塩や砂糖が入っているかを使う（内割比率）．

外割比率：100gの汁に1％の塩分濃度の塩を加える→100gの汁に1gの食塩を加えること（全量は101g）

内割比率：しょうゆの塩分濃度15％→しょうゆ100g中に食塩15gが含まれること（全量は100g）

調理の手法

1 なま物

食品を加熱せずに，食品本来の味や歯ざわりを生かす調理法である．加熱による殺菌などが行われないので，新鮮な材料を用い，取り扱いは衛生的にする．なま物の調理は，食品の硬さや消化，衛生

的な面から野菜・果物類や魚介類など特定の食品に限られる．

　酢の物，サラダ，漬け物などの生食に用いる野菜類は，アクの少ない淡白な野菜が適する．食品の切り方によって，テクスチャーや舌ざわりが異なってくるので，なま物調理では，切り方が大切な要素のひとつとなる．繊維の多い野菜は，細かく切ったり，すりおろしたりして消化をよくする．また，野菜を塩もみや漬け物にして水分を浸出させるとしんなり軟らかくなり，細切りにして冷水に浸すとパリッとする．これらは浸透圧によって前者は水分が減少したためであり，後者は水分を細胞内に吸収したためである．

　魚介類を刺身にする場合，イカ，サヨリなど身の硬いものはそぎ作り，糸作りなどにし，身の軟らかいマダロ，サバ，カツオなどは平作り，引き作り，ぶつ切りなど大きく切る．においの強いサバはしめさばにし，カツオはたたき作りにして，酢とともにショウガや香味野菜を用いて調理する．

2 汁物

　旨味成分を多く含む食品を水につけたり，加熱して，その旨味成分を浸出させただし汁を主体とする調理である．一般的なだしのとり方を表1-8に示した．

【かつお節について】

　かつお節は，かつおを原料とした日本特有の燻乾品で特有の味と芳香をもち，煮だし汁の材料として使用され，主な旨味成分はイノシン酸である．小さい魚は三枚におろして亀節，大型の魚は五枚におろし背肉を雄節，腹肉を雌節とする．煮だし汁をとるには脂肪が少なく旨味の多い雄節，または亀節の背側を使うとよい．

　かつお節を水で洗い，水気をふきとってから逆目にならないようにできるだけ薄く削る．削り置きのものは香りが抜け味が落ちるので，煮だし汁をとる前に削るとよい．

【コンブについて】

　コンブは褐藻類コンブ科の海藻で，だし，つくだ煮，煮物などに使用される．だしコンブとしては山だしとよばれる真コンブが最上である．旨味成分はグルタミン酸を主体とするアミノ酸類にマンニットの甘味が加わり，特有の旨味をもつため日本料理の汁物のだしとして好んで用いられる．また，精進料理や魚を主材料にした料理には欠かせないものである．

表1-8　だし汁のとり方

種類・材料	使用量（％）	だし汁のとり方
かつお節の一番だし	2〜4	水が沸騰したらかつお節を入れ，再沸騰したら火を止め，かつお節が沈んだら上澄みをとる．使用量の少ないときは，1〜2分煮てもよい．
かつお節の二番だし	一番だしの後	一番だしをとったかつお節に，半量の水を加えて3分沸騰させて火を止める．かつお節が沈んだら上澄みをとる．
コンブだし	2〜3	水にコンブを30〜60分つけてとり出す（水だし法）．つける時間がないときは，水にコンブを入れて火にかけ沸騰直前にとり出す（煮だし法）．
かつお節とコンブの混合だし　　かつお節　　コンブ	1〜3　1〜2	水にコンブを入れて火にかけ沸騰直前にコンブを取り出し，沸騰したらかつお節を入れ，再沸騰したら火を止めて上澄みをとる．コンブは水に浸しておくとよい．
煮干しだし	3〜5	煮干しは頭とはらわたをとり，さいて水に30分浸漬後，加熱する．沸騰したら2〜3分煮て上澄みをとる．小さいものは，まるごと用いることもある．
スープストック　　鶏のガラ　　牛すね肉　　野　菜	20〜30　20　20〜30	鶏のガラと牛すね肉を30分水につけて水溶性の旨味成分を浸出させる．加熱して沸騰したら火を弱め，上に浮いた「アク」を取り除きながら弱火で1時間位煮る．野菜を加えて弱火で1時間位煮て，火を止め布でこす．野菜は肉に比べて旨味が短時間に出るので，肉類より遅く入れてもよい．

3 煮物

煮汁の中で食品を加熱して、軟らかくすると同時に味を浸透させる調理法である。温度は100℃以下であるが、圧力鍋を用いると110〜120℃くらいになるので、加熱時間が短縮できる。煮るという操作は、どのような食品に対しても行われる調理法で、加熱中に調味料を加えて調味することができるが、水分が蒸発し、汁が少なくなると煮汁の味も濃くなり、食品の汁に浸っている部分だけに味がつくので、打ち返す、混ぜる、落としぶたをするなど、全体に味を浸透させるような工夫をする。煮物には、煮汁を多くして、ゆっくり煮て味を含ませる含め煮、汁を残さないで食品にからめてしまう炒り煮などがある（表1-9）。一般に塩分として1〜2％、砂糖は1〜10％用いる（表1-10）。材料が乾物の場合には、戻した分量を基準にする（表1-11）。干しシイタケは低温の水で戻した方が、水戻し後の加熱による旨味成分の増加が多くなるので望ましいが、時間がない場合には、40℃以下のぬるま湯が適当である。

表1-9 煮物の種類と調味・加熱方法

種類	調味と煮方	料理例
塩煮	塩と砂糖で、調味料の色がつかないように煮る	フキ、ウド、サヤエンドウ、ニンジンの煮物
煮しめ	主として醤油、砂糖などで味をつけ、材料に味が十分しみ込むように煮る	根菜類の煮しめ
煮つけ	醤油が主で、煮しめよりは短時間にし、少し汁を残す	アジの煮つけ
炒り煮	油で炒めてから、だし汁、調味料を加え、汁がなくなるように煮る	炒り鶏、きんぴらゴボウ
含め煮	煮汁を多くし、汁の中に食品が十分に浸るようにして、ゆっくり煮る	高野豆腐の含め煮、イモの含め煮
照り煮	醤油、砂糖、みりんなどで煮て、表面に照りを出す	イカの照り煮

表1-10 煮物の甘味

甘さの程度	濃度（％）	例
うす味	1〜2	煮魚
普通	3〜5	野菜の煮しめ
含め煮	7〜10	イモの含め煮

表1-11 乾物の吸水による重量増加

乾物	倍率（倍）	戻し方
高野豆腐	6〜7	60℃の湯に浸漬する
豆類	2.5	水に浸漬する
カンピョウ	7〜8	塩でもみ、水洗した後ゆでる
干しシイタケ	4〜6	水に浸漬する
ヒジキ	6〜9	水に浸漬する
キクラゲ	9〜10	温湯に浸漬する
ワカメ	9〜11	水に浸漬する
乾めん	2.5〜3	沸騰水でゆでる

【肉や魚などのタンパク質性食品を煮る場合】

タンパク質の熱凝固を早め、旨味を保持するために、煮汁を沸騰させてから食材を加える。

【調味料の添加順序】

一般に、調味料は「砂糖、塩、酢、醤油、みそ」の順に加えるとされる。分子量が大きく、食品に浸透しにくい砂糖は、分子量の小さい塩よりも先に加え、醸造調味料の酢や醤油、みそなどは、揮発性成分を多く含んでおり、特有の香気を揮散させないために後で加える。

4 蒸し物

水を沸騰させてその水蒸気のもつ潜熱（1gあたり539cal）を利用して、食品を加熱する調理法である。煮物と比較すると成分の溶出が少なく、静置加熱のため、形をそのまま保てる利点がある。しかし、加熱中に味をつけることができないので、前もって味をつけておくか、加熱後にくずあんやソースをかける。希釈卵液の茶碗蒸しや卵豆腐と、こわ飯や蒸しパンでは加熱温度が異なる（表1-12）。

85〜90℃で蒸す：卵をだし汁や牛乳で希釈した茶碗蒸しやカスタードプディングの場合には、85

～90℃で蒸す．90℃以上にすると，加えた水が蒸気となり，また混ぜこんだ空気の膨化が大きいのですだちがおこる．これに加えて，高温では卵のタンパク質が強く変性，凝集をするので，一部が硬くなり，分離液がでてくる．すだちのおきたものは，見た目も悪く，食感もなめらかでなく，おいしくない．

強火で蒸す：小麦粉を用いたまんじゅう，蒸しパンなどは，強火で蒸す．加熱中に小麦粉のデンプンが糊化し，同時に加えてある膨化剤から二酸化炭素のガスが発生し，また，泡立てた卵白を加えてあればこれも膨化に役立つ．でんぷんの糊化や膨化を目的とする場合には100℃近くの蒸し温度が必要になる．

表1-12 蒸し物の種類と加熱温度

加熱温度	調理例	主材料	参考
85～90℃	茶碗蒸し，卵豆腐，カスタードプディング	卵	緩慢加熱法：85～90℃で15～20分保つ
			急速加熱法：100℃で3～4分加熱し余熱で凝固させる
100℃	こわ飯	もち米	デンプンの糊化に必要な水分をふり水として補う
	蒸しイモ	サツマイモ	蒸し時間が長いためアミラーゼ活性が長く持続して麦芽糖の生成量が多くなり甘味が強くなる
	蒸しパン，まんじゅう	小麦粉	グルテンの網目構造が固定されデンプンが糊化する

5 焼き物

焼き物はまわりに水がない状態で加熱されるので，水溶性成分の溶出が少なく，旨味が保たれ，形よく仕上げることができる．焼き物には直接熱源にかざして焼く直火焼きと，鍋や鉄板などを用いて焼く間接焼きとがある（表1-13）．直火の温度は800℃くらいあり，鍋の底は200℃くらいにもなるので，食品の表面は焦げるが，内部は水分があるため80～90℃くらいである．表面は焦げによって香りや色がつき，水分の蒸発によって味が濃縮され，また食品中の成分が高温のために分解されるのでおいしくなる．天火焼きは180～250℃くらいであるが，空気の対流と鉄板の熱伝導によって熱せられるので，加熱の仕方は穏やかであり，ローストビーフなど，大きな食品を加熱するのに適している．

魚類の焼き物は，魚肉の生臭いにおいを消し，焦げのにおいが加わり，串に刺して焼くと形よく焼き上がる．塩焼きはごく新鮮なものに用い，醬油やみりんをつけて焼くつけ焼き，照焼きは，魚の臭いを消すので，においの強い魚に行う．醬油やみりんをつけて焼くと，アミノカルボニル反応がおこり，焦げ色がつきやすい．そのほか味噌や酒粕に漬けておいて焼くと魚臭が少なくなる．

肉類は，直火焼きにも鍋焼きにもするが，最初高温で肉の表面のタンパク質を加熱凝固させてから中心部に火を通す．

【強火の遠火】

伝導熱のみで焼くと内部まで加熱されないうちに表面のみが焦げてしまうため，熱源からある程度遠ざけ，放射熱や対流熱があたるように，強火の遠火で加熱する．火力は一定に保ち，広範囲から平均して放射熱を発することが望ましい．

表1-13 焼き物の種類と方法

種類		方法その他
直火焼き	串焼き	魚介類，野菜などを串に刺して焼く，金串は熱を伝えるので，食品の内部に熱が伝わりやすい
	網焼き	網の上で加熱し，網は金属で高温になり，熱を伝える
間接焼き	鍋焼き	フライパン，卵焼き器，鉄製厚手鍋などで，少量の油を用いて加熱する．火を弱くしてふたをすると，蒸し焼きにもなる
	天火焼き	熱せられた空気が鉄板を加熱し，食品は鉄板からの伝導と空気の対流によって加熱される
	包み焼き	焦げはつきにくいが，食品の香気や水分が保たれる．紙やアルミ箔に包んで，金網，フライパン，天火で焼く

【魚の表】

盛り付けるときに上になる方をさす．1尾魚は頭が左，尾が右，腹側を手前に置いたときの上身が表である．切り身の場合は，背の厚みを向う側または左になるように置いたときが表である．

【熱い天板をつかむ時は乾いた布を使用する】

ぬれた布は，繊維の間に水が入っていて熱伝導が良くすぐに熱くなるが，乾いた布は，繊維の間に空気が入っていて熱伝導が悪い．

6 揚げ物

油を熱の媒体として加熱する調理であり，油の温度は一般に130～200℃ぐらいにする（表1-14）．魚肉や獣鳥肉などたんぱく質性の食品は，80℃くらいで変性するので，比較的短時間で揚げ，イモなどのデンプン性食品は，糊化に時間がかかるので，やや長時間加熱する．揚げ物には，食品の表面に何もつけずに揚げるものと衣をつけて揚げるものがある（表1-15）．

油の比熱は0.47（水は1.00）であり，水と比べると加熱されやすく，冷めやすい．そのため，温度変化が大きく，温度を一定に保つことがむずかしいので，食品の量に比べて大量の油を用い，また揚

表1-14 揚げ物の適温と時間

調理の種類		温度	時間	調理の種類	温度	時間
天ぷら（魚介類）		180～190℃	1～2分	コロッケ	190～200℃	1～1.5分
サツマイモ	厚さ 0.7cm	160～180	3分	ドーナツ	160	3分
ジャガイモ				クルトン	180～190	30秒
レンコン				フリッター	160～170	1～2分
かき揚げ	魚介類	180～190	1～2分	ポテトチップ	130～140	8～10分
	野菜			コイのから揚げ	140～150	5～10分
フライ		180	2～3分		180二度揚げ	30秒
カツレツ		180	3～4分	パセリ	150～160	30秒

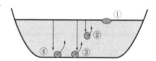

①200℃以上：沈まない
②170～180℃：途中まで沈んで浮く
③150～160℃：底に沈んでゆっくり浮く
④150℃以下：底に沈んで浮かない

図1-6 便宜的油の温度の見方

表1-15 揚げ物の種類

種類		調理方法	特徴	材料および食品例
素揚げ		食品の表面に何もつけずに揚げる	素材の表面が脱水して硬くなる	パセリ，サツマイモ，クルトン
衣揚げ	から揚げ	デンプンや小麦粉をまぶして揚げる	表面に膜ができるので，成分の流出を防ぐことができる	鶏肉，鯉の丸揚げ
	天ぷら	小麦粉を卵水で溶いたものをつけて揚げる	衣から水分が出て，そこに油が吸収されるので，衣に油の香りや味がつく．素材は蒸し煮状態	魚介類，根菜類，かき揚げ
	フリッター・高麗	泡立てた卵白に小麦粉を加えたものをつける	衣に泡を含んでいるので熱伝導が悪く加熱されにくい	肉類，魚介類，野菜類
	フライ	小麦粉，卵水，パン粉の順につけて揚げる	焦げ色がつき香ばしい．時間がたっても衣はべたつかない	コロッケ，カツレツ
	変わり揚げ	小麦粉，卵水をつけた後，道明寺粉，春雨，そうめんなどをつけて揚げる	衣により食品の風味を保つ．衣の水分が少ないので短時間で焦げ色がつきやすい	肉類，魚介類，野菜類

表1-16 揚げ物の吸油率

種類	吸油率（％）
素揚げ	3～10
から揚げ	6～8
天ぷら	15～25
フリッター・フライ	10～20
はるさめ揚げ	35

げ鍋も熱容量の大きい，厚い銅鍋や鉄鍋を用いることが効果的である．

　水中での加熱よりも高温になるので，食品中に含まれている成分の一部は分解し，また，アミノカルボニル反応なども促進されるので香りや色がよくなる．高温のために，食品に含まれている水分が急激に脱水され，比重が軽くなって浮き上がる（図1-6）．また，揚げ操作中に食品や衣の水分と揚げ油との交代，油の香味の付与などが起こる．揚げ物により，油は10％前後食品に吸付着する（表1-16）．

7　炒　め　物

　食品の3～10％の油を高温に熱し，鍋と油からの伝導熱によって食品を加熱する調理法で，揚げ物よりも水分の損失はなく，油の香味が付加される．炒める場合のフライパンの温度は180℃以上になり，揚げ物に近い温度であるが，食品が空気中に出ている部分が多く，全体としては高温にならない．食品は炒めることにより表面が焦げて，香りと旨味が出る．更に，水分が蒸発するので，味の成分が濃縮され，旨味が濃くなる．食品の分量は，フライパンの1/2～1/3以下にする．

　加熱中に調味できるが，野菜は塩分を加えると水分が浸出してくるので，強火にして水分を蒸発させる必要がある．火力が弱いと水分が蒸発せずに鍋にたまり，温度は100℃以上にならないで煮物のようになる．加熱されにくいものは前もってゆでるなどして，短時間に炒められるようにする．

8　和え物，酢の物

　和え物は野菜，魚介類などを下ごしらえしておき，これに和え衣を混ぜ，材料と衣の味を味わうもので，その組み合わせによって多くの種類がある（表1-17）．貝の酢味噌和えなど，材料の味が淡白な場合には味の濃厚な衣を用い，イクラのおろし和えのように味の濃厚な材料には，淡白な味の衣を用いる．一般に和え物は材料の味よりも衣の味の方が濃く，合わせて長くおくと水分が浸出してくるので，食卓に出す直前に和える．また，温度が高いと水分が浸出しやすいので，冷めてから合わせる．

　酢の物は，下ごしらえをした材料に調味酢をかけたり添えたりして，新鮮な材料の旨味と清涼感を味わう．調味酢の配合例を表1-18に示した．調味酢のおいしさは塩味が基本となり，酢との調和が大切である．西洋料理ではリンゴ酢，ぶどう酢などの果実酢が用いられる．

表1-17　和え物の種類と材料に対する割合

種　類	衣の分量	材料の下ごしらえ
ゴマ和え	ゴマ　材料の15% 醤油　10% 砂糖　5%	青菜などはゆでてしぼる
白和え	豆腐　40% 塩　　豆腐の2% 砂糖　（〃）5%	ニンジン，シイタケ，青菜，ワラビ，こんにゃくなどを薄味に下煮しておく
酢味噌和え	酢　　10% 味噌　20% 砂糖　5～8%	ネギ，ワケギはゆでる．貝類，酢魚，マグロ，ワカメは戻す
からし和え	醤油　10% 練りからし少々	野菜（ゆでるか塩もみ），貝類など

表1-18　調味酢の配合（材料に対する％）

種　類	酢	塩	醤油	砂糖	だし汁	その他
二杯酢	10		10			
三杯酢	10	1.5		3		
	10		10	みりん10		
甘酢	5～10	1.5		8～10	(10)	
ゴマ酢	5～7	1.0		5～10		ゴマ5
黄味酢	15	1.5		3～5	10	みりん3 卵黄10

【黄身酢の粘度】

　黄身酢の卵黄添加によるデンプン糊の粘度低下は，卵黄中のα-アミラーゼによるもので，70℃のときに卵黄を添加した場合，最も粘度が低下する．粘度低下をおこさないように，卵黄はでんぷん糊の温度が高いうちに手早く加える．

【塩梅（あんばい）】

塩味と酸味に対するお互いの抑制的な味覚作用をあんばいという．塩と酢とは抑制効果があってバランスがよいと味がまろやかになる．

【食酢の調理特性】

① 殺菌作用
② 色素の発色変化（紅しょうが）
③ 褐変防止（れんこん，うど）
④ 肉の軟化作用（マリネ）
⑤ タンパクの変性促進（ポーチドエッグ）
⑥ テクスチャーの改良（酢れんこん）

9 寄せ物

寄せ物は，寒天やゼラチン溶液，くず粉などのデンプンの糊化液が冷えて固まる性質を利用して，いろいろな材料を合わせて固める手法をいう．

寒天は日本の伝統的な食品で，海藻より抽出して作られ，ガラクタンが主成分で，人間の消化酵素では消化されない．ゼラチンは動物の皮や骨などのコラーゲンを分解したもので，主成分はタンパク質である．いずれも高分子の糸状分子が，高温の水中では溶解しており，冷却するとゼリー状に固まる．寒天とゼラチンでは融解温度も凝固温度も異なるため調理操作も異なる（表1-19）．

そのほかに，ゲル化剤としてカラギーナンやローカストビーンガムなども用いられている．これらを使用したゼリーは，ゼラチンのようにしなやかな弾力があり，ゼラチンゲルよりも融解温度が高いので，常温で溶けず形を保てるため市販のゼリーなどにも利用されている．

デンプンのゲルは，寒天やゼラチンよりも透明度が低く凝固力も弱いので高濃度の液を用いる．デンプンの種類により糊化温度が異なる．牛乳を加えたブラマンジェ（p.164参照），くずざくら，ゴマ豆腐などに使用されている．

表1-19 おもなゲル化材料の種類と特性

		ゼラチン	寒 天	カラギーナン
	原材料	動物の骨や皮	海藻（てんぐさ，おごのりなど）	海藻（すぎのりなど）
	主成分	タンパク質	炭水化物（多糖類）	炭水化物（多糖類）
	種類	板ゼラチン，粉ゼラチン	角寒天，糸寒天，粉寒天	粉末状（糖と混合済）
	使用濃度	1.5～3.0%	0.5～1.5%	1～2%
	溶解温度	40～50℃（湯煎で溶かす，沸騰させない）	90～100℃（沸騰させて煮溶かす）	60～100℃（砂糖とよく混ぜ，撹拌しながら沸騰させる）
	凝固温度	5～12℃	28～35℃	37～45℃
添加物の影響	砂糖	凝固温度を高くし，崩解を防ぐ．ゼリー強度大，透明度大とする	凝固温度を高くし，離しょうを減らす．ゼリー強度大，透明度大とする	凝固温度を高くし，離しょうを減らす．粘性，弾性を強くする
	果汁	ゼリー強度が低下する	70℃以上での添加はゼリー強度が低下し，風味も悪い	混合時の温度が高いと，ゼリー強度が低下する
	牛乳	量が多いと，ゼリー強度が低下する	量が多いと，ゼリー強度が低下する	ゼリー強度が増加する
ゼリー	融解温度	24～25℃	79～85℃	50～55℃
	性状	滑らかで口溶けがよい，透明度が高い，付着性がある，弾力性がある	粘りがなくもろい，透明度が低い，付着性がない，弾力性がない	透明度が高い，付着性がない，粘弾性がある，冷凍保存できる
	型から出す	40℃位の湯につけて型と接している部分を溶かす	型とゼリーの間に空気を入れる	型とゼリーの間に空気を入れる
	用途	ゼリー，ババロア，ムース，マシュマロ	ところてん，ようかん，果汁かん	ミルクプリン，ヨーグルト，冷凍用デザート

Ⅱ 日本料理

日本料理の特徴

　日本料理は長い歴史と文化を持っている．現在の日本料理は時代の変遷とともに自然環境と中国，西洋などの異文化の影響を受けて形成されてきた．

1) 主食と副食

　米飯を主食とし，魚介類，野菜類，豆類などを副食として料理が発達してきた．生食をはじめ，食材の風味を生かすような調理法が尊重され，味付けも淡白である．醤油，味噌，みりん，酒などの発酵調味料やかつお節，コンブなどのだしを巧みに使い，うま味を重視した独特な料理である．

2) 季節感と材料の旬

　日本は四面海の地形から豊富な海山の産物に恵まれ，その料理材料の多種多様なのに驚かされる．また，四季の移り変わりがはっきりしているので材料の一番美味であるとき，すなわち「旬」を重要視する．料理に季節感を盛り込んで旬の味覚をめでる特徴は日本料理だけであろう．春になれば木の芽，タケノコに早春の喜びを食膳にのせ，初夏は初ガツオ，若アユのおどり串にさながら清流に飛び跳ねている力強さを感じ，山野に海に競う秋の味覚を存分に味わったあと，冬の夜寒に鍋もの料理を囲んで温まるなどのように季節と旬を大切にし楽しむのは日本料理以外にない．「初物」，「走り」，「名残り」，「旬」などの食品言葉は，それぞれの季節の中で，その材料の早い，遅い，最盛期を表わすものである．

3) 材料の配合と盛りつけ

　日本料理では，材料の配合，盛りつけの形や色彩の美しさが更に食欲を感じさせることの効果を大切にする．そしてそれには自然の景色を表現する盛りつけ方をするのである．刺身に例を取ると，つまの白髪ダイコンは山を表し，芽ジソや防風のあしらいは山草木であり，美しく切りそろえられた刺身は波打ちぎわの浜辺とも見られ，動植物の巧みな組み合わせや嗜好促進の香味までが，一幅の絵のように盛りつけられる．こうした細かい包丁使いや繊細な盛りつけが日本料理の面目であろう．なお盛りつけは五三に盛るといって，食器の空間が五に対し調理品を三に止め，それを立体的に盛ることが調理品を引き立て，食欲をそそる．

4) 日本料理と食器

　日本は食器の色や形や材質が多種多様なのも特色といえる．陶磁器，漆器，竹細工，白木細工，ガラス，金属などに多彩な模様がつき，浅いのや深いもの，形もいろいろと作られている．その材料や模様にも季節感の表現に一役買っている．赤うるしに金銀で描かれた美しい椀に沈む白い魚，緑の繊をなす青みは海草のゆらぐがごとくただよい，ほのかに香りくるユズで季節を感じ思わず食器の美の世界に味覚が重なる．料理がいくら味よく作ってあっても器が似合わなければその味は半減するのである．大変にぜいたくな料理である．夏は涼しげなガラス器に氷と共に盛り，冬はふたのついた容器で馳走するのは心のこもったもてなしである．食べ終わったら食器拝見の習慣もうなずけるであろう．

　以上，日本料理は目で見る料理といわれるゆえんであるが，仏教での無常感や茶道のわびなどの影響をうけ，単に美味だけの追求でなく，料理にも人生観を盛り芸術の域まで高めようという努力がなされているのである．

日本料理の供応形式と献立構成

　日本料理の供応食の形式は本膳料理をはじめとして，茶懐石，精進料理，卓袱料理，普茶料理そして現在の会席料理など数多くある．

表2-1 本膳料理の構成

本　膳	一　の　汁	味噌汁仕立てにする
	鱠（なます）	魚の酢じめ, 刺身などなま物料理
	坪（つぼ）	煮物, 蒸し物
	飯, 香の物	香の物は2, 3種取り合わせる
二　の　膳	二　の　汁	清し仕立てにする
	平（ひら）	煮物, 魚, きのこ, 野菜などを3～5品取り合わせる
	猪口（ちょく）	浸し物, 和え物
三　の　膳（脇膳）	三　の　汁	かわり汁仕立, 潮汁, くず汁, 茶碗蒸しなど
	皿	本膳, 二の膳と重ならない料理, 揚げ物, 蒸し物, なま物など
	小　猪　口	二の膳の猪口と重ならない和え物など
焼き物膳（与の膳）	焼　き　物	魚の姿焼きが代表的である. 前盛りを添える. 四の膳を縁起上与の膳ともいう
台　引（五の膳）	口　取　り	引き物として, 口取り, 菓子, かつお節など, 一般に持ち帰るよう配慮している

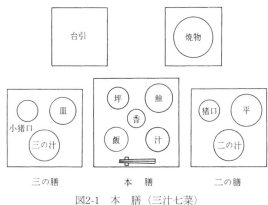

図2-1　本　膳（三汁七菜）

表2-2　会席料理献立構成

1	前　菜	お通し, つき出しともいって, 料理に先だって, 酒の肴に適する料理を2, 3種, 酒とともに出す
2	向　付	お向うともいって, 多くの場合, なま物料理, 刺身や酢取魚, 霜ふりにした魚貝などが使われる
3	椀	向付とほとんど同時に出し, 吸い物仕立てが多い. 椀種を2, 3種取り合わせ, 熱い汁と吸い口を入れる. 酒客でないときは, 味噌汁, その他の汁でもよい
4	口　取　り	献立中の山となる料理. 季節の山海の馳走を3～5品取り合わせ, 美しく盛り合わせる. 趣向をこらして料理を楽しませる. 口取りを少し簡単にして口代りともいう
5	鉢　肴	口取りに続き, 主要料理である. 魚, 鳥獣肉類の焼き物, 揚げ物, 蒸し物などが多く出される
6	煮　物	野菜または鳥獣, 魚介類, 豆腐製品など, 調和よく取り合わせた煮物, あるいはダイコン, カブ, イモなどの単品をふろふきやあんかけにして煮物とする
7	小　井	浸し物, 和え物, 酢の物など, さっぱりとした料理を小井にすっきり盛って, そろそろ料理も終りになる
8	止　椀	多くの場合, 味噌汁類で飯と香の物とともに出し, これで献立完了という意味で止椀という
9	ごはん 香の物	白飯, 茶漬け, かゆ, すしなど, 出された料理によって決まる. 香の物は2種類くらい小皿に出す

1) **本膳料理**　室町時代に武家大名の礼法とともに確立した本膳料理は, 日本料理の献立構成の基礎である. 現在は冠婚葬祭などの儀礼食としてその名ごりをとどめている. 一人が一つの膳に向って食事をする形式で, 一汁三菜という膳組からはじまり, 一汁五菜, 二汁五菜, 二汁七菜, 三汁七菜, 三汁九菜などがある. 一の膳から五の膳まであり, その他脇膳, 焼き物膳まである.

2) **会席料理**　酒宴向きに適した形式である. 現在の供応料理はこの形式がほとんどである. 会席膳と称して形は自由な脚のないお盆に, はじめは盃と前菜だけで供し, ころあいを見計らいながら順次運ばれるのである. 最後にごはんと香の物で終わる.

3) **精進料理**　平安, 鎌倉時代に禅僧が中国から習得して始められたものである. 食べる人と調理人の得心と作法は日本料理の真髄で, 茶懐石にも多くの影響をあたえた. 精進料理は仏門の戒律, 殺生禁断の思想から植物性食品に限られて

表2-3　精進料理

ごはん	茶飯
汁	赤味噌仕立て
なます	白ゴマ和え
坪	ゴマ豆腐, ワサビ醤油
平	煮物（飛竜頭, 青さや）
猪　口	滝川豆腐, からし味噌
皿	揚げ物（豆腐の蒲焼き風）
二の汁	吸い物仕立て（よせ豆腐, ミツバ, 針ショウガ）
香の物	

いる. それだけに大豆製品をうまく使うなど, 栄養面にもすぐれている. 本膳式または会席式が用いられる. 大徳寺, 永平寺, 総持寺などの精進料理は有名である.

4) **茶懐石料理** 懐石とは，禅僧の戒律からでた言葉で，お腹を暖める程度の軽い食事ということである．千利休によって始められ，茶席においてお茶をおいしくすすめる目的から，茶人自らが心をこめてつくるところに特徴がある．一汁三菜の簡素で心あついもてなしが，酒をくみ交わすためにだんだん品数が増していった．汁からはし洗いまでは一人一人に配膳されるが，それ以外は一つの器に盛り合わせ，客自らが取りわけて食べる．飯と酒を同時に出し，酒は客の自由にまかせるなど，他の食事のすすめ方と異なっている．膳は足のない折敷を用い，食器は向付以外は漆器を用いる．はしは利休形の杉ばしを用い，菜ばしには青竹のはしを用いる．

5) **普茶料理** 普茶料理は江戸時代に京都黄檗宗万福寺に中国僧隠元が伝えた精進料理である。茶を飲むことを茶を普くするといい，このあとに食事をしたことから普茶料理というようになった．黄檗料理ともいう．内容は中国料理が採り入れられているのがわかる．

6) **卓袱料理** 江戸中期に発達した料理で，中国，オランダ人に影響をうけて確立したもので長崎料理ともいう．卓袱とは卓のおおいをいう．テーブルクロスの前身ともいえる．

表2-4 茶懐石料理の構成

1	向　付	折敷の中央の向うに置くので向付という．一般に刺身酢じめ魚のようなものを，食べ切れるだけ清楚に盛りつける
2	汁	味噌汁仕立てにする．おかわりをしてよい
3	椀　盛	山になる大切な料理．煮合わせと同じである．魚，鳥獣肉を主材料に季節の野菜，乾物，豆腐製品などを色彩りよく取り合わせた汁気の多い煮物である
4	御　菜	焼き魚，揚げ物，蒸し物などを，青竹ばしを添えて供し，正客から順次取りまわしにする
5	箸　洗	ごく小さな椀を用い，中実も汁も非常に淡白にする汁．次の八寸に移る前，味覚を新たにして主人と酒をくみ交わす
6	八　寸	山海野の珍味を八寸四方の杉木地盆に盛り合わせて出したところからこの名がある．正客から取りまわす
7	強　肴	預鉢，進肴ともいう．酒の肴のために出されるもの，ウニ，このわたの類
8	湯　桶	番茶でお茶漬というところを，器物の名をとって湯桶という．こんがりこげたごはんに熱湯をそそいで塩味をつけたもの
9	香の物	たくあんが主である

表2-5 普茶料理の構成

1	澄	小吸い物
2	雲　片	野菜のくずかけ
3	油　滋	味をつけて揚げる天ぷら
4	筍　羹	たき合わせ
5	麻　腐	ゴマ豆腐
6	和　合　物	和え物
7	素　汁	味噌汁
8	醃　菜	香の物

食事作法

日本料理の食事作法は，本膳料理の礼法が基本になっている．食べる側，料理を出す側とも食事作法の基本を心得ておくことは大切なことであろう．

1) **座席の決め方** 日本間の場合は，床の間の前が正客の座となり，違い棚または床脇のある方が次席となる．図2-2に席次を示す．床の間のない室の場合は，入口に遠い座が正客で，主人側は入口近くの末席につく．

2) **膳の整え方と出し方** 現在最も多く用いられている会席料理を基準にすると一人，一人の膳に汁，向付け，焼き物，煮物の一汁三菜を日本料理特有の情緒豊かな器に盛って配膳し供する．図2-3に，日常食や酒を供さない場合（イ），酒をすすめる場合（ロ），（ハ），茶懐石の場合（ニ）の配膳を示した．（ロ）は料理店のように給仕人が次々と料理を運んでくる場合の配膳で，食べ終わった器はさげ，そのあとに次の料理を順次供していく．温かい食べごろの料理が出されたら，すぐはしをつけて頂くのが礼儀である．

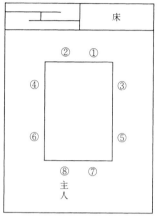

図2-2 日本間の座席順

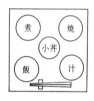 

（イ）飯の場合　（ロ）酒をすすめる場合（ハ）酒をすすめる場合（ニ）茶懐石の場合

図2-3 配膳図

3) **食べ方の心得** まず食膳につく前に服装を整え，化粧直しもすませ，ハンカチ，懐紙またはティッシュペーパーを忘れず持参する．また，話題の選択にも気配りをし，食事の速度も周囲の人に合わせる．

　i) **はしのマナー** はしを取り上げるときは図2-4のようにすると美しく見える．はしは手にしてから迷いばし，ねぶりばし，うつりばし，うけばし（はしをもったまま飯や汁のお代わりをすること），刺しばしなど，はしのタブーがいろいろあるので注意する．

　ii) **椀のふたの取り方** 左手で椀をおさえ，右手で椀ぶたの糸底をつまんで静かに開け，汁切りをして膳の外側へ上向きにしておく．左右のおきやすい場所でよい．汁を飲み終ったらふたをして膳の外側に出しておき，給仕人が片づけやすいように配慮する．

　iii) **刺身** 醤油猪口は手にもって胸近くまであげて姿勢正しく頂くとこぼしたりしない．

　iv) **焼き物** 姿焼きのような骨つきのときは，まず上身を食べたら頭と骨をはずして皿の向う側に置き，下身を頂く，皿の中に骨を散らさないようにする．このようなとき，懐紙で魚を押えたり，骨を包むのはゆかしいものである．

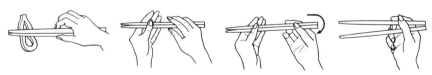

図2-4 はしのマナー

マグロの刺身

刺身は，新鮮な魚のおいしさを生かした食べものであり，わが国では，古く室町時代頃から発達した料理である．

刺身の材料としては，旬の魚の鮮度のよいものを選び，包丁，まな板，器，はしなど，衛生的に取り扱うことが必要である．

刺身の種類は，作り方（切り方）によって表2-6のようにわけられる．刺身として代表的なマグロは，平作りの切り方が普通であるが，角作りにしてヤマトイモをかけたマグロの山かけ等の食べ方も好まれる．

調理上の注意と解説

⑬　さく取りの方法は，カツオのたたきの項を参照（p.20）．

⑯　平作りの方法は，表2-6を参照．

⑰，⑲　刺身の盛りつけ方は，器の向こう側に敷きづまを盛り，刺身はほぼ中央から，やや手前にかけ，切り身が美しく調和するように三，五，七切れずつならべて盛る．さらに飾りづま，ワサビを全体の配置を考慮して添える．

【刺身のつまとつけ醤油について】

刺身には，つまとして生野菜などを添えるならわしがある．これは栄養的にも理にかない，また季節感を出し，風味を引きたてることを目的としている．

刺身のつまには，敷きづま（けんともいう）と飾りづま（あしらい）がある．敷きづまは，ダイコン，ウド，キュウリ，青ジソ，ミョウガなどをせん切りにして水にさらし，器に敷いてこの上に魚を盛るものである．飾りづまは，季節感を盛り込むものであり，四季の代表的なものをあげると，春にはナノハナ，芽ウド，ボウフウ，ツクシ，ランの花，夏には花キュウリ，タデ，ムラメ，秋には穂ジソ，キクの花，冬には生ノリなどがある．また四季に関係なくスイゼンジノリ，アオサ，オゴノリ，イワタケなども用いられることが多い．

刺身に添えるワサビ，ショウガ，溶きがらし，ダイコンおろし，もみじおろしなどは，魚臭を消し，魚の旨味をひきたてる．

刺身のつけ醤油は，醤油のほか，土佐醤油，タデ酢，たまり醤油，酢味噌などが用いられ，魚に合わせて風味をよくする工夫が必要である．

【魚臭と香味材料について】

赤身の魚，鮮度の低下した魚ほど魚臭が強い．魚臭は主にトリメチルアミンなどのアミン類による．アミン類が水溶性である点を利用し，カツオのたたきのときなど霜ふり後，直ちに氷水に浸す工程によっても除くことができる．また，ネギ，ショウガなどの刺激的な香りや，柑橘類，酢，ポン酢など酢によって魚臭を押えることができる（マスキング）．

材　料	分量（4人分）
マグロ （さく取りしたもの）	300 g
ダイコン	100 g
オゴノリ	40 g
ボウフウ	4 本
ワサビ	2 g
醬油	30 mL（材料重量の10%）

```
開　始
  ↓
① ダイコン
  ↓
② 輪切り（5 cm）
  ↓ → ③ 皮
④ かつらむきにする
  ↓
⑤ 巻いて小口から細く切る   ⑥ ボールに冷水を用意
  ↓                         ↓
⑦ 水切り                    刺身皿

いかりボウフウの作り方 ⑧〜⑩

⑧ ボウフウ        ⑳ ワサビ        オゴノリ
  ↓                ↓                ↓
⑨ 茎の先に切り目を入れる
  ↓
⑩ 水さらし後水切りする   ㉑ 葉を除き細かくすりおろす   ⑫ 水洗し水切りする

⑪ ダイコンを向こう側に盛る
⑲ 向こう高く手前を低く盛る

⑬ マグロ
  ↓
⑭ 形を整える
  ↓
⑰ まな板の左手前に魚をおく
  ↓
⑱⑯ 平作りにする（0.7cm）

  ↓
㉒ 小皿に醬油を入れ，供する
  ↓
終　了
```

表2-6　刺身の作り方について

平作り	さく取りした切り身の皮目を上に，厚い方を向こうにして，右の方から切る方法．刃のつけ根から手前に包丁を引いて切り，包丁に切り身をつけたまま右に送り，少しねかせて重ねていく	タイ，マグロ，ブリ
引き作り	さく取りした切り身に包丁をまっすぐにして引き抜きながら切り，右に送らないでそのままくっつけて切る	マグロ，カツオ
そぎ作り	さく取りした切り身に包丁を右に傾け，さくの左から，薄くそぐ．そぎ身を左手で裏返して左方に積み重ねていく	マグロ，タイ，スズキ，コイなどの洗い，イカ，身のしまった魚
角作り	さく取りした切り身を棒状にし1.5cmぐらいの四角に切る．さいの目切りともいう	マグロ，カツオ，身の軟らかい魚
糸作り	同じ長さに細くせん切りにする	キス，ヒラメ，イカ
たたき作り	カツオのたたき（p.20）参照	カツオ，アジ
八重作り	切りかけ作りともいう．しめさば（p.22）参照	サバ

カツオのたたき

カツオのたたき（土佐作り）は，身の軟らかい魚の表面を焼いて「焼き霜作り」にして風味を増すとともに，表面のタンパク質を凝固させて硬さを加え扱いやすくし，分厚い引き切りにする．また，魚のにおいを消すために，魚の上にネギ，おろしショウガ，薄切りニンニク，おろしダイコン，シソの葉などをのせ，包丁を平らにして軽くたたき，その香りを魚に移したものである．

アジのたたきは，三枚におろし，皮を取り，魚の身を細かく切り，細切りミョウガ，ネギ類，シソの葉，ニンニクやおろしショウガなど，数種混ぜたり添えたりして供する．

調理上の注意と解説

① カツオ1尾2kgのもので，250〜300gのさくが4本取れる．さくの取り方は，次頁参照のこと．
②〜④ カツオの頭を左手でおさえ，包丁で尾から頭へとうろこの硬い部分をそぎ取る．頭をおとし腹わたを取り除く．図を参照し，五枚におろす．
⑥ 串の打ち方は，皮を下にしてまな板の上にのせ，金串5，6本を用い末広に打つ．
⑦，⑧ 皮の方からガスの焔火で焼き，表面を少し焦がし，次に裏返して身の方は3〜5mmぐらい白く変わる程度に焼く．魚の身の内部はできるだけ火が通らないようにする．
⑨ 魚の入るバットを用意し，短時間で冷えるように十分な氷水を作っておく．
⑩ 直ちに氷水を入れたバットに焼いた魚を入れ，余熱が中心部に伝わらないようにする．水に浸す時間が長くなると

図2-5 金串のさし方

魚の旨味成分が流出し，魚自体水っぽくなるので冷えたら引きあげ，水気を取ってラップに包み冷蔵しておく．
⑱ 焼き霜作りしたカツオの身は，包丁をまっすぐにして引き抜きながら切る引き作りにする（p.19参照）．
⑲ 香味材料のネギは，小口切り，ショウガはおろし，ニンニクは薄切り，青ジソはせん切りにして水にさらす．水にさらしたものは，ふきんに取り水気を切って用いる．
⑳ 魚の身は，軟らかいのでくずれないように，包丁をねかせ軽くたたく．
㉑ ウドはかつらむきにし，斜めに切ったよりウド（p.25参照）にして用いる．

【魚肉の霜ふりについて】

表面を加熱凝固させたものを一般に「霜ふり」といい，カツオのように炭火，ガス火で焼くものは「焼き霜」，熱湯をくぐらすものは「湯引き」または「湯霜」という．熱湯をかけるものでも，タイのように皮が硬いものでは皮のみ加熱し「皮霜」といっている．魚肉の表面は粘液があり，微生物の繁殖に好都合のところであるが，このような表面を加熱する方法は，衛生的であり，歯切れをよくする．

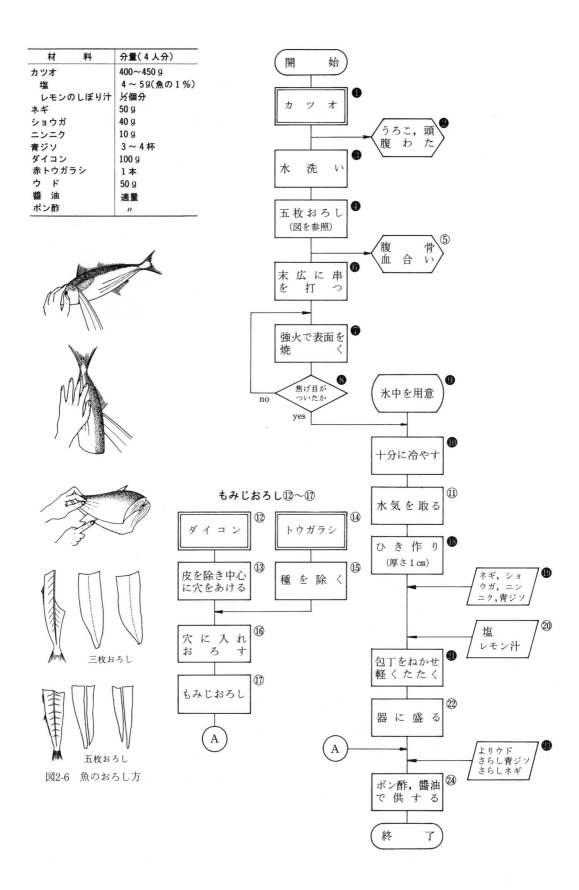

図2-6 魚のおろし方

しめさば

しめさばは，新鮮なサバに塩をふり，身をしめてから，さらに酢につけたものである．サバは漁獲後，鮮度が低下しやすい魚であるため，古くから酢魚として用いられてきた．このような酢を用いることは，殺菌および菌の繁殖を防止するためによい方法である．また，肉質の軟らかいサバの魚肉を塩でしめ，さらに酢でしめることは，タンパク質を凝固させるために必要なことで，これによって，しめさばの表面は硬くしかも歯切れのよい食感となる．（図2-7）中心部の肉は軟らかく，これがしめさば独特のテクスチャーを作りだしている．

しめさばを用いて，サバの棒ずし（別名さばずし，バッテラ），ちらしずし，酢のものなどに応用される．

調理上の注意と解説

① サバは，鮮度が低下しやすい魚であるため新鮮なものを用いる．
④ 三枚のおろし方は，カツオのたたき（p.20）を参照のこと．
⑥ 塩のふり方は，皮の方を多くし，身の方をやや少なめに十分ふり，ざるに入れ身を上に向けて並べ，できたら冷蔵庫に入れる．
⑨ コンブは乾いたふきんで表面の砂を取り除いてから用いる．
⑬ キュウリはかつらむきにする．材料のキュウリは，少ししなっているものの方があつかいやすい．
⑲ 小骨を毛抜きで頭の方向に引張って抜き，皮は皮の方を上に身をおき，頭側から手でつまんでむき取る．
⑳ 八重作りは，まず薄く包丁目を入れ，次に切り落とすやり方で，平作りの一切れずつに切れ目を入れる切り方である．
㉙ しめさばは，おろしショウガまたはからしを溶いた醤油で食べると味がひきたつ．

【サバの種類と調理】

サバは，マサバ（地方名：ホンサバ）とゴマサバの二種類があり，マサバのしゅんは秋で，しめさば，味噌煮，照り煮などの調理法がある．ゴマサバのしゅんは夏で，焼き魚がより美味である．サバのしゅんの時期には15％前後の脂肪含量となる．

【サバの生き腐れについて】

サバには，他の魚よりヒスチジンが多く含まれ，これが分解してヒスタミンとなる．このヒスタミンは，アレルギー様の中毒をおこす物質であり，腐敗臭の原因となるトリメチルアミンの生成よりも早くヒスタミンが生成されるため，気がつかないことがある．このため，サバの「生き腐れ」といわれるゆえんである．

---

1) 山崎清子，島田キミエ等：NEW 調理と理論，p.282 同文書院（2012）

材　　料	分量（4人分）
サバ	1尾（600g三枚におろして300g）
塩	30g（サバ重量の10%）
酢	150～200mL（洗い用と浸漬用）
コンブ	10cm
キュウリ	100g
ショウガ	5～10g
穂ジソ	4本
醬油	適量

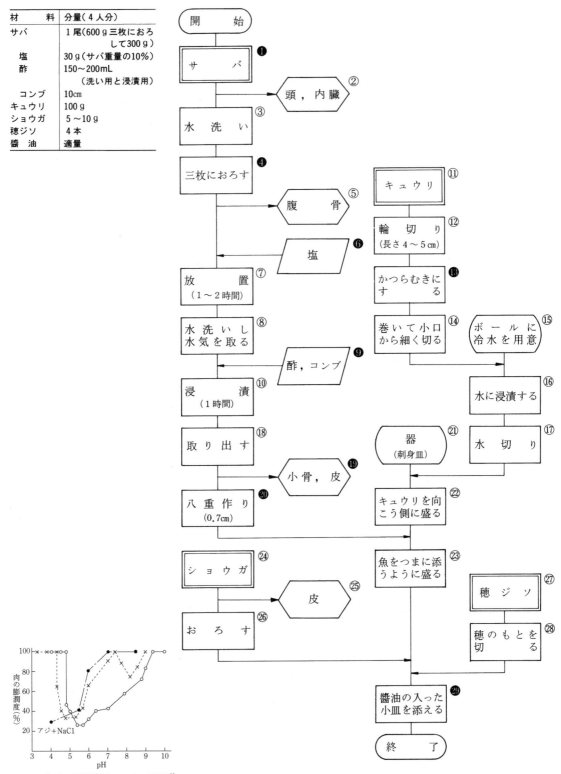

図2-7　魚肉の膨潤度とPHとの関係[1]

吉野鶏・シイタケ・ミツバの清し汁

清し汁は，味噌汁，すり流し汁などの濁り汁に対して塩・醤油で調味した澄んだ汁をいう．狭義には客向きの吸い物に対し，ごはんのおかずになるような惣菜向きの材料で味はやや濃くする．汁はかつお節またはコンブとかつお節でとった一番だしを用いる．

汁物は汁の旨味を賞味するもので，淡白な味と香気によって食欲を増進させ，また口の中をさっぱりさせて次の料理の味を一層よく味わうことができるようにするものである．したがって，煮だし汁のとり方が汁の味を決定する重要な点である．

調理上の注意と解説

② 水は必要とする煮だし汁の10〜20%増しに用意する．

③〜⑧ 沸騰水中にかつお節を入れ，再沸騰後1分ぐらい静かに弱火で加熱し火を止める．そのまま3分間ぐらい静置し，かつお節が沈んだところで上澄液を別器に移す．

⑩ 必ず計量して，不足の場合は湯を加える．

⑱，⑲ 下味をつけたささ身にデンプンを薄くまぶす．
これを乾いたまな板の上におき，すりこ木棒で軽くたたきデンプンを肉になじませる．

㉒ 煮出し汁30mLを用いる．焦げやすいので火加減に注意して加熱する．

㉕〜㉙ 結びミツバを作る場合，生のままミツバを結ぶと茎が折れてしまう．そこで，葉の方をそろえまとめておき，熱湯にくぐらせて冷水に取り，冷ましてから結ぶと操作しやすい．ミツバの葉は熱い煮だし汁により，色と香りがでて美味に仕上がる．

㉞ 吸い口に用いるユズは，清し汁に季節感，風情を与えるとともにその香りが大切である．椀に浮かす直前に松葉ユズまたはヘギユズに切るとよい．

㊳ 醤油を加えたらすぐ火を止める．醤油は加熱をくり返すと香りがなくなる．

【吉野鶏について】

吉野鶏は，「鶏のくずたたき」ともいう．古くはくず粉を用いたので，くず粉の生産地の吉野にちなんでつけられたものである．

ささ身はデンプンの薄い膜でおおわれているので，ゆでている間に旨味が失われることが少ない．またデンプンが糊化することにより口ざわりが滑らかで美味な椀種となる．

表2-7 吸い物の実（椀種）[1]

主材料（おもな椀種）		副材料（添えものになる材料）		吸い口（風味を引き立てる材料）
魚介類（淡白な味のもの）	たい，ひらめ，きす，さより，すずき，はも，しらうお，えび，はまぐり，かき，貝柱，はんぺん，	緑黄野菜	ほうれんそう，しゅんぎく，こまつな，せり	ゆずの皮，薄切りレモン，みかんの皮，木の芽，さんしょうの実，粉さんしょう，はりしょうが，しその実，ふきのとう，こしょう，のり，しょうが，たで，塩づけの桜の花
鳥肉類	鶏肉，かも	淡色野菜	ねぎ，うど，きゅうり，さやえんどう，さやいんげん，たけのこ，ごぼう，じゅんさい	
卵 類	鶏卵，うずら卵	いも類	さといも，やつがしら，やまといも	
大豆製品	豆腐，ゆば	きのこ類	まつたけ，しいたけ，なめこ，しめじ，はつたけ	
その他	はるさめ，そうめん，そば，ふ（麩），白玉だんご	海藻類	こんぶ，わかめ，青のり，干しのり，生のり	

1) 山崎清子，島田キミエ等，新版調理と理論学生版，p.258 同文書院（2010）

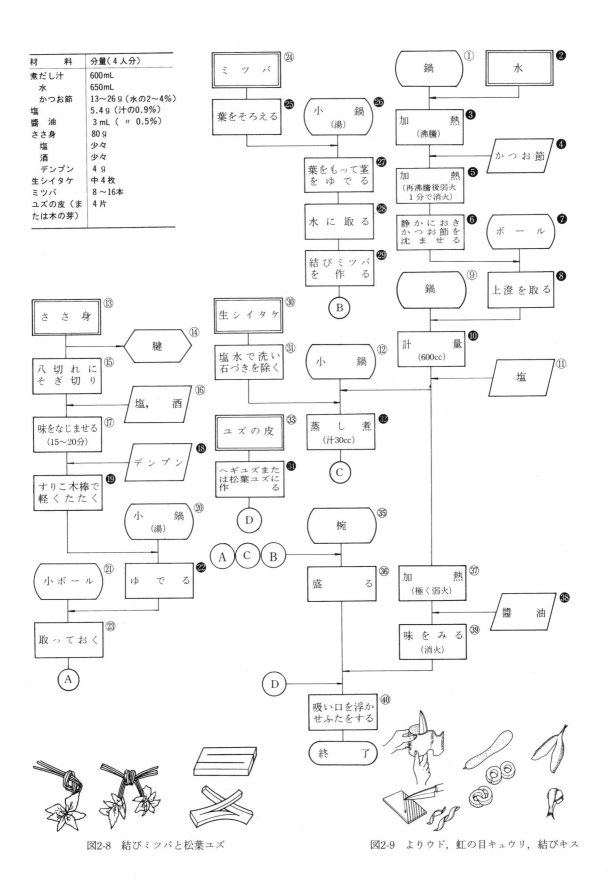

図2-8 結びミツバと松葉ユズ

図2-9 よりウド，虹の目キュウリ，結びキス

けんちん汁（巻繊汁）

けんちん汁の「巻繊」は本来調理中に出た野菜のくずを刻んで煮込み，くずでとろみをつけた，禅寺の修行僧が食べていた料理である．また，中国の普茶料理（p.15）に由来するとも言われており，豆腐を主材料とした料理のこと．けんちん汁は豆腐と多くの野菜を，ごま油で炒めて，だし汁を加え，塩と醤油で味付けしたもの．地域によっては，味噌で味付けするところもある．

調理上の注意と解説

①〜⑩ 混合だしである．本来の精進料理に用いるけんちん汁では，かつお節は煮だし汁に用いないが，非常に淡泊な味になるため，本書では煮だし汁にかつお節とコンブの混合だしを用いて，旨味の相乗効果を用い，味に深みを持たせている．

⑳〜㉒ サトイモの粘性物質を取り除く下処理．ヤツガシラの含め煮の項（p.36）を参照．

㉕ ごぼうの皮は，包丁の峰（背の部分）を使って上から下へこそげ落していく．

㉖，㉗ 野菜に含まれるアク成分の除去の項（p.38）を参照

㉘〜㉚ こんにゃくのアクを除くためには，表面に多めの塩をこすり付けて，すりこ木でたたく方法と水からいれて5〜10分間ゆでる方法がある．また手でちぎることによって，調味料との接触面を増やし，味の染み込みを良くする．

㉛〜㉞ 水分を抜いた豆腐を㊺でそのまま加え，炒めながら崩していく．

㊸ 油抜きとは，油で揚げている食材を，ざるの上に並べ上から熱湯をかけるか，たっぷりの湯の中でさっと加熱する方法で，食品の表面に浮いている余分な脂や表面の酸化した油を除いて，油臭さを除き，油っこくない料理に仕上げるために行う下処理．

【豚汁，さつま汁の違い】

けんちん汁は精進料理の一つだが，これに豚肉を加え，味噌仕立てにしているのが豚汁である．さつま汁は本来さつまの郷土料理で，薩摩藩が盛んに行っていた闘鶏で敗れた鶏をぶつ切りにしてその場で味噌汁としたのが始まりと言われており，鶏肉と鹿児島特産であるサツマイモが入っている．しかしながら，これが全国で普及し，現在は豚肉を入れて作るところも多くなった．豚肉を入れた豚汁とさつま汁の違いは，豚汁は具材を油で炒めるが，さつま汁は炒めないところである．

【こんにゃくについて】

サトイモ科の多年生草本．地下の球茎からこんにゃくを作る．球茎を薄く削って粉末にしたものをこんにゃく粉といい，この粉に石灰乳をまぜ，煮沸して作る．せん切りにしたものを糸こんにゃく，細い穴から突き出したものをしらたき，球形に丸めたものを玉こんにゃくという．こんにゃくは砂払いといって，整腸効果があるといわれている．

板こんにゃくの主な成分

水分：97.3%，タンパク質：0.1%，炭水化物：2.3%，食物繊維：2.2%

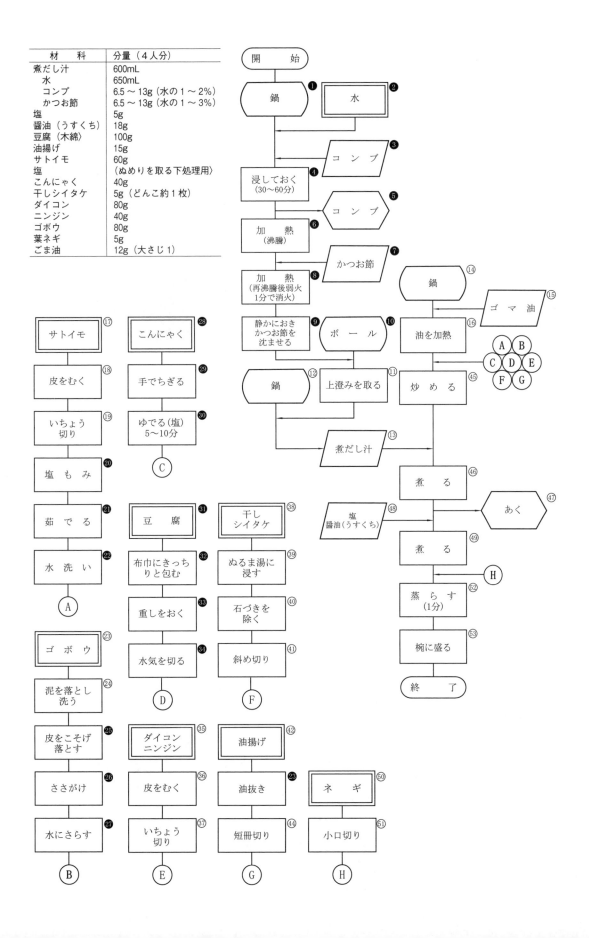

ハマグリの潮汁

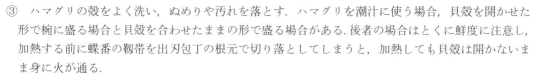

　潮汁は，清し汁の一種である．かつお節などの煮だし汁を使わず，新鮮な魚介類の旨味を引き出し塩で調味する．古くは海水で仕立てたといわれ，海水のように調味するという意味から潮汁とよばれる．

　ハマグリのほか，潮汁にはタイ，スズキ，オコゼなどの白身魚が用いられることが多い．また塩サバを用いた船場汁，イワシのすり身を用いたイワシのつみれ汁も潮汁の一種である．

調理上の注意と解説

① ハマグリは，中型の生きている新鮮なものを選ぶ．
② ハマグリを塩水（3％）に一晩漬け，十分に砂をはかせる．
③ ハマグリの殻をよく洗い，ぬめりや汚れを落とす．ハマグリを潮汁に使う場合，貝殻を開かせた形で椀に盛る場合と貝殻を合わせたままの形で盛る場合がある．後者の場合はとくに鮮度に注意し，加熱する前に蝶番の靱帯を出刃包丁の根元で切り落としてしまうと，加熱しても貝殻は開かないまま身に火が通る．
⑨〜⑪ 貝類の肉繊維は加熱すると硬くなるので，加熱は短時間にする．
⑫，⑭，㉑，㉒ ハマグリの身のひだに砂が残っていると食べたとき不快な感じがする．汁を少量別器に取り，殻から身をはずしその中で洗う．再び身を椀にもどす．
㉕ 木の芽は水を切り，椀やハマグリとのバランスのよい大きさに整え，左の手のひらにおき右手のひらでそっとたたいて香りを出し，熱い汁のそそがれた椀に浮かべる．

【魚介類を使用した汁物について】
　わが国はその四方を海で囲まれており，新鮮な魚介類やその他海産物が豊富である．それらを用いて，刺身，すしなど独特な料理が発達した．潮汁をはじめ，新鮮な魚介類を使った汁物もその一つで，すぐれた風味をもち日本料理を特徴づけるものである．
　魚介類を用いた汁物の種類は次頁（表2-8）のようなものがある．

【参考料理：タイの潮汁】

タイの頭 タイのあら	}	100g
塩（タイの3％）		3g
水		800mL
コンブ（水の2％）		16g
塩（汁の0.8％）		4.8g
醤油		1〜2滴
木の芽または ユズの皮		4枚

潮汁はタイの頭を用いるのが最高とされている．
（1）小さな頭はあごの下から包丁を入れ二つに切り，二人分として用い，大きな頭は更に包丁を入れ適当な大きさに切る．中骨なども適当に切る．塩をふり，30分くらいして熱湯をかけるか，くぐらせるかして水洗いをする．（2）砂を落としたコンブと水を鍋に入れ（1）を加えて加熱する．沸騰したらコンブを取り出し弱火でアク（浮き泡や脂肪）を除きながら15分くらい煮だす．その間鍋にふたはしない．（3）タイの頭，あらの下処理に塩を使ったので，塩味はひかえめにつけ醤油を加えたら火を消す．

---
1) 山崎清子，島田キミエ：調理と理論，p.216　同文書院（1983）

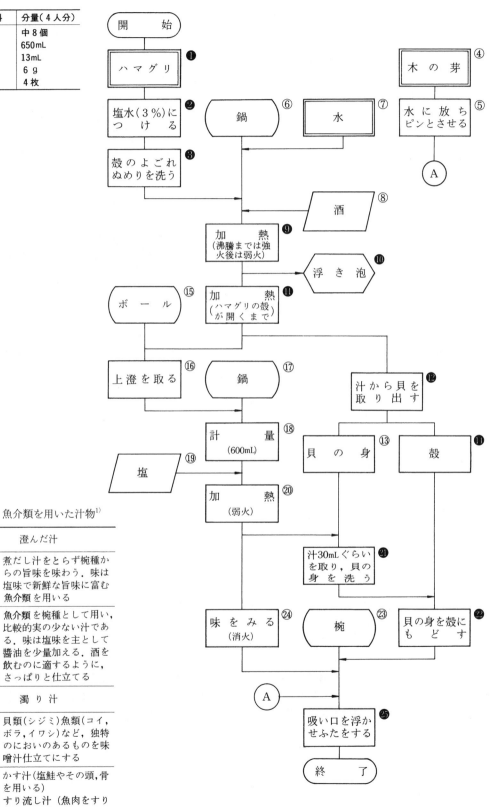

かき卵汁（薄くず汁）

かき卵汁は，汁にデンプンの水溶きを加えた薄くず汁に溶き卵をかき入れたもので，かき入れた卵が汁全体に浮遊し，口ざわりの滑らかで冷めにくい汁である．薄くず汁は吉野汁ともよばれる．

このほか薄くず汁には，菊花豆腐の薄くず汁，白身魚とトウガンの薄くず汁，かき豆腐と田ゼリの薄くず汁，のっぺい汁などがある．

調理上の注意と解説

⑪，⑫　デンプンは重量の1～2倍の水で溶く．

⑱，⑲　水溶きデンプンを加えてからの加熱は短時間にする．加熱が長くなると粘度が低下して，汁がさらっとしてくる．したがって温め直しもさけたい．

⑲　薄くず汁に溶き卵を加える場合，汁は常に静かに沸騰を続けている状態がよい．細い線状に流し入れた卵が，くず汁に達したらすぐ菜ばしで切るように混ぜ凝固させる．

㉒　ミツバはアクが強く切り口が褐変するので，使用する直前に切る．モヤシミツバは加熱の必要はないが，根ミツバは太いので，㉓の醤油の前に加えて火を通す．

【かき卵汁に用いるジャガイモデンプンの効果について】

ジャガイモデンプンを用いた糊液は透明度が高いので，薄くず汁やあんかけ料理に使用される．汁物のデンプン濃度は0.5～1.5%で，かき卵汁は卵の糸や片がデンプンの粘りで汁の中に分散している．卵の片が大きい場合またはデンプン濃度が低いと卵は沈んでしまう．0.5%のデンプン濃度でも糸のように細く卵を散らしたかき卵は，供卓の時間浮いているが，1～1.2%のデンプン濃度のほうが心配なく作れる．汁にデンプンを加えると温度降下をおそくするので冬季向きの汁物である．

【参考料理：菊花豆腐の薄くず汁】

材料	分量
煮だし汁	600 mL
塩（汁の0.8%）	4.8 g
醤油（〃1%）	6 mL
デンプン	3～9 g
豆腐 4～5 cm角	4個
シュンギク	80 g
おろしショウガ	10 g分

(1) 豆腐は形くずれのないところを4～5 cm角に切る．それを下部0.5～0.7 cm残して上部を縦横0.5～0.7 cmに切る．(2) シュンギクは色よくゆで，冷水に取り，そろえて水切りし，3～4 cmの長さに切る．(3) 皮をむき，おろしたショウガは1人分ずつ小さくまとめておく．(4) 湯をたっぷりと沸騰させ，穴じゃくしに(1)をのせ湯の中で静かにゆり動かす．豆腐が菊の花のように開いたところで湯を切り，椀に盛る．(5) (4)の椀に(2)のシュンギクを添え，菊花豆腐の中央に(3)の吸い口おろしショウガをのせる．(6) 煮だし汁を加熱し塩を加え，水溶きデンプンを入れ薄くず汁を作る．醤油を加え味を整える．(7) バランスよく盛られた(5)の椀に熱い(6)を静かにそそぎ入れる．

---

1) 松元文子，吉松藤子：三訂調理実験，p.49　柴田書店（1982）

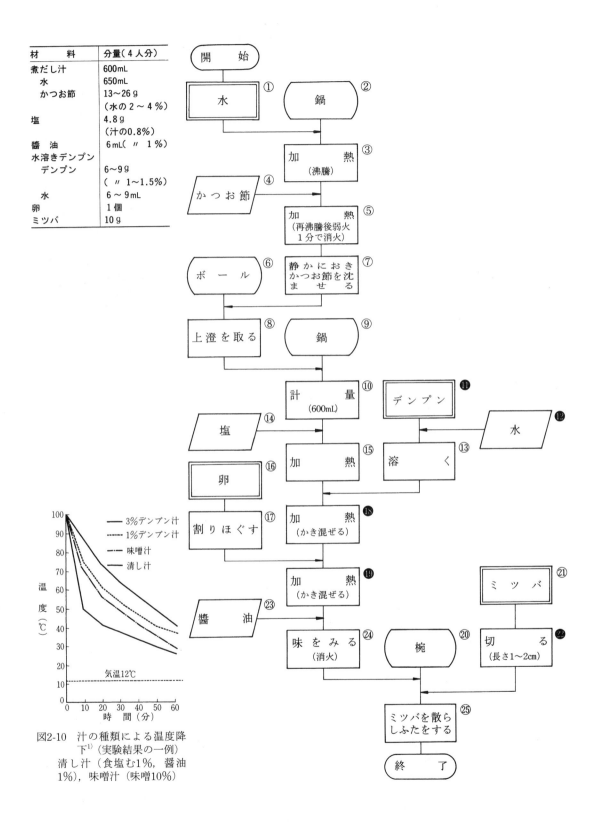

図2-10 汁の種類による温度降下[1]（実験結果の一例）
清し汁（食塩む1%，醤油1%），味噌汁（味噌10%）

豆腐・ナメコダケの味噌汁

味噌汁は，味噌で調味した汁で，味噌汁に用いる煮だし汁は味噌の香り，旨味が強いのでかつお節の二番だしや，煮干しのだし汁を用いるのが一般的である．しかし煮だし汁をとらず鯉こく，カンピョウの味噌汁のように実になる材料からの旨味を利用する場合もある．

味噌汁の実は，魚介類，豆腐，野菜，イモ，海草，キノコなどから調和のよいものを2，3種組み合わせ，分量は汁の40％前後とする．吸い口は香りのよい野菜，粉サンショ，七味唐がらし，水がらしなどを用いる．

味噌の種類は多く，各々の地域の気候風土に適応した味噌が自家生産されてきたが，1645年頃から工業化された．味噌の種類は次頁に示す．

調理上の注意と解説

③　煮干しは，腹切れ，油やけのない身のうねった中型のものが品質がよい．
④　全魚のまま使うと煮だし汁に渋味がでるので内臓と頭を除き，身は二枚にさき旨味の浸出をよくする．
⑥〜⑨　定量の水に30分くらい浸した後，鍋にふたをしないで加熱し沸騰後2〜5分煮だす．急ぐ場合はいきなり加熱し，加熱時間を2〜3分長くする．また，加熱せずに一晩浸漬して水だしにしただしは，魚臭が少なく旨味が強い．
⑭⑮，⑯⑰，⑳㉑煮だし汁をとっている間に準備する．
㉔，㉕溶き味噌を加えてからの加熱は短くする．長時間加熱したり煮返したりすると，香りが失われまずくなる．

【味噌の品質と緩衝作用について】

味噌は，日本独特の発酵食品で原料の種類，配合，熟成期などにより，その風味や品質に差を生ずる．特有の芳香と色沢をもち，水によく溶け簡単に沈んでしまわないもの，味は塩がなれていて旨味の多いものがよい味噌とされている．

味噌は緩衝作用（酸，アルカリによっておこるpHの変動を調節する力）が強く，煮だし汁で薄めても，実にいろいろな材料を使用しても味は変らない．しかし，味噌汁は沸騰後の加熱が長かったり，煮返したりすると芳香が失われ，緩衝能が低下し分散状態も悪くなり，味はまずくなる．

【煮干しについて】

魚介類を煮て乾燥させたものの総称である．しかし，通常はカタクチイワシ，マイワシの稚魚を蒸籠に入れ，塩水の沸騰した煮釜で煮て更に乾燥させたものをさす．煮干しを用いただしの旨味成分は，イノシン酸とアミノ酸である．上記のようにとっただしを一番だしといい，一番だしをとった後の煮干しにはかなりの旨味成分を含むので水（一番だしに用いた水量の½量）を加え，再び加熱し二番だしをとり，煮物などに用いられる．また手数はかかるが頭，内臓を除き，煎って細かく砕き粉末にして用いると旨味が強く栄養的である．煮干の粉末は，青ノリ，白ゴマを加え，ふりかけに作っておくと常備食として便利に使うことができる．

1)　山崎清子，島田キミエ他：NEW調理と理論，p.63　同文書院（2015）

材　料	分量（4人分）
煮だし汁	550mL
水	600mL
煮干し	18g（水の3％）
味　噌	45g（塩分13％）
豆　腐	120g
ナメコダケ	60g
ネ　ギ	20g

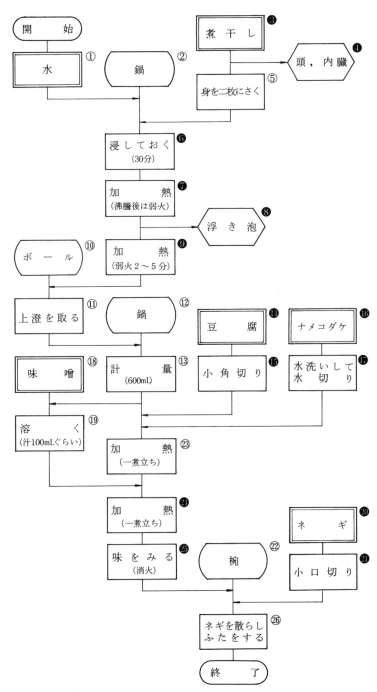

表2-9　味噌の種類[1]

種類		原　料	食塩濃度*	代表品名	主　産　地
米味噌	淡色辛味噌	大豆, 米, 糀, 塩	12.4%	信州味噌	長野地方
	赤色辛味噌		13.0%	仙台味噌	東北地方
	甘味噌		6.1%	白　味　噌	近畿地方
麦味噌		大豆, 米, 糀, 塩	10.7%	長崎味噌	九州地方
豆味噌		大豆, 糀, 塩	10.9%	八丁（三州）味噌	中部地方

*日本食品標準成分表2015年版

炒 り 鶏

炒り鶏は，鶏肉を主材料として，いろいろな野菜を取り合わせ，油で材料を炒めて煮る"炒り煮"である．汁がなくなるまで煮るので，鶏肉や野菜から出た旨味成分は全部材料にからまり，これに油の味が加わったもので，味は濃厚である．日常食として，客用の煮物として，また，折詰弁当，重詰などの菜としても調理は簡単で栄養的にもバランスのよい料理である．

調理上の注意と解説

④ 鶏肉は好みで，手羽肉かもも肉を用いるが，肉の厚さが不均一なので，あらかじめ，斜めに大きくそぎ切りとして厚さを平等にし，熱が通りやすくする．

⑧，⑨ 取りたてのゴボウはタワシで泥を落とすとき，皮もこすれてきれいな表面がでてくる．この場合には⑨は省略する．

⑪ ゴボウやレンコンなどに含まれるポリフェノール系の物質は酸化酵素の作用により酸化されると褐変する．こうした酵素の働きは，水や酢水に漬けたり，ゆでることで抑制される．

⑱ こんにゃくのアクの除き方はけんちん汁（p.26）を参照．

㉒ タケノコの代わりに，レンコンを用いてもよい．

㉖ ギンナンは煎るか，ゆでるかして用いる．煎るときは，殻に小さな穴をあけるか，出刃包丁の背でたたいてひびを入れる．ひびを入れないで煎ると破裂する．

㉘ 薄皮を取るときは，乾いたふきんに包んで手でコロコロとまわすようにするか，ゆでて取ってもよい．

㉚ 火が通ったら鶏肉はいったん取り出す．長時間炒め続けると肉質が硬くなる．

㉜ 材料に十分火が通ったときには，煮汁がほとんどなくなるように仕上げるために必要な煮だし汁量は，用いる材料重量の25〜30%量である．

㉞ 砂糖は，他の調味料より多少早めに加える．これは砂糖が高分子物質なために，塩のように低分子物質と同時に加えると，低分子の調味料が早く浸透することや塩成分中に微量含まれている塩化マグネシウムが組織を硬くしてしまい，次に入ろうとする調味料の浸透を抑制するためといわれる．

㊷ 小さめのサヤエンドウの場合はそのまま用いる．

【煮物の種類について】

煮物の代表的なものとして，煮しめ，煮つけ，煮込み，含め煮などがあげられる（表1-9参照）．

【落しぶたについて】

煮物をする場合，鍋の直径より小さなふたを鍋の中に落ちこむようにする．これを「落しぶた」という．落しぶたは，煮汁が少なく食品に味が平均につけられない煮物（煮しめ）や裏返すと形くずれする煮物（魚の煮つけ）に味をいきわたらせ，また含め煮のように材料の動きを押え煮くずれを防ぐために用いられる．

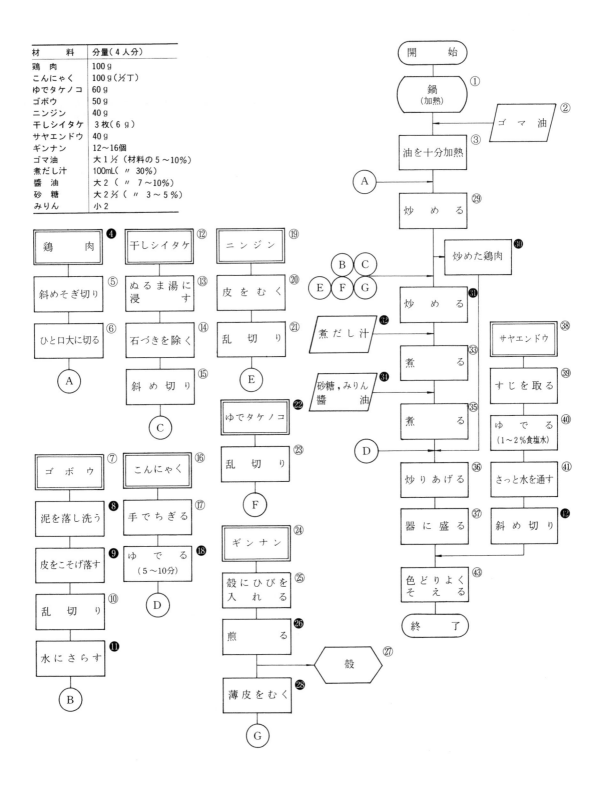

ヤツガシラと高野豆腐の含め煮

　ヤツガシラの含め煮は，比較的大きく切ったイモが十分に浸る煮汁の中で，煮崩れない程度まで加熱し，火からおろして余熱と調味料の浸透を利用してイモの中心部まで味を浸透させる煮物である．

　ヤツガシラは里芋に類し，親芋は大きく上面に不規則な突起があり，小イモは数個できわめて少なく，肉質は粉質で味が良い．主成分は糖質で19％内外含まれ，そのほとんどがデンプンである．粘質物はガラクトースなどの糖，またはそれらがタンパク質と結合したもので，デンプンとともにヤツガシラの食味に関与する．生のサトイモを扱うと手にかゆみを覚えることがある．これはサトイモにわずかに含まれるシュウ酸によるものといわれている．

調理上の注意と解説

① イモが重ならずひと並べになる鍋に煮だし汁を用意する．煮出し汁の分量は，イモと同重量から1.5～2.0倍にする．煮だし汁を増加した場合は，調味料もその割合で増す．

⑥ ヤツガシラは丸めのよく肥えたしっかりとしてやや湿ったものが，鮮度・味が良い．黒斑のあるイモは中が腐っている場合もある．

⑧ 上面の突起している部分から小さな卵1個くらいの大きさ（約50g）に切る．

⑨ イモの下部は硬いので皮を厚めにむく．

⑩ 形を整えたり，煮くずれを防ぐために，イモの角を取って丸くなるように切る．この包丁使いを面取りという．ヤツガシラの含め煮のほかに，クリの含め煮，ふろふきダイコン，カボチャのそぼろあんかけなどに面取りがなされる．

⑪～⑬ イモの2～3倍の水の中で2分くらいゆで粘質物を除く．これを水に取り，型くずれしないように注意して表面のぬめりを洗う．ヤツガシラの粘質物はイモの食味の特徴であるが，加熱中に煮汁に溶出し泡となりふきこぼれ，調味料の浸透，熱の伝導を妨げる．煮る前に粘質物を除き，ふきこぼれを防ぐために，あらかじめゆでるのはこのためである．

⑭～⑰ 60℃以上の湯（5倍以上）につけ，落しぶた（p.34）をして膨潤させた後，水の中で押しながら白い水が出なくなるまで洗い，適当な大きさに切る．

⑱ イモの煮くずれを防ぐために落しぶたをして加熱する．火加減は沸騰まで強火または中火にし，その後は弱火でイモの表面がひび割れてくるまで5分ぐらい煮る．

㉓ オクラはへたの部分にあるひげを取っておく．

㉔，㉕ 火を消してから1～2時間おき，味を含ませ，盛り付ける前に温めなおす．

㉖ 器のふちから煮汁を適宜そそぎ入れる．

㉜ 飾り切りを表面に入れる．

㊱ 干しシイタケは別に味付けを濃くした煮汁液で煮含ませる

飾り切り

【高野豆腐】

　豆腐を一度凍らせた後に乾燥させたもの．高野山の宿坊で作り始めたのでこの名がある．煮だし汁を調味し，汁が少なくなるまで弱火で落しぶたをして，ゆっくりと煮含めていく．

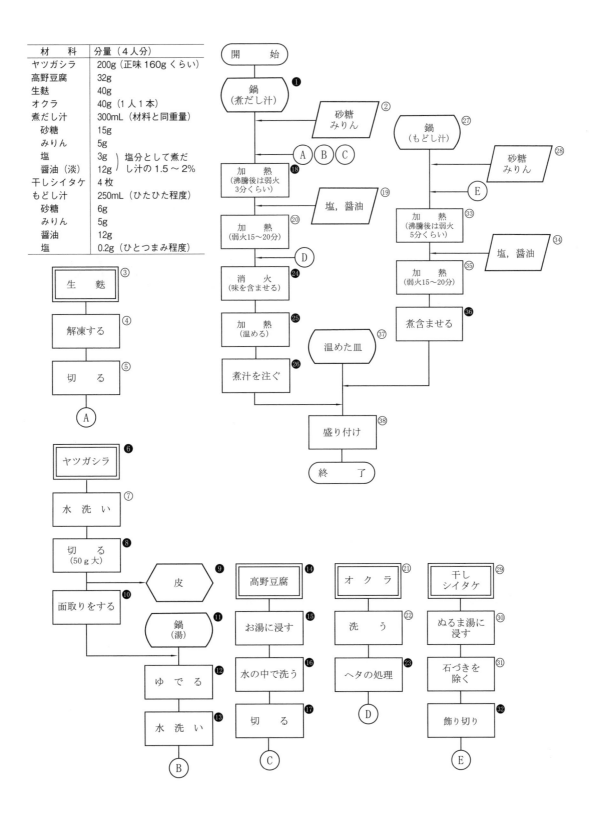

レンコンの酢煮 (白煮)

酢煮はレンコンのほかにも，ウド，ゴボウ，ジャガイモなどに用いられる煮物の一種で，酢を用いることにより，色が白く仕上がること，アクが感じられなくなること，口あたりがサクサクとした感触になることなどの特徴をもつ．ジャガイモを甘酢で煮たものをジャガイモのナシもどきといい，ナシのような感触になる．

酢煮に用いられる調味料の割合は次のとおりである．

- 煮だし汁：材料重量の 20～30%
- 酢　　　：　〃　　10%
- 塩　　　：　〃　　1.5～2.0%
- 砂糖　　：　〃　　5～7%

調理上の注意と解説

① 皮をむき，穴の中に土が入っていたらきれいに取る．
③ レンコンの切り口は，空気中の酸素に触れると褐変しやすいので，調理操作中は常に水か酢水につけておく．
④ 花形レンコンの作り方は図を参照．矢バスに仕上げる場合は，皮をむき，斜めに1cmぐらいの厚さに切り，酢水でゆでる．⑪の終わった後で，形を切り整える．
⑨ 調味液を沸騰させた中にレンコンを入れ，さっと煮て火を止め，煮汁につけておく．

【野菜に含まれるアク成分の除去】

アクとは味として好ましくない「えぐみ」「渋み」「苦味」を称していう．アクは，その食品の味や色を低下させるため，下処理によってこれらを除いたり，防ぐ必要がある．

えぐみ，苦味などが強い山菜（ゼンマイ，フキ，ワラビ）は，ゆで水に，0.3～0.5%の重曹を加えてゆでる方法，あるいは，ワラビ，ゼンマイは木灰をたっぷりとかけ，その上から熱湯を注いで蓋をしたまま冷めるまで放置する方法がとられる．これらの方法はゆで液のpHがアルカリ性になることで，材料の組織が軟化し，アクの成分がゆで液へ流出しやすくなることを利用している．次に，皮をむいて空気中にそのまま放置しておくと褐変しやすい酸化酵素を含む野菜である．ウド，レンコン，ゴボウ，ジャガイモなどは，水に漬けることで，空気中の酸素との接触を妨げ，さらに酸化酵素が水に溶けやすい性質を利用して褐変を防いでいるが，これに1%の食塩水や3～10%の酢水を用いると酵素活性が阻止され効果が一層増す．

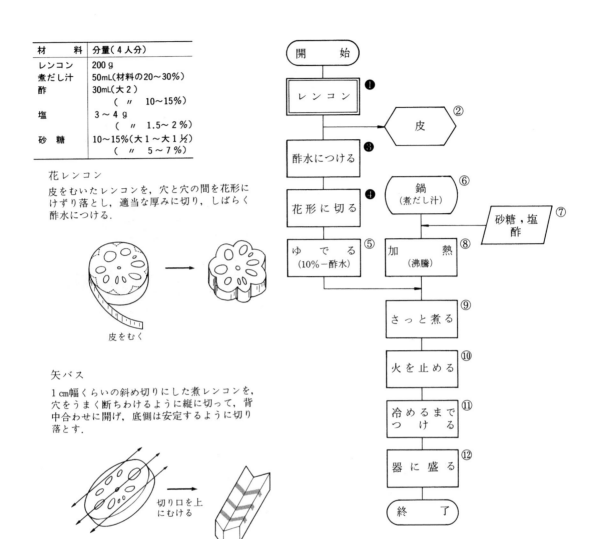

花レンコン

皮をむいたレンコンを，穴と穴の間を花形にけずり落とし，適当な厚みに切り，しばらく酢水につける．

皮をむく

矢バス

1cm幅くらいの斜め切りにした煮レンコンを，穴をうまく断ちわけるように縦に切って，背中合わせに開げ，底側は安定するように切り落とす．

切り口を上にむける

【野菜の色（アントシアニン系色素）とpHについて】

　アントシアニン系色素は，ナス，シソの葉，レッドキャベツ，新ショウガ，ミョウガなどの野菜や，多くの果物（リンゴの皮，イチゴ，ブドウなど）に含まれている．この色素は水に溶け，酸性溶液中では鮮やかな紅赤色を，中性溶液中では紫色を，またアルカリ性溶液中では青色を呈する．野菜やくだものを酸性側に保つことで，きれいな赤色系統の色を保つ例としては，新ショウガやミョウガを甘酢につけること，レッドキャベツのせん切りにフレンチドレッシングをかけることなどで応用される．また，梅干しは梅に含まれる有機酸によって，シソの葉に含まれる色素（シソニン）が梅汁をきれいな赤紫色に染め，この液に漬けることで梅も着色される．

　アントシアニン系色素は加熱によって退色や褐変が生じやすいが，アルミニウムや鉄のイオンと併用すると，これらと結合して安定な色を保つ．例えば，ナスを茹でるとき焼きミョウバンを加えたり，黒豆を煮るときやぬか漬けに鉄くぎや焼きミョウバンを加えたりするのは，このためである．

カボチャのそぼろあんかけ

あんかけは煮物で材料に味のつきにくいものや，蒸したものなどに，うま味のあるくずあんをかけ，調味料をからめる方法である．"そぼろあんかけ"の材料にはカボチャのほか，トウガン，ダイコン，ナス，サトイモ，ヤツガシラ，タケノコなどが用いられる．あんかけに用いるデンプンの濃度は，汁量に対して3～4%量である．

調理上の注意と解説

④ 面取りの方法はp.36を参照．カボチャが器にすわりのよいように面取りの形を整える．
⑥ カボチャは種類によって煮汁を吸収するものと，しないものがあるので，煮汁の量は煮え具合いで，適当に加減するとよい．
⑦ 煮汁が沸騰するまでは強火，沸騰後は煮くずれしないように火を弱め，カボチャが半煮えぐらいになるまで，しばらくは煮汁だけで落しぶたをして煮る．
⑧，⑩ 砂糖やみりんを加えてしばらく煮た後に，塩，醤油を加えると，材料への調味料の浸透が均等になる．
⑪ 中まで十分に火が通ったかどうか，竹串などで刺してみる．
⑫ 残りの煮汁の量が150mL前後より少なくなった場合は，水を加えて補なう．
⑯ 鶏ひき肉のほか，牛肉，豚肉またはむきエビを細かく切って用いてもよい．
⑱ デンプンに同量から倍量の水を加えて用いる（煮汁量の3～4%）
⑳ 天盛りに用いるため，ごく細いせん切りにする（針ショウガという）．

【参考料理：トウガンのそぼろあんかけ】

トウガン	400g	（1） トウガンは大きな角切りにして内側のワタを除き，皮もところどころむいて面取りする．
煮だし汁	400～500g	
米	10g	（2） 鍋に煮だし汁，米とともに入れ，沸騰後は静かに煮る．
｛みりん	10mL	（3） みりんを加え，しばらく加熱後，醤油を加え，トウガンが軟らかくなるまで煮る．
醤油	25mL	
エビ	80g	（4） トウガンを取り出して器に盛り，鍋に煮だし汁，砂糖，醤油を加えて火にかけ，沸騰したら，エビのみじん切りを加えて火を通す．
｛煮だし汁	80mL	
砂糖	8g	（5） 水溶きデンプンを流し込み，とろみをつける．
醤油	15mL	（6） トウガンの上から（5）をかけ，上におろしショウガを添える．
デンプン	3g	（味を薄めに仕上げて，病人食として用いることもできる）
ショウガ	少々	

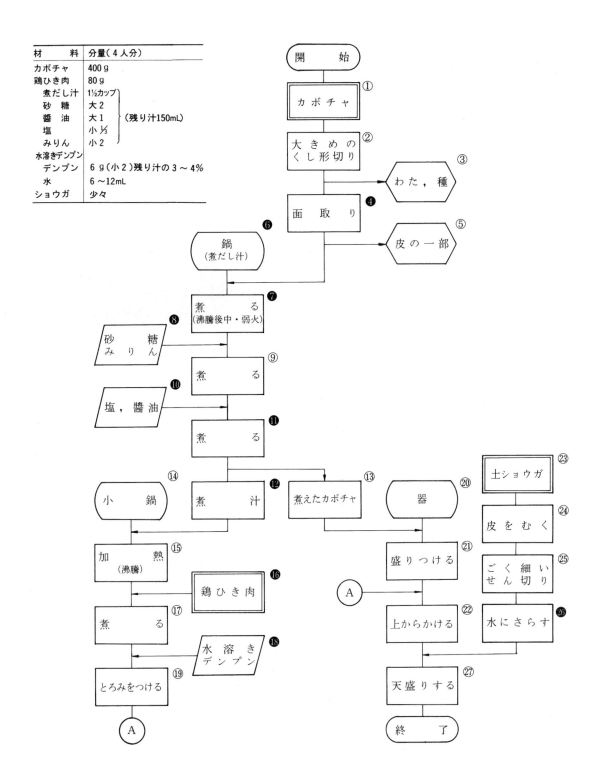

イカの照り煮

イカの照り煮は，醤油，みりんの煮汁を煮立てた中にイカを加え，沸騰したら引きあげて煮汁を煮つめ，またイカを入れて再び沸騰したら引きあげ，煮つめる等を2，3回くり返し，濃厚な煮汁でからめた引きあげ煮である．長時間煮るとイカが脱水し，組織が硬くなるため，このような煮方を行う．イカのほか，タコ，ハマグリ，アナゴなどにも適している．

照り煮の中に，砂糖を多く濃厚な味つけをし照りを出させるつや煮や，砂糖の一部を水あめに代えて煮たあめ煮などがある．

正月料理の一つである「田作り」は，ごまめ（カタクイワシ）を煎って醤油と砂糖で照り煮をしたものである．

調理上の注意と解説

① イカの表皮が黒褐色の新鮮なものを選ぶ．
② イカの足，内臓の抜き方は，胴の外套膜の中に手を入れ，胴と内臓の接続部分をはずして行うとやりやすい．
②，⑤ イカの足やひれは捨てず，おろし和えやすり身にして椀種に用いる．また，惣菜用の場合は，イカの身と一緒に煮てもかまわない．
⑤，⑥ イカの表皮2枚を除去後，松笠模様となるように，斜めにイカ肉の1/2～1/3くらいまで切り込みを入れる．イカの切り目の入れ方には，松笠イカ以外に，かのこイカ，布目イカなどの方法もある．イカの皮の除き方およびイカの切り目の入れ方の詳細は，涼拌墨魚の項（p.180）を参照のこと．
⑦ 切断の仕方は，松笠の切り目を入れた方を下にしてまな板の上におき，身の表面に縦4cm，横5cmぐらいの間隔に，薄く切り目を入れ両手で引っ張り切るとよい．
⑧，⑨ イカ肉は，熱湯をくぐらせ湯ぶりにして水分の一部を脱水させておく．
⑭，⑯ イカを，調味料を煮立てた鍋に入れ，沸騰したら取り出し，冷やして再び鍋に入れ，加熱する等の操作を2，3回くり返し，味をしみこませ煮汁を煮つめる．
⑱ イカに煮汁をからませるくらいの量まで煮つめる．⑰で2，3回煮つめることをくり返しても，煮汁が多い場合はイカを取り出して煮つめ，煮汁が適量になったらイカを入れて煮汁をからませる．
⑲ ヤツガシラの含め煮（p.36）などを一緒に盛り合わせるとよい．

【加熱によるイカの破断力について】

イカの筋繊維は，体軸に直角に走っており，また，繊維からなっているため加熱により収縮して強じんなものになる．そのため，体軸に直角の方向の破断力は大きい．逆に，皮の第四層のコラーゲン繊維は，加熱によりゼラチン化するため，体軸の方向の破断力は小さい．このようなイカの組織構造および加熱による変化を考慮して調理を行うべきである（涼拌墨魚p.180，炒墨魚p.184参照）．

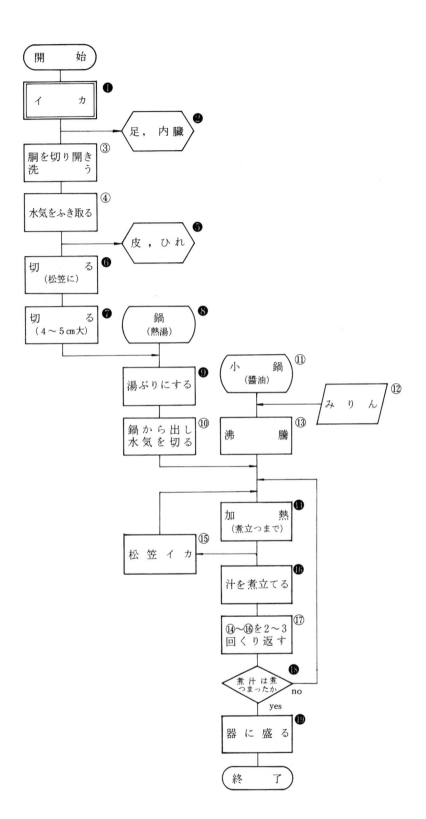

サバの味噌煮

　サバの味噌煮は，サバのにおいを消すために味噌を加え，味噌のコロイドが魚臭を吸着し，更に味噌の風味を生かした調理である．八丁味噌が最もにおい成分を吸着する．

　カツオ，マグロなどの赤身の魚は生臭みが強く，脂肪含量が多いため濃い味つけで，煮る時間も長くする．身の軟らかいカツオなどの魚でも，調味料が煮ている間にしみ込み，硬くしまり美味である．生臭みを消すのに，ショウガやネギ，酒などを用いたり，また，希釈した酢水で洗ってから煮ることもある．

　鮮度のよいものや，タイ，カレイなどの白味の魚は味を薄くし，加熱時間も短時間で行うほうがよい．しかし，冷凍してあったものや鮮度の低下したものは，味を濃くし，やや時間をかけたほうがよい．

　淡水魚は，新鮮なものであっても特有の泥臭さがあるため，煮る前に素焼き（白焼き）をしたり，調味を濃くし落しぶたをして汁がなくなるまで長時間煮て，つくだ煮のようにする．

調理上の注意と解説

①～④　サバの味噌煮の材料には，切り身にしてあるものを使用してもよい．

⑤　魚の皮に切り込みを入れることにより調味料の浸透をよくし，加熱収縮により皮が切れるのを防ぎ美しく仕上げることができる．とくに一匹の魚を姿のまま煮るときの包丁法は下図を参照のこと．

⑥　ショウガを用いることにより，魚の生臭みを消すことができる．

⑪　煮魚用の鍋は，魚の重なりが少なく，煮汁が平均にゆきわたるよう平らな鍋がよい．

⑬　だし汁が沸騰した後，魚を鍋の中に入れる．魚は上身を上に，重なりが少ないように並べる．竹の皮が入手できるときは，皮を縦に2，3目裂け目を入れたものを用いると，焦げるのを防ぐと同時に，出すときに煮くずれを防ぐことができる．

⑮　味噌の量は，味噌の種類により塩分濃度および色，味，香りなどの風味が異なるため，好みにより変化させるとよい．

⑱　落しぶたを用いるときは，前もってぬらしてから魚の上におく．味噌は焦げつきやすいため弱火で焦がさないように時々鍋を動かしながら，裏返すことなく，わずかに汁気が残るまで煮る．

【魚の切れ目の入れ方】

アジの表側に身の厚さの½ぐらいまで切れ目を入れる

タイの表側に2，3本の切れ目を入れる

カレイの表側に身の厚さの⅓ぐらいまで切れ目を入れる

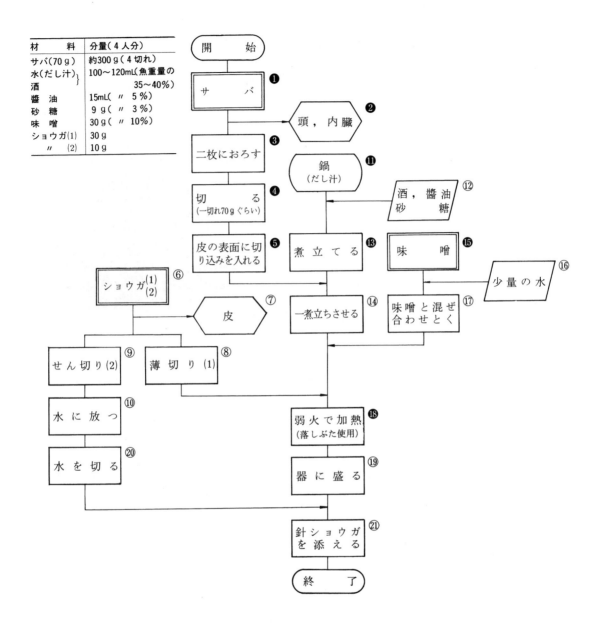

黒大豆の煮豆 (ぶどう豆)

一般に煮豆として用いる豆類は，乾燥して貯蔵されているため，吸水・膨潤して煮熟する．

吸水・膨潤は，水温，種類，新古などにより異なる．煮上がりの良好なものは，内部まで調味液が十分に浸透し，外皮のしわのよりがなく，ふっくらと仕上がったものである．

早く芯まで軟らかく煮るには，圧力鍋の使用，重曹の添加（重量の0.3％），1％の食塩水に浸漬する[1]などが考えられる．光熱費の節約には，保温調理器を利用する方法もある．

調理上の注意と解説

① 黒大豆は，保管状態によるが一般に収穫後一年以内のものが煮えやすい．黒大豆の他に黄大豆，黒豆（大豆の一種）でもよい．

② 虫くいの豆，異物を除去する．

④ 黒大豆に含まれているサポニンに起泡性があり，煮熟中にふきこぼれるので厚手の深鍋を使用する．黒色を退化させないため鉄鍋，くぎを用いる．この理由は，黒豆の色素がアントシアン系であるため鉄，スズイオンと結合して美しい黒色になるためである．

⑦ 落しぶたをして加熱する．煮熟中に煮汁が少なくなったら水を加える．アクを取り除きながら豆を指でつまんでつぶれるくらいまで煮る．

⑪⑫ 豆を別器に取り出し，煮汁のみ½量に煮つめ，その煮汁に一晩豆を浸漬する．味付けを濃厚にする場合は，更に煮汁のみ½量に煮つめ，その煮汁に豆を浸漬する．

【圧力鍋による煮豆】

煮豆（黒大豆）を煮熟するときに圧力鍋を用いる場合は，浸漬吸水後調味料を添加し，加熱沸騰10分程度で消火する．その後10分間放置し，以後は普通の場合と同じようにして味を浸透させる．圧力釜の種類・豆の種類により，加熱時間が異なるので機種説明書を参考にすること．

【いんげん豆（大正金時豆，うずら豆の場合）の煮豆】

1) デンプン性の豆の場合は，熱湯に2時間浸漬した豆の方が水に浸漬した豆よりゆで豆として良好である．

2) 熱湯浸漬後調味料を添加して加熱した場合の煮豆は，煮くずれが少なくなり[2]，加熱60分後の煮汁の糖度が30％前後になるように弱火で加熱する．

3) 圧力鍋を使用した場合は加熱6分，弱火で加熱後消火10分放置[3]後普通鍋と同じ．

---

1) 大司（中里），沼形（上部）：大妻女子大学靖淵　5,43（1962）
2) 中里，小瀬川，板橋：家政学雑誌　21,252（1970）
3) 中里，岩田，田中：大妻女子大学家政学部紀要　21,15（1985）
4) 松元文子，吉松藤子：三訂調理実験，p.134　柴田書店（1979）

材　　料	分量（4人分）
クロダイズ	150g
水	800〜1200mL
砂　糖	120g
醬　油	15mL

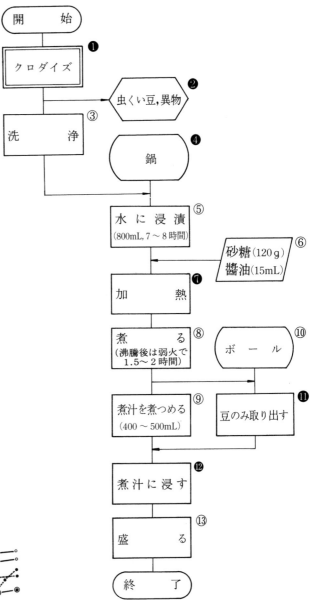

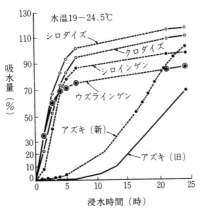

図2-12　豆類の吸水曲線[4]

茶碗蒸し

茶碗蒸しは，卵をだし汁で希釈した液を器に入れて蒸し，器のまま食卓に供される調理である．したがって，希釈卵液を用いる調理の中でも比較的卵濃度は薄く，卵は20～25％にするが，これには卵重量の3～4倍の煮だし汁を用いて希釈すればよい（卵豆腐の項p.50参照）．

このほかに希釈卵液にうどんを入れて蒸したものを小田巻蒸し，豆腐を主として希釈卵液を加えて蒸したものを空也蒸しという．

茶碗蒸しの中身には白身魚，貝類，かまぼこ，鳴門巻き，ユリ根，クワイ，色の美しい野菜などが用いられる．茶碗蒸しの凝固温度は80℃くらいなので，中の実は，蒸し条件内で完全に火の通らない場合にはあらかじめ加熱しておく必要がある．

茶碗蒸しのできあがりのよい状態は，一般に口ざわりがなめらかで，くずしたときに離漿水の少ないものがよいといわれる．

調理上の注意と解説

③，④　煮だし汁（一番だし）のとり方はp.7を参照．卵に加えるだし汁は，だし汁を調味した後，50℃以下にしてから加える．

⑤　卵液の蒸し上がりがなめらかになるように，調味料を加えた後，裏ごしにかける．

⑪　干しシイタケが浸る程度のぬるま湯（50～60℃）を用いる．戻した液はシイタケの旨味成分が溶出しているので，だし汁として用いるとよい．

⑰，⑱　醤油と酒を同量ずつ，鶏肉が漬かるぐらい少量用い，10～15分間この中に漬ける．

㉓　シイタケとニンジンは下煮して，冷ましてから加えるので早めに用意しておく．

㉕　芝エビは，尾一節を残して殻をむき，第二関節に竹串を刺し込み背わたを除く（下図参照）．これに，少量の塩をふっておく．

㉚　ミツバはあらかじめそのままゆでて，二本一組で結びミツバにして上に飾る場合と，適当な長さに切って用いる場合がある．茎は3cmに切り，葉は細かなせん切りにして用いる．

㉞，㉟　希釈卵液の蒸し物は，加熱温度と加熱時間が，生地のなめらかさに大きく影響する．常に85～90℃の蒸し温度を保つようにする．金属製の蒸し器を用いる場合には，密閉して蒸すと温度が上がりすぎるので，ふたをずらして蒸す．

㊱　竹串で生地を刺してみて，凝固卵液の間から澄んだ液が出てくれば蒸し上がっている．

【殻および背わたの除き方】

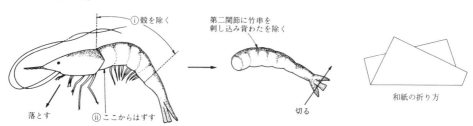

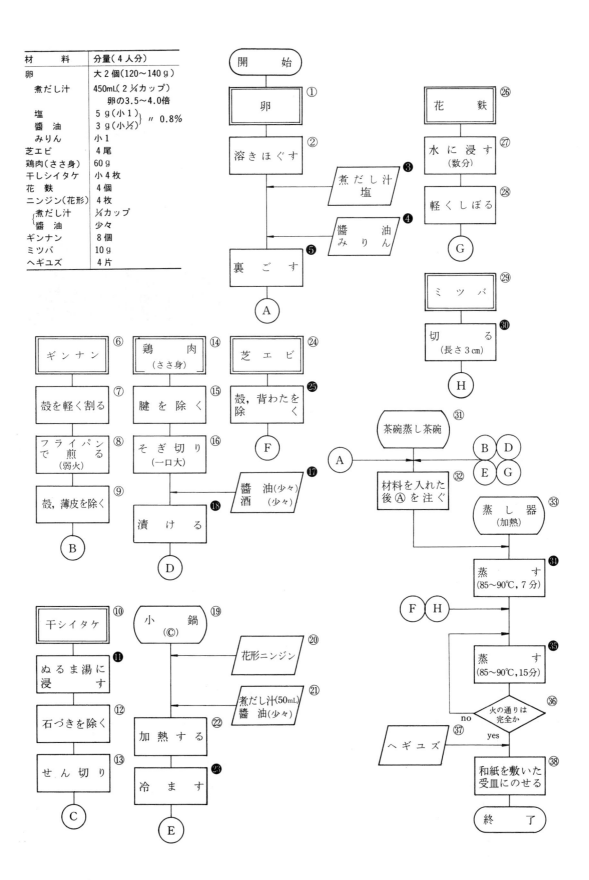

卵豆腐

　卵豆腐は，だし汁で薄めた卵を蒸し，熱凝固させ，形が保てるくらいの硬さにして用いる．これに上から薄くずあんをかけたり，汁物の椀種として用いたり，あるいは夏期には，十分に冷やして氷を添え，八方汁とともに供したりする．

　硬めの卵豆腐は卵と煮だし汁の割合を1対1，軟らかめに仕上げる場合は，1対1.5〜2.0とする．煮だし汁の割合の多いものの方が，舌ざわりがなめらかで，味もよい．

調理上の注意と解説

③，④　煮だし汁は一番だしを用いる．温いうちに調味料を加えてよく溶かし，だし汁が50℃以下になってから卵と混ぜ合わせる．煮だし汁は⑰に用いる量も合わせて，まとめて作っておく．

⑥　生地の仕上がりをなめらかにするために行う．

⑦　流し箱は，卵液が適当な厚みになるような大きさのものを選ぶ．内わくのついた流し箱を用いると，後の操作がしやすい．

⑨　希釈卵液の蒸し温度は85〜90℃に保つ．流し箱を入れて2〜3秒間強火とし，内部温度が上がり，蒸気が出はじめたら，火力を弱めて調節する．蒸し温度が高すぎるとすだちが生ずる．

⑩　卵液に竹串を刺してみて，生の卵液がついてこないこと，また，刺した生地の間から，澄んだ液が出てくれば，蒸し上がっている．

⑪，⑫　蒸し上がって温かいうちに型から出したり，切ったりすると，形が崩れることがあるので十分に冷ます．

㉓　器に盛りつけた卵豆腐がくずれないように，くずあんをまわりから静かに流し込む．

【希釈卵液を用いた代表的な蒸し物調理と卵液濃度について】

1) 蒸した器のまま供するもの
　　卵：希釈液＝1：3〜4　　（卵濃度20〜25%）　例）茶わん蒸し
2) 蒸した器から出して供するもの
　　卵：希釈液＝1：2.0〜3.0　（卵濃度30%前後）　例）カスタードプディング
3) 蒸した後，器から出して切って供するもの
　　卵：希釈液＝1：1〜2　　（卵濃度30〜50%）　例）卵豆腐
　　卵：希釈液＝1：0.1　　　（卵濃度90%）　　例）オムレツ，卵焼き

【薄くずあん】

　だし汁に薄くくずでとろみをつけ，醤油少々を加えて味を補ったもの．ごく鮮度の高い材料を用いた場合，そのもち味を生かすためにかける．本来はくず粉を用いたが，最近はくずの生産が少なく高価なため，比較的くず粉と物性の似たジャガイモデンプンが代用されている．

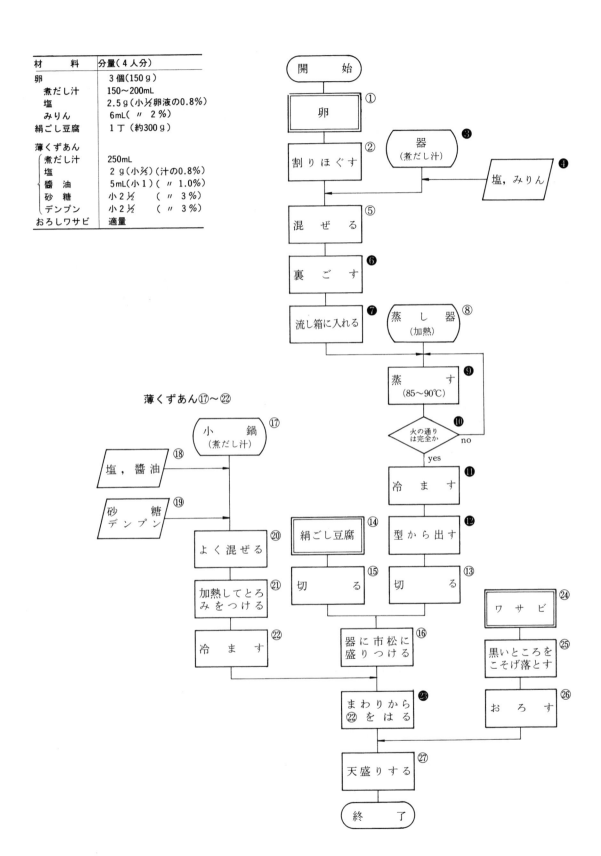

二 色 卵 (錦 卵)

二色卵は，いったん加熱した卵を卵白と卵黄に分けて裏ごした後，調味し，再び形を整えて，加熱によって密着させ，まとまった形を保つようにしたものである．

調理上の注意と解説

② 卵黄の中心まで完全な固ゆで卵となるように気をつける．卵を水から入れ，沸騰後約12分間ゆでた後，冷水中に浸す．急冷すると殻がむきやすくなる．

⑤，⑪ 卵白を先に裏ごし，つづいて卵黄を裏ごすとよい．卵白は冷めると裏ごしにくい．

⑥ 卵白には多量の水分が含まれているため，裏ごした卵白にそのままで砂糖を加えると，ベタベタした感じになり扱いにくい．したがって，あらかじめ乾いたふきんに包んで，軽く水気をしぼってから調味料を加える．加熱卵白は冷めると砂糖が生地になじみにくくなるので，手早く調味料を加えること．

⑦，⑫ 卵白には少なめ，卵黄には多めの砂糖を用いる．ごく少量の塩を加えることで甘味がより強く感じられ，味がひきしまる．

⑰，⑱ 卵黄を厚さ1cmぐらいの長方形にのばし，これで卵白のまわりを包む．生地の外側をふきんできっちとおおい，両端をもめん糸でしばる．菜ばし2本を用いて"松が枝"の形に整える．

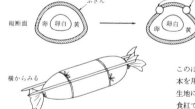

菜ばしが動かないように2，3ヶ所もめん糸をぐるっとまわしてしばる．

このほか，卵黄を芯に，卵白を外側にして，菜ばし5本を用いて形を整えると梅形にもなる．この場合には生地に調味した後，半分ずつにして一方の卵白は薄い食紅で色づけすると紅白梅になる．

⑳ 卵はあらかじめ加熱してあるので，蒸し火力は中火から強火で10～12分間とする．指で押して弾力があるようになったら取り出す．

表2-10 鶏卵の重量と各部の割合[1]

卵の種類	卵内容（％）	卵黄（％）	卵白（％）	卵殻（％）
白色レグホーン	89.2	31.5	57.7	10.8
ロードアイランドレッド	89.4	30.9	58.5	10.6
市場混合卵	88.5	32.1	56.4	11.5
50g以下のもの	88.4	32.6	55.8	11.6
51～55g 〃	89.2	32.6	56.6	10.8
56～60g 〃	89.0	30.4	58.6	11.0
61g以上 〃	89.6	30.2	59.4	10.4

重量40～45gをSS，46～52gをS，53～58gをMS，57～64gをM，65～70gをL，71～76gをLLとしている．

1) 日本調理科学会編：総合調理科学事典，192，光生館（1997）
2) 日本食品標準成分表2015年版（七訂），文部科学省

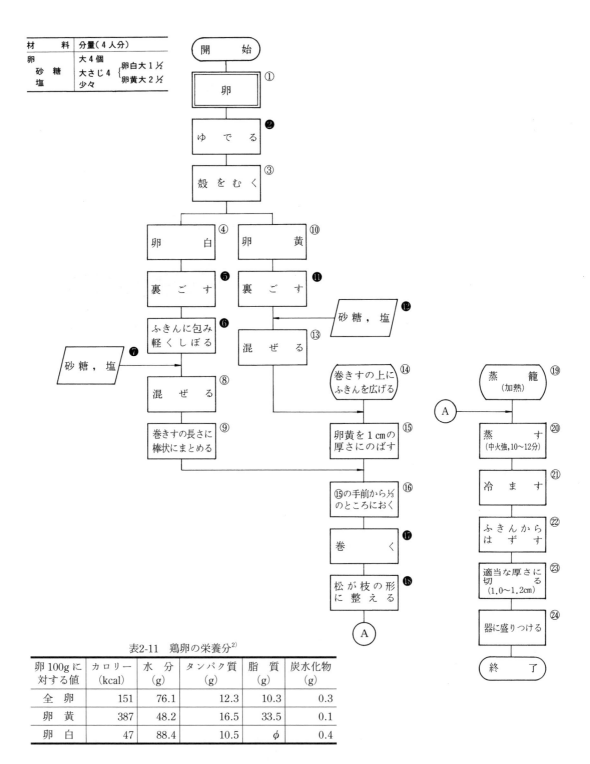

表2-11 鶏卵の栄養分[2]

卵100gに対する値	カロリー(kcal)	水分(g)	タンパク質(g)	脂質(g)	炭水化物(g)
全 卵	151	76.1	12.3	10.3	0.3
卵 黄	387	48.2	16.5	33.5	0.1
卵 白	47	88.4	10.5	φ	0.4

サケのけんちん蒸し

サケのけんちん蒸しは，サケに豆腐を主材料にしたけんちんを包み，蒸した料理である．けんちんはいろいろな材料を取り合わせ，味の変化を出したものであり，栄養的にみても合理的なものである．

蒸し物は，形をくずすことなく加熱できるが，途中での味つけができないので，最初に味つけしたものを蒸したり，蒸した後でくずあんをかける方法をとる．

魚の蒸し物には，けんちん蒸しのほか，信州蒸しのようにそばを魚で包んだり，薯蕷(じょうよ)蒸しのようにヤマトイモと卵白を魚の上に乗せて蒸すものもある．

蒸し物は淡白な味を呈するので，魚は臭みの少ない白味の魚で新鮮なものを選ぶこと，また酒をふりかけるなど臭みを消すための下処理が大切である．

調理上の注意と解説

① 生サケの切り身は，下図のように行木切りにする．皮を薄く除いたものの方が切り身の厚さが平均になり扱いやすい．

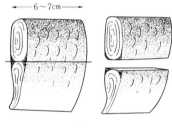

行木切り

観音開き

② 観音開きの仕方は，サケの切り身を縦において右から左にそぎながら切り開き，更に切身を上下置き換えて，また右から左へと開く方法である．
③ 酒をふりかけることにより，においを消す．
⑩ ギンナンは，煎って種皮および薄皮を除いたものを用いる．茶碗蒸し（p.48）の項を参照．
㉑ 観音開きにしたサケでけんちんを包みこむ．
㉖ デンプンは，デンプンと同量または2倍量の水で前もって溶いておく．

【参考料理：イカのけんちん蒸し】

イカ 2はい		(1) イカは足，内臓を除き，筒のまま皮をむき熱湯にくぐらせておく．
中身	豆腐 1.5丁	(2) 豆腐は，サケのけんちん蒸しのときと同じく，熱湯をくぐらせふきんで硬くしぼっておく．水にもどしたシイタケとニンジンをせん切りにし，醤油（小2），砂糖（小1）で炒り煮する．これに他の材料や調味料を加えてイカの胴に詰める．
	ニンジン 30g	
	青マメ 30g	
	シイタケ 2個	
	卵 1個	
くずあん 1カップ		(3) 詰め口は，揚子で止め，イカの胴に金串で穴をあける．
		(4) 15分間ほど蒸し，蒸し上がったら1.5cmの輪切りにして器に盛り，くずあんをかける．

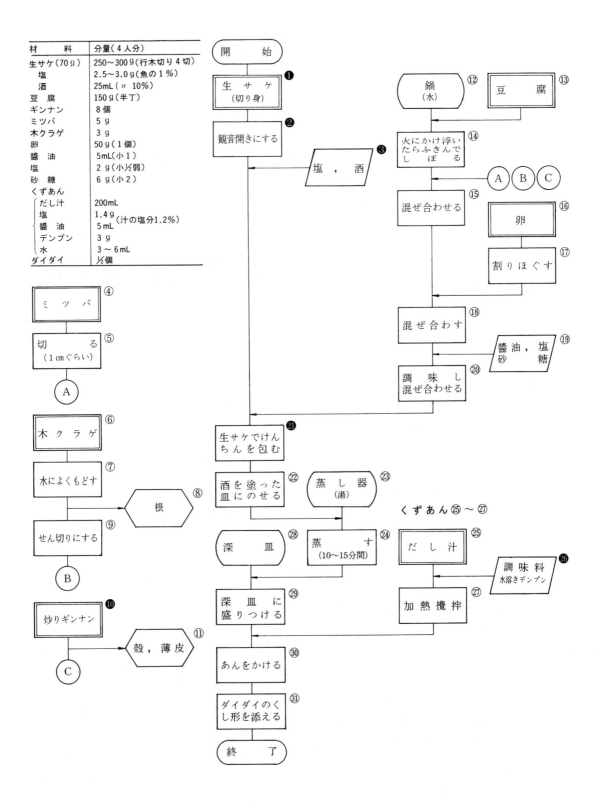

アジの姿焼き

　魚の塩焼きは，新鮮な魚を用い，とくに形を重んずる焼き物である．姿焼きとは，形よく焼き上げるために串を打ち，魚を一尾のまま塩焼きしたものである．

　焼き物の火かげんは，遠火の強火で，表四分，裏六分の割合で焼き上げ，金串を用いることにより魚の内部まで金属を伝わり加熱される．

　焼き物の前盛りは，味を引き立て，季節感を出す添えもので，ショウガの甘酢漬け，カブの甘酢漬け，ダイコンおろしなどがある．

調理上の注意と解説

① 新鮮なアジ，アユ，マス，タイなどを用いる．アユは香魚といわれ，香りは内臓にあるので新しいものはそのまま用いる．

③ 内臓を取り出すため，切れ目は盛りつけ⑳を考えて，魚の裏側のえらより1～2cm下より腹側に入れる．

④ えらはえらぶたから，内臓は魚の裏側の切れ目から取り出す．

⑥，⑦ 魚の重量の2%の塩をふり，20～30分おく．川魚や白身魚は脂肪分が少なく，生臭さが少ないため，塩を振った後，すぐに焼いてもよい．ただし，アジやサバなどの青魚は塩を振った後，20～30分おくことで，臭みを消すことができる．

⑧ 葉つきショウガを用いて筆ショウガを作る．

⑬ 「うねり串」の刺し方（図2-13）は，盛りつけ時の裏側の目とえらぶたのつけ根付近との間（a）に金串を刺し，表身に針目がでない様に中骨をすくいとり，裏身（b）に出し，再び（c）から刺し同じく表面からでないようにして，尾のつけ根あたりで串先を出す．つまり背骨を中心に考えると，表を二針，裏を一針ぬうことになる．

⑭ 魚の表面全体に，また背びれ，胸びれなどに「化粧塩」をし，焦げるのを防ぐ．

⑮ 鉄弓を用いる．ないときは遠火で焼く工夫をする．火から15cmくらい離し，強火または中火で適度な焦げ目がつくまで焼く．

⑰，⑱ 裏身の方は，中火にして魚全体に火が通るまで十分に焼き上げる．腹から落ちてきた水の濁りがなくなったら焼き上がっている．

⑲ 焼き上がったら，まな板の上に置き，熱いうちに金串を回しておき，荒熱が取れたら静かに抜くと型くずれなく抜き取ることができる．

⑳ 盛りつけは，頭を左に腹が手前になるように盛る．

【葉つきショウガを使った前盛りについて】

　葉つきショウガは，塊茎が横に張っていない若い新ショウガを，茎5～6cm残して切ったものである．これをいろいろな形に整えて「筆ショウガ」，「きねショウガ」などとよんでいる．また，酢に浸すことにより，酸性になるために，ショウガ中のアントシアン系の色素が薄いピンク色に変わるが，このことによって「はじかみしょうが」の別名もある．

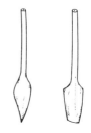

筆ショウガ　きねショウガ

材料	分量（4人分）
アジ（1尾120g）	4尾
塩	魚の重量の2％
塩（化粧塩）	適量
葉つきショウガ	4本
甘酢 酢	30mL（大2）
塩	1.2g（小¼）
砂糖	3g（小1）

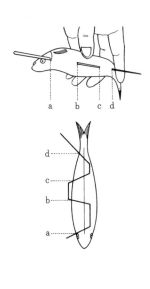

図2-13 うねり串の刺しかた

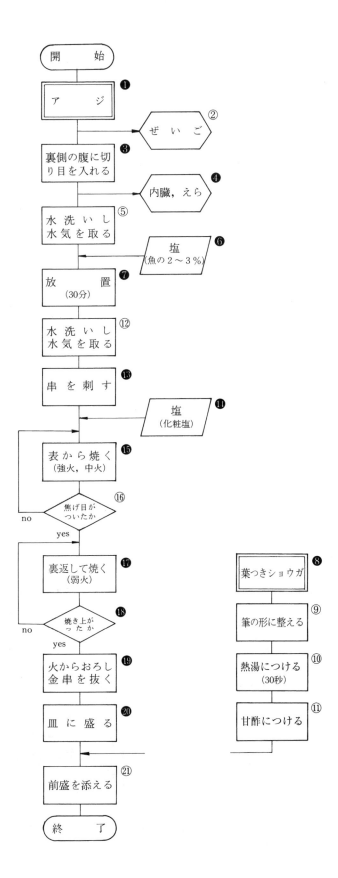

ブリの照り焼き

　魚の照り焼きは，ブリ，サケ，アナゴなど脂肪の多い，身の厚い魚にたれを塗りながら照りをつける方法である．魚の脂肪と醤油，みりんなどが一緒に加熱されると，香ばしい焼き物独特の香りを生じ，魚の生臭ささを消す．
　最初に遠火の強火で十分に焼き，表面に焦げ目をつけ，たれをつけはじめたら中火で焦がさないように数回つけて，照りといぶし香りができるように加熱する．素焼きした後にたれをつける場合を照焼き，魚をたれに漬け込んでから焼く場合をつけ焼きと区別することもある．

調理上の注意と解説

① ブリ（またはサケ）の切り身は，行木切り（サケのけんちん蒸しp.54参照）の方が厚さが平均されて焼きやすいが，普通の切り身でもよい．
② 醤油，みりんで，つけ汁・焼きだれを作る．
⑦ 菊花型の切り方は，底まで切り込まないようにするため，割りばしを下においておくとよい（図2-14）．底に十字に浅くかくし包丁を入れておくと，塩および調味料が浸み込みやすい．
⑭ 菊花カブは，魚の照り焼きが器に盛られるまで（㉖）甘酢に漬けておく．
⑰ 串の打ち方は魚の形によって串を刺す．刺し方は下図を参照のこと．
⑱ ガス火を使用するときは，ガスコンロの上に焼き網をおき，鉄弓を用いると焼きやすい．
⑲〜㉒ たれが焦げると苦味が出るので，魚の中心まで火が通り，焦げ目がついた後にたれをつける．
㉒ たれは片面2，3回以上つける．
㉕ 熱いうちに串を抜くか，回しておくと抜きやすい．
㉗ 前盛りとしては，菊花カブのほかに，筆ショウガを添えてもよく合う．

【アミノカルボニル反応】

　アミノ基とカルボニル基が共存すると，アミノカルボニル反応が起こり，褐色物質（メラノイジン）を生成する．茶褐色の着色と同時に独特の香りを発生する．

【串の刺し方】

　魚を一尾そのまま用いた姿焼きは「うねり串」を刺し，切り身の照り焼きは，魚肉の筋繊維に直角に串を「末広」，「行木」に刺す．アジの三枚おろしなど長く薄いものには「片づま折り」，「両づま折り」などがある．

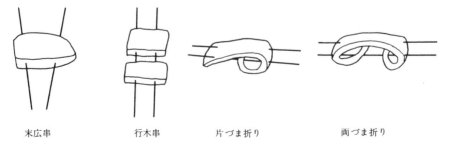

末広串　　　行木串　　　片づま折り　　　両づま折り

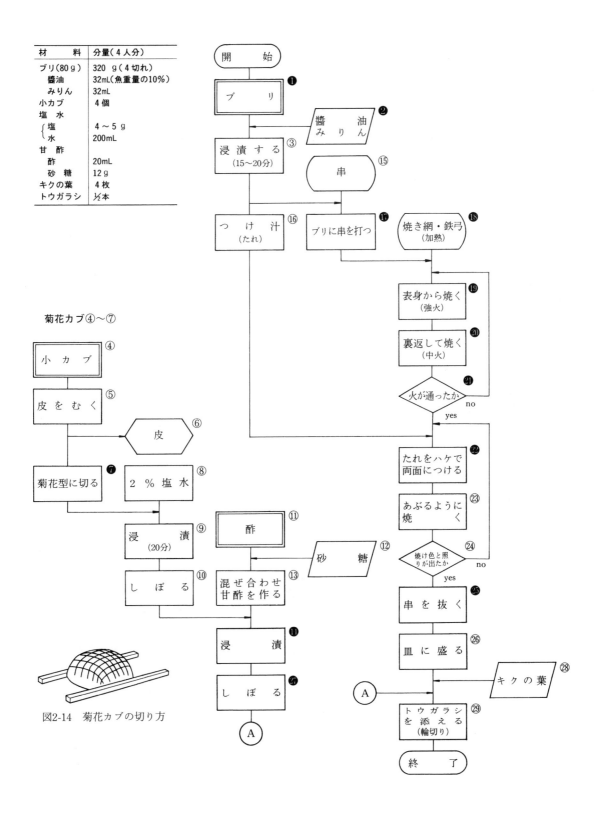

図2-14 菊花カブの切り方

巻き焼き卵

　溶き卵の中に副材料を混ぜ込んで巻いた卵焼きを巻き焼き卵という．卵液にだし汁などが加わると，舌ざわりが軟らかく，味もおいしくなるが，一般に加えられるだし汁量は卵重量の10～30%量である．

調理上の注意と解説

① ～ ③　加熱する材料が少量であるから，小さな鍋を使い，加熱も弱火で行う．
④　数本の菜ばしでほぐしながら煎り煮する．
⑤　卵液に加える前に，50℃以下になるまで冷ましておく．
⑧　煮だし汁のとり方はp.7を参照．煮だし汁が温かいうちに，砂糖，塩など固体調味料はよく溶かしておく．煮だし汁が50℃以下になってから，溶き卵に加える．加えるだし汁の量が多くなるほど，味はおいしく，舌ざわりも軟らかくなるが，扱いが難しくなる．
⑬ ～ ⑮　卵焼き器は油焼きをしておく．卵焼き器を十分に加熱し，たっぷりの油を入れて，鍋に油をなじませる．
⑯，⑰　油焼きに用いた油は，取り分けておき，卵焼き操作中に，随時用いるとよい．油焼きした後，鍋肌の余分な油は，ていねいにふきとる．用いる油の量が多すぎると，焼き肌が荒れる．
⑲，⑳　卵液の底面が凝固し始めたら，表面が乾燥しすぎないうちに，卵の幅をきめ（3.5～4.5cm），一方から折りたたむようにくるくると巻く．
⑳，㉓　卵液を分けて鍋に入れる前に，あらかじめ，油焼きに用いた油を薄く鍋肌になじませる．
㉕　焼き上げた卵を温かいうちに，まきすに包み，形を整える．

【参考料理：厚焼き卵】

卵	4個	
砂　糖	10g	
だし汁	60g（卵液の30%）	
塩	1g（〃　0.5%）	
醤油（うすくち）	6g（〃　2.5%）	

(1)　卵液に砂糖，だし汁，塩，醤油で味を整える．
(2)　卵焼き器を熱してたっぷりの油を熱し，油が十分になじんだら，鍋肌をていねいにふきとる．
(3)　卵液を流し入れ，はしで軽く混ぜて全体が半熟になったらふたをし，弱火でゆっくり時間をかけて焼く．
(4)　表面がほとんど乾いたら卵をふたにかえし，裏側を焼く．
(5)　焦げ目を少し強目につけ，熱いうちにまきすで巻き，形を整える．
＊伊達巻き，口取りには白身魚（卵の30%）またははんぺん（卵の50%）を加える．

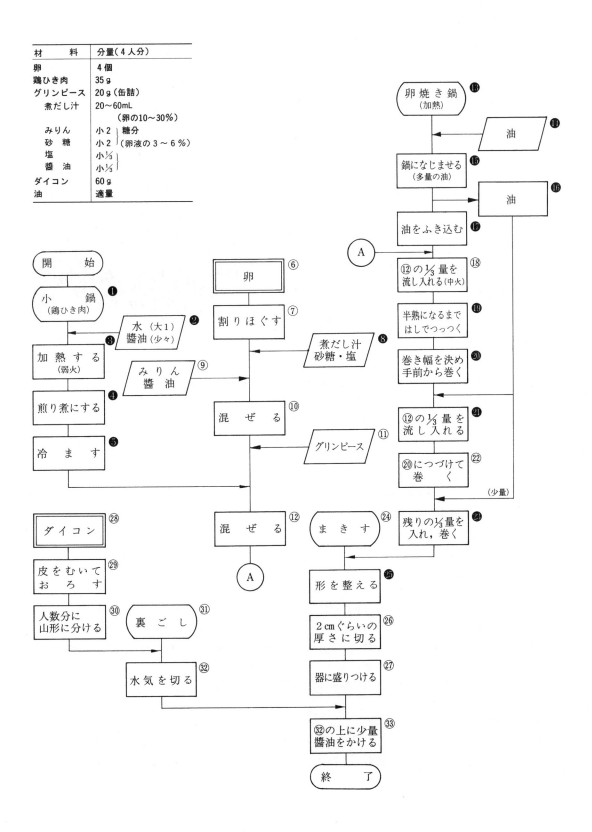

天 ぷ ら

揚げ物には，食品をそのまま揚げる素揚げ，材料の表面にある水分にデンプンや小麦粉をまぶして揚げるから揚げ，また衣を用いた衣揚げなどがある．

天ぷらは衣揚げの代表的なものであり，食品を衣で包んでいるため食品の味（成分）が保たれ，食品からの脱水が抑えられて加熱される．衣に用いる小麦粉は，グルテン含量の少ない薄力粉が適する．卵が入ると衣が軽く揚がり味もよい．天ぷらの材料の魚貝類では，エビ，キス，イカなど淡白なものが用いられる．

変わり衣揚げには，道明寺粉をまわりにつけた道明寺揚げ，そばを用いた松葉揚げ，ノリを使った磯辺揚げなどがある．

調理上の注意と解説

③ 腹側に浅く切り込みを入れておくと揚げたときに丸まらなくてよい．

⑦ キスの背開きは，背びれを右に，尾を手前におき，中骨にそって尾の少し手前まで切り込みを入れる．これを返して他の片身も同様に尾の手前まで切り込み，中骨を尾の根元で切り取る．

⑫ サツマイモは，切断したらすぐ水に浸して褐変を防ぐ．

⑰ イカ肉を長方形（3 cm，5 cm）に切り，厚さの1/5ぐらいまで両面に切り込みを入れておくと，加熱により曲がりも少なく，また食べやすい．

⑲ イカは，揚げる直前に軽く小麦粉をまぶしてから衣をつける．

㉕ だし汁のとり方は，p.7を参照のこと．

㉝ 衣に用いる小麦粉の量は，材料の重さに対し15～20%用意する．衣の濃度は動物性食品（魚介類）は揚げ時間が短いので薄くし（粉の2倍量の卵水），植物性食品（イモ類）は揚げ時間が長いので濃く（粉の1.7倍の卵水）して水分の蒸発を防ぐ．今回は濃い衣を用意し，まず植物性食品を揚げ，次に動物性食品を揚げる．

㊱～㊳ シソの葉は片面のみ衣をつけ，揚げ温度170℃くらいが適温である．エビ，キスの尾には衣はつけず，動物性食品の揚げ温度は180℃である（p.10揚げ物の適温と時間参照）．

㊲ 鍋は厚手の深いものがよく，油の量は深さ5 cm以上，揚げる材料の同量～2倍量は必要である．材料を入れすぎると油の温度が急激に下がるので，一度に入れる量は表面の1/2～1/3を目安とする．

㊴ 材料が浮いてきたら中まで火が通っているかを確かめる．

㊹ おろしたダイコンは，裏ごしの上で軽く水分を取る．ダイコン，ショウガを器に添える．

【油の変敗について】

油を長時間加熱したり，保存の状態が悪いと，油は不快臭や味をもつようになる．その理由は，油はグリセリンと脂肪酸のエステル結合（グリセライド）したものであるが，脂肪酸中の不飽和脂肪酸が空気中の酸素により酸化されるためにおこる．

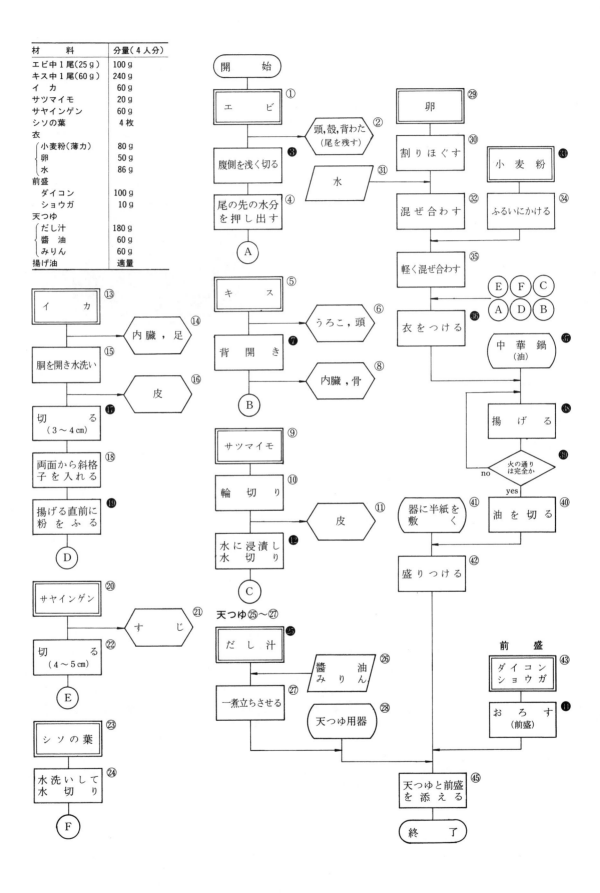

白 和 え

　白和えは，豆腐を用いた衣で野菜などを和えた和え物である．和え衣は味が淡白なので，白ゴマを煎って用いるとこくがつく．軟らかい口あたりのよい和え物なので，材料は軟らかく加熱したものを用いる．

　和え材料に，マツタケ，シイタケ，ショウロなどを八方だしで下煮して和えると口代わりのあしらいによく，キャベツやこんにゃくを用いると惣菜向きになる．

　また，キュウリ（板ずり後，小口切りにする）や油揚げ（熱湯をかけた後，せん切りにして下煮する）を加えてもよい．

調理上の注意と解説

③　豆腐は軽く重しをかけて10～20分おき，水気を切る．キッチンペーパーで包み，電子レンジ600wで3分程度加熱してもよい．

⑥　干しシイタケをもどす際に用いるぬるま湯（40℃）は，シイタケが浸るぐらいの少量の湯を用意する．このもどし汁には，シイタケの旨味成分（グアニール酸など）が溶出するので，煮だし汁の一部として利用するとよい．

⑪　サヤインゲンは，ゆで水に塩を加えて短時間に緑色を保つようにゆでる．

⑮　糸こんにゃくを用いてもよい．この場合は4～5cmに切ってゆでる．

⑰　ゆでる場合と，表面にたっぷり塩をこすりつけ，すりこ木で上からよくたたき，水洗いする場合がある．

⑱　ゴマは弱火でゆっくり煎る．煎りあがりは，ゴマがパチパチと1，2粒はじいてきたら，1粒つぶして，芳ばしい香りがしているか確かめる．煎りすぎると苦くなるので注意する．

㉘　ゴマに含まれる脂肪分がでて，しっとりとしてくるまで十分にする．

㉚　和え衣の色を白くひかえたい場合には醤油（うすくち）を用いる．

㉞　和え材料に衣がうまくからまるように，煮だし汁を少量加えてもよい．

【大豆加工食品のタンパク質の消化吸収率（%）】

煮 豆	65.3	おから	78.7
炒り豆	65.3	納 豆	91.0
豆 腐	92.7	きな粉	78.0
ゆ ば	92.6		

　豆腐は，大豆の搾り汁（豆乳）を凝固剤により固めたもので，大豆の硬い組織が破壊され，繊維などはおからとして取り除かれる．

　従来から，ダイズは豆腐およびその加工食品や納豆，きな粉などに作られたり，味噌や醤油のような酸造食品として消化しやすい形で食用にされてきた．

【豆腐100g中の主成分】（1丁が250～300g）

水分：86.8%，タンパク質：6.6%，脂質：4.2%

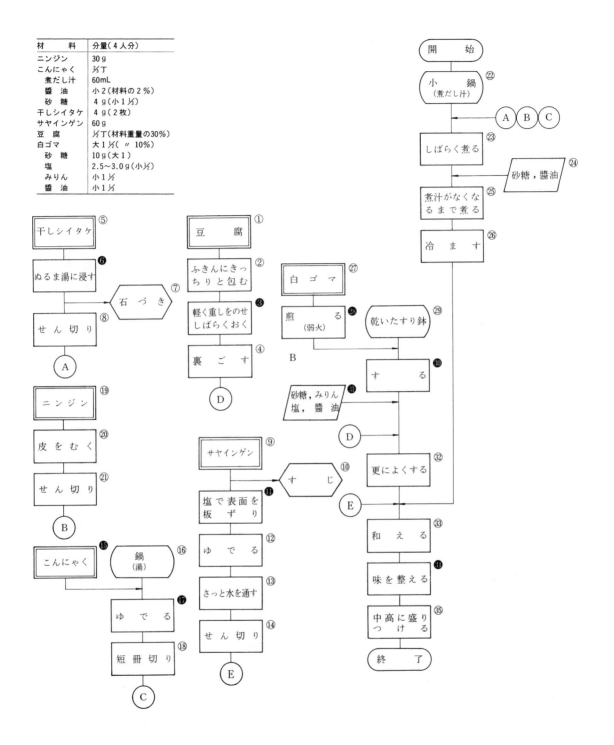

ホウレンソウのゴマ和え

ホウレンソウをゆでてゴマの衣で和えたもので，ゴマ和えは一般の野菜に広く用いられている．材料の下ごしらえは，ゆでるか，軽く塩もみしてから用いる．和え衣の味はやや濃いめに，材料の味は薄めにと変化させ，衣と材料の味がなじんでしまわないように，"和え"操作は供する直前に行う．衣のゴマは，材料重量の10～15％，醤油7～10％，砂糖3～5％の割合で加える．調味料として酢がこれに加わると，ゴマ酢となる．

調理上の注意と解説

① ホウレンソウは，根を切り落さないで葉の汚い部分を除き，根に近い部分の葉のつけ根を開いてよく洗う．
② 太いホウレンソウは，根元に十文字に切り込みを入れ，火がとおりやすいようにする．
③ ゆで水の量は，少なくともゆでる材料重量の5倍以上を用いる．材料重量の10倍前後のゆで水を用いることが望ましい．
④ 緑色野菜をゆでる場合，ゆで水量の1～2％の食塩を加えると野菜の緑色がきれいに保たれる．
⑤ 必ず，沸騰したゆで水の中に材料を入れる．ホウレンソウの根元をそろえてもち，沸騰したゆで水に根の方から入れる．多少，根元の方が軟らかくなったら葉の部分を静かに倒し，ゆで水が再び沸騰したらすばやく引きあげ，冷水に放つ．
⑦ まきすを用いるときっちりしぼりやすい．
⑪ 弱火でゆっくり煎る．ゴマが1，2粒パチパチはじいてきたら，つぶして香りを確かめる．あまり煎りすぎると苦くなるので注意．
⑫, ⑬ 乾いたすり鉢を用い，ゴマに含まれる脂肪分がでてしっとりするまで十分にする．
⑯ ホウレンソウは食卓に供する直前に和える．和え衣の味と材料からの水分が混ざり，衣の味が水っぽくならないように注意する．

【緑色野菜を食塩水でゆでる理由】

緑色野菜のクロロフィル中のマグネシウムイオンが食塩中のナトリウムイオンと置換し，クロロフィルが安定な形に保たれること，ならびに加水分解作用が働くことで，鮮やかな緑色が保たれる．また，食塩の添加は，ゆで操作中の野菜のビタミンCの酸化を抑制する作用もある．

【ホウレンソウの磯巻き（お浸し）】

ホウレンソウをゆでて水気をしぼり，ノリできっちりと巻いて，切り口に切りゴマやケシの実をつけ，割り醤油を添えたものを磯巻きという．お浸しにする場合は，色よくゆでたホウレンソウをそろえ，きっちりと水気をしぼり，2～3cmの長さに切り，割り醤油をかけ，上に花がつおや切りゴマ，あるいはもみノリをかける．ホウレンソウのほか，お浸しにはコマツナ，シュンギク，ツマミナ，セリ，ミツバなども用いられる．

割り醤油の割合：醤油（材料の10％）と煮だし汁（材料の10％）を混ぜ合わせて用いる．

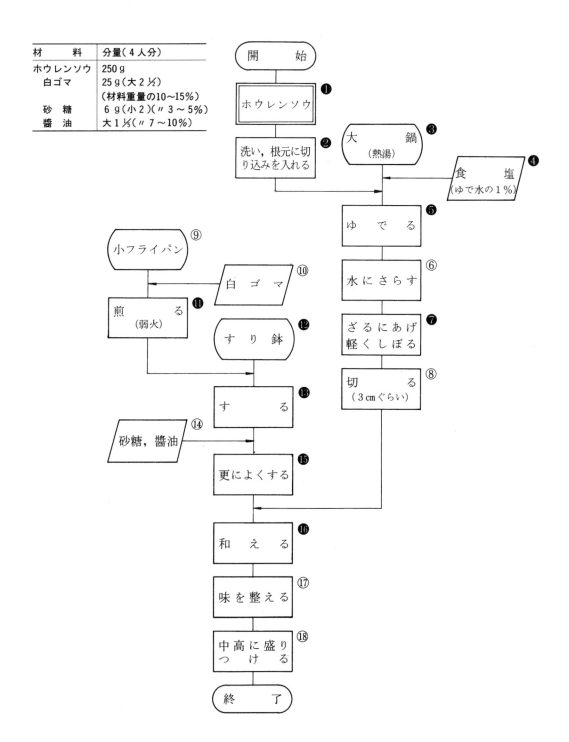

きゅうりとわかめの酢の物

キュウリとワカメの酢の物は，小口切りにしたキュウリ，水で戻したワカメを混ぜた酢の物である．しらすやタコ，カニカマを加えると色彩が豊かになる．

酢の物は下ごしらえした材料と調味酢で調味したものであり，材料の持ち味にさわやかな酸味と芳醇な香りを加える料理である．

調理上の注意と解説

- ②〜④　キュウリは1.0〜1.5mmの輪切りにし，1%の塩を振ってしばらく置く．これにより，キュウリの色が鮮やかになると同時に，しなやかになる．
- ⑧　ワカメを水に浸し，途中，水を取り替えながら適度に戻し，塩抜きをする
- ⑪　しらす干しは，熱湯をかけて水気を切る．
- ⑬〜⑰　合わせ酢の材料を混ぜ，ひと煮立ちさせる．
- ⑥，⑨，⑫，⑲　キュウリを固く絞り，ワカメとしらす干しを混ぜる．
- ㉒，㉓　ショウガをせん切りにし，水にさらす．
- ㉔　小鉢に中高に盛り，ショウガを天盛りにする．中高に盛ることで，周囲に空間ができ，料理が立体的に際立つと同時に，箸でつまみやすくなる．

【調味酢について】

調味酢は，合わせ酢ともいい，食酢に塩または醤油，砂糖，その他風味を添える副材料を合わせたものである．食酢そのものに含まれる酸量や有機酸，アミノ酸，糖などの種類や量によって風味が異なるため，酢の物にする材料によって多少加減する必要がある．

【ヤマイモの生食について】

ヤマイモ	250g（正味200g）
かつおぶし	10g
味噌	20g
アサツキ	2本

ヤマイモの主成分はデンプンであるが，強いアミラーゼが含まれているためイモ類のうち生食可能なイモとされていたが，最近アミラーゼの量はあまり多くないという説がある．生食にする場合は酵素が十分に働くようにすりおろし，更にすり鉢ですって，とろろ汁，やまかけにすると消化がよい．しかし変色しやすいのですりおろしてからすぐに供する．

【参考料理：ヤマイモの二杯酢】

ヤマイモ　250g（正味200g）	(1) ヤマイモは4〜5cm長さのせん切りにする
二倍酢	(2) 二杯酢を (1) にかけて和える
酢　　20mL	(3) 小鉢に盛り，きざみノリとワサビを天盛りにする
塩　　2.5g	
醤油　2.5mL	
きざみノリ，ワサビ　適量	

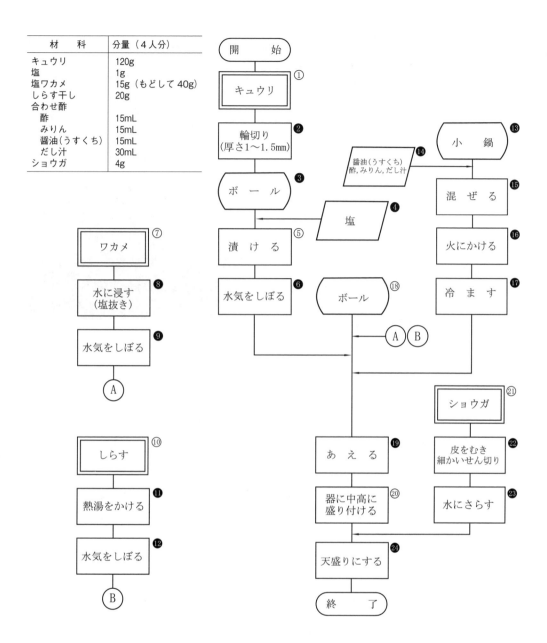

アサリとワケギのからし酢味噌和え（ぬた）

　ワケギの出盛期は春であり，さっとゆでてアサリとともに酢味噌で和えた"ぬた"は，春の食べものである．

　貝類の住んでいる場所は細菌の多いところが多いため，食品として用いる場合，洗浄だけでは内臓の中の細菌まで除去することは難しい．そこで，貝類を用いる場合には一般に加熱調理する．

　この調理には，材料としてアサリのほか，イカ，コイ，マグロなどの魚類を用いてもよい．

調理上の注意と解説

① アサリのむき身は，つやのある，内臓のくずれていないふっくらとしたものを用いる．

② 用いる水の2％前後の塩水にする．アサリをざるに入れてふり洗いすると，砂とぬめりが取れる．

④ 貝類は加熱しすぎると硬くなるので，強火でさっとから煎りするように気をつける．

⑥ 貝類には75～80％の水分が含まれる．から煎りにより，その30～40％量の水分を放出するが，この汁には貝類の旨味成分（コハク酸など）を含むため，和え衣の生地をのばすのに利用する．

⑭ 粉がらしに2倍量の水を加えてよく練り，練りがらしとする．練りがらしは室温に放置すると辛味がしだいになくなり，苦味がでてくる．酢を加えると苦味の発生がかなり遅くなるともいわれている．

⑯ ワケギ，あるいは細い日本ネギを用いる．

⑰ ワケギを鍋の長さに切りそろえ，少量の水を沸騰させた中に加えて，蒸し煮にしてもよい．

⑳ ワケギの水っぽさを除くために酢で洗う．ワケギの上から酢をふりかけて，下味をつける方法もある．

㉓ 和える材料のワケギ，アサリいずれも十分に冷まし，食卓に供する直前に和える．

【参考料理：キョウナのからし和え】

キョウナ	300g
練りがらし	5g
醤油	15mL
煮だし汁	15mL

（1）キョウナは少し硬めにゆでて水に取り，冷ましてから水気を切り，3cmぐらいに切る．（2）練りがらしを醤油と煮だし汁でのばす．（3）供する直前に，キョウナを入れて和える．（4）からし和えには，キョウナ，ミツバ，セリ，シュンギク，サヤインゲン，サヤエンドウなどもよく合う．

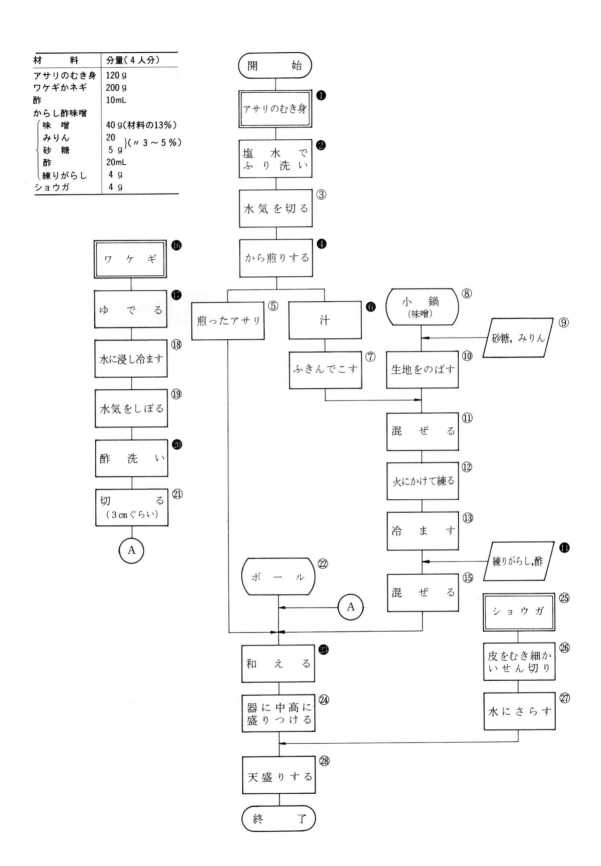

米　　　飯

米飯は，水分15％前後のうるち米に水を加えて加熱し，水分が65％くらいに仕上げたものである．この調理の過程を炊飯といい，簡単な調理方法であるが，調理操作としては，加えた水が加熱中に米に吸水され，また蒸発してなくなるが，焦がさないように30分ぐらい加熱するむずかしいものである．

おいしい品種の米でも，炊き方によりおいしい飯が得られるとは限らない．普通に手に入る米でも炊き方でおいしい米飯になるので，炊き方の要領を理解することが大切である．

調理上の注意と解説

② 水を3，4回取りかえ，ぬかやごみを洗い流す．水洗いにより，米は約10％吸水する．洗米しないで炊くことができる無洗米も流通している．

③ 米上げざるに入れ，水を切る．

④〜⑥ 定量の水の入った文化釜に③を入れ，30分〜2時間浸しておく．おいしく炊き上がった飯は，米の重量の2.3倍前後になる．水加減は，炊飯中の蒸発（10〜25％）を考慮し，米の重量の1.5倍，米の体積の1.2倍が適当とされる．水温により米の吸水量は異なるが，浸水30分ぐらいは急速に吸水し，2時間ぐらいで吸水を終える．水温の低い冬季や浸水時間が十分にとれない場合は，あらかじめ水を温めて浸水し吸水を速める．少なくとも30分は浸水させることが，おいしい飯を炊く条件の一つである（図2-15参照）．

⑦，⑧ 炊飯器を用いない場合は加熱中の火加減が重要となる．十分に吸水している米は強火で沸騰させるが，米の量の少ない場合や十分に吸水していないときは，沸騰までの時間を長くして吸水を助ける（温度上昇期）．沸騰してから5分間は，沸騰を続けるほどの火加減とする（沸騰期）．その後は，極弱火にして15分加熱し消火する（蒸し煮期）．米のデンプンを糊化するために98℃で20〜30分加熱することが，必要である（表2-13）．

⑨ 火を消して10分ぐらい，高温に保つようにして蒸らす（蒸らし期）．蒸らし期は加熱の延長と考えられ，高温に保つことが大切である．米粒の周囲の水が吸収されて，水っぽくなくふっくらした飯になる（図2-16）．

⑩ 飯粒をつぶさないように軽く上下をかき混ぜ，乾いたふきんをかけておく．

【湯炊きについて】

湯炊きとは，洗い上げた米を浸水せず，沸騰水中に入れて炊く方法である．この方法は熱のまわりが速く，均等であるため，急いで飯を炊くときや大量に炊飯したい場合に適している．また，やや硬めの粘りの少ない飯が必要な，すしや炒飯の場合も湯炊きにするとよい．

定量の水を沸騰させ，洗い上げた米を入れ，かき混ぜて上下の温度を平均させる．再び沸騰するまでは強火にし，その後は普通の炊き方と同じように火加減して炊く．

1) 喜多野宣子：調理学，p.53 化学同人（2014）
2) 松元文子，吉松藤子他：新版調理学，p.100 光生館（1977）
3) 山崎清子，島田キミエ：調理と理論，p.38 同文書院（1983）
4) 桜田一郎他：理化学研究所　彙報14輯

材料	分量(4人分)
米	320g(2カップ)
水	480mL(米の体積の1.2倍) (米の重量の1.5倍)

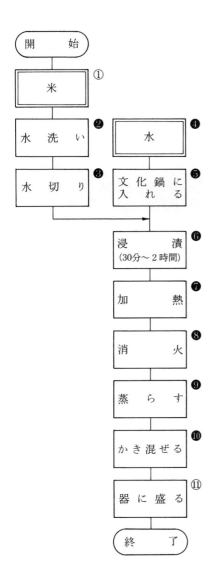

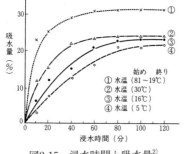

図2-15 浸水時間と吸水量[2]

湯炊き

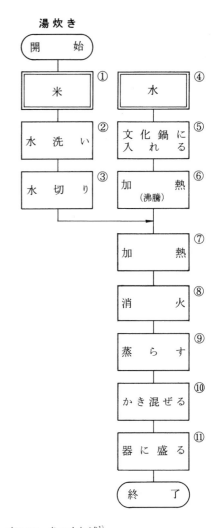

表2-12 米の水加減[1]

種類	重量 (米重量に対して)	体積 (米体積に対して)
うるち米(精白米)	1.5倍	1.2倍
うるち米(精白米,新米)	1.3倍	1.0倍
うるち米(精白米,古米)	1.6倍	1.3倍
うるち米(玄米)	1.6〜1.8倍	1.3〜1.5倍
うるち米(胚芽精米)	1.7〜1.8倍	1.4〜1.5倍
もち米	1.1〜1.2倍	0.9〜1.0倍

表2-13 米中のデンプンの糊化に要する時間[4]

加熱温度(℃)	65	75	90	98
糊化に要する時間(時間)	16	8	2〜3	20〜30分

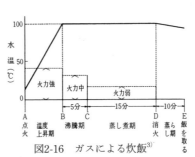

図2-16 ガスによる炊飯[3]

かゆ

かゆは，大量の水の中でうるち精白米を軟らかく煮たものである．病人食のほかに，七草がゆ，アズキがゆ，イモがゆ，中国料理では魚生粥（ユシォンヂォゥ）（刺身入りかゆ），鶏蓉粥（ヂィロォンヂォゥ）（鶏肉入りかゆ）等，行事食や常食にされている．かゆは，でき上がり重量に対する米の割合により右表のように，全がゆ，七分がゆ，五分がゆ，三分がゆがあり，一般に，かゆとは全がゆ，七分がゆをさす．

軟菜食，介護食，ソフト食等の主食として用いられる．副食としては，食材を消化しやすい形態にしたものや，繊維の少ない食品を軟らかく調理したもの，軟らかく煮たものをペースト状にし，再形成したものなどを用いる．（表2-15参照）

調理上の注意と解説

⑤ 鍋は土鍋（行平鍋）または，厚手の鍋を用いる．おいしいかゆは，米粒の中心まで一様に煮えており，重厚味がありさらりとしている．薄いアルミの鍋で米を強火で煮ると，米粒の表面が軟らかくなり，くずれ粘りがでてさらりとしたかゆにならない．土鍋は熱伝導率がアルミ鍋より低く，熱容量が大きいので，火加減が強くてもゆっくり温まり，米粒全体が平均に煮え，また，一度温まると火を弱くしてもその温度を保つので，火加減がしやすい．土鍋はかゆを炊くのに最適である．

⑥ 米は，2時間水に浸し十分に吸水させる．

⑦ 沸騰までは強火にし，その後は弱火で50分ぐらいふたをずらしてふきこぼれないように加熱する．この間かき混ぜない．かき混ぜると粘りがでて焦げつきやすく，また風味が落ちる．

⑨ 火を消してから5分ぐらい高温を保つように蒸らす．おいしくできたかゆも時間の経過にともなって，冷めてさらっとした感じがなくなりベタベタとなりまずくなるので，でき上がったらすぐに食べる．

【参考料理：七草がゆ（若菜がゆ）】

米	300g	(1) かゆは上記の炊き方を参照して作る．(2) ナズナ（カブ），スズシロ（ダイコン）は小さないちょう切りまたは，小角切りにする．あとの草は5mmぐらいに刻む．(3) のしもちは3cmぐらいの角に切り，焦がさないように焼く．(4) (1)のかゆが八分通り煮えたところに(3)のもちと塩を加え，手早く混ぜる．もちが軟らかくなったら火を消す．(5) (2)の七草を入れ5分間蒸らす．
水	5cup	
のしもち	小5個	
七草	100～150g	
塩	5～7g	

＊七草がゆは，七草の節句といわれる正月七日に春の若草（セリ，ナズナ，ゴギョウ，ハコベ，ホトケノザ，スズナ，スズシロ）の入ったかゆを炊いて祝う習慣があった．

---

1) 介護福祉士養成講座編集委員会編：生活支援技術Ⅰ，p225 中央法規出版（2014）

材　料	分量（4人分）
全がゆ （20%かゆ） 　米 　水	 160 g（でき上がり800 g） 1000 mL
七分がゆ （15%かゆ） 　米 　水	 120 g（でき上がり800 g） 1000 mL

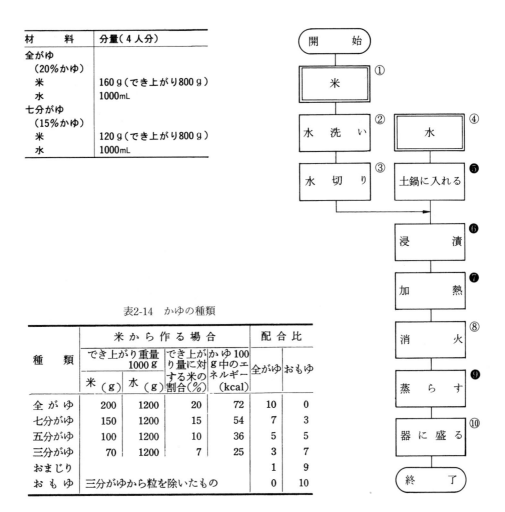

表2-14　かゆの種類

種類	米から作る場合				配合比	
	でき上がり重量 1000 g		でき上が り量に対 する米の 割合(%)	かゆ100 g中のエ ネルギー (kcal)	全がゆ	おもゆ
	米（g）	水（g）				
全がゆ	200	1200	20	72	10	0
七分がゆ	150	1200	15	54	7	3
五分がゆ	100	1200	10	36	5	5
三分がゆ	70	1200	7	25	3	7
おまじり					1	9
おもゆ	三分がゆから粒を除いたもの				0	10

表2-15　食品による高齢者への配慮[1]

食品	配　　慮
穀類	飯は喫食者に応じてかゆ～軟飯にする．餅の代わりに白玉団子にする．めんは短く切る．
いも類	適度な大きさに切る，ペースト状にする，あんをかけて乾燥を防ぐ．
豆類	外皮は消化吸収が悪いので，裏ごしして除く．豆腐は加熱しすぎないようにする．
野菜, 海藻類	小さく切る，繊維に直角に切る，裏ごす，軟らかく煮るなど食べやすい状態にする．
肉類	軟らかい部位を用いる，ひき肉にする，小さく切る，軟らかく煮込むなどする．
魚介類	小骨の多い魚は，骨を除いて供する，さばはアレルギーを起こしやすいので注意する．
鶏卵	卵はだし汁などで希釈して調理する．オムレツは加熱中に空気を入れて軟らかく仕上げる．
乳類	加熱により膜ができたり，酸により凝固物ができるので，加熱し過ぎない．

タケノコ飯

　タケノコ飯は，米と一緒にタケノコを炊き込んだ早春の香りの高い炊き込み飯の一つである．味つけには調和のよい醤油が用いられる．また，米を醤油味で炊き上げ（さくら飯），煮たタケノコを混ぜる場合もある．醤油味の炊き込み飯には，表2-16のようなものがある．

　さくら飯は，単に醤油，塩，酒を炊き水に加えて炊いたもので，醤油の色のついた飯である．

　醤油味飯は，添加材料と調味料を混ぜて炊く方法と，添加材料は別に調味しさくら飯に混ぜる方法がある．醤油味飯に添加される材料は，飯の水分（65%）以上に水分を含んでいるものが多い．材料を生のまま加えて炊く場合は，材料から放出される水分を炊き水から差し引かねばならない．

表2-16　醤油味の炊き込み飯[1]

種類	添加材料			水加減	調味料
	材料名	材料の水分(%)	米に対する割合		
さくら飯	なし			米の体積の10〜15%増（液体調味料分は差引く）米の重量の1.4〜1.5倍	醤油（水の2.5%）塩（水の0.5%）酒（水の5%）
タケノコ飯	ゆでタケノコ	88.6	米重量の30〜50%		
鶏　　飯	鶏　　肉	72.8	米重量の30%		
イ　モ　飯	サツマイモ	68.2	米重量の70〜80%		塩（水の1〜1.5%）
ク　リ　飯	ク　　リ	60.2	米重量の30〜40%		塩（水の1%）
エンドウ飯	エンドウ	76.5	米重量の30%		塩（水の1%）
ダイス飯	ダ　イ　ス	12.5	米重量の10〜50%		塩（水の1%）

調理上の注意と解説

② 水を3，4回取りかえて，ぬかやごみを洗い流す．

⑤ 米上げざるに入れ，よく水を切る．

⑥，⑮ 定量の水に30分〜2時間浸した後に塩，醤油，酒を加える．これらの調味料は，浸水中の米の吸水を阻害するので，加熱直前に加える（図2-17参照）．

⑦〜⑭ 米を浸水している間に準備する．

⑯，⑰ 炊き水に醤油を入れると，加熱中の泡立ちが弱くなるので沸騰を見逃さないように注意する（図2-18参照）．沸騰したら手早く下味のついたタケノコを入れ，上下をかき混ぜ急いでふたをする．そのままの火力で再沸騰を待つ．

⑱ 再沸騰後，沸騰が続くぐらいの火力で5分間，更に極弱火で15〜20分加熱する．醤油の入った水で炊飯すると，加熱中米の吸水が妨げられるので，加熱時間を5分ぐらい長くするとよい．

㉓，㉔ 高温を保つようにして10分ぐらい蒸らす．蒸らし終えたら米粒をつぶさないようにかき混ぜ，乾いたふきんをかけておく．

---

1) 山崎清子，島田キミエ：調理と理論，p.42　同文書院（1983）
2), 3) 関千恵子，松元文子：家政学雑誌　18，158（1967）

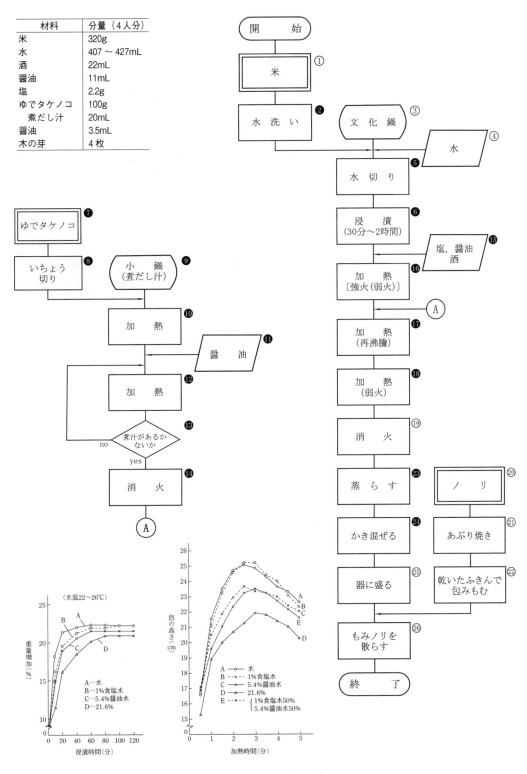

図2-17 浸漬水別による米の重量増加[2)]

図2-18 加熱による泡立ち[3)]

親子どんぶり

親子どんぶりは，鶏肉とネギを煮て卵でとじ，それを温かい白飯の上にのせたもので，どんぶり物の一つである．このほかどんぶり物には，下表のようなものがある．

表2-17 どんぶり物の種類[1]

種類		材料
鶏卵でとじるもの	月見どんぶり	鶏肉, マツタケ, ネギ, 卵
	木の葉どんぶり	かまぼこ, ミツバ, 卵
	柳川どんぶり	ドジョウ, ゴボウ, 卵
	深川どんぶり	貝のむき身, ネギ, 卵
	かつどんぶり	豚のカツレツ, 卵
	牛どんぶり	牛肉, ネギ, 卵
	きつねどんぶり	油揚, ネギ, 卵
その他	天どん	魚介, 野菜の天ぷら
	ウナギ / サンマ / イワシ かばやきどんぶり	ウナギ / サンマ / イワシ のかばやき

調理上の注意と解説

②, ③ 水を3, 4回取りかえ，ぬかやごみを洗い流す．米上げざるに入れよく水を切る．

④ 水加減は，米の体積の1.1～1.15倍にする．どんぶり物の場合，具とともに煮汁を飯にかけるので硬めに炊いた方が美味である．

⑥ 30分～2時間水に浸し，吸水させる．

⑦ 沸騰まで強火または中火，沸騰してから5分ぐらい沸騰を続ける火力にし，その後は弱火で15分加熱する．

⑧, ⑨ 消火後は高温を保つようにして10分ぐらい蒸らす．蒸らし終えたら，米粒をつぶさないようにかき混ぜ，乾いたふきんをかけておく．

⑫, ⑮, ⑱, ⑳, ㉓, ㉖ 炊飯している間に準備する．

⑭ 鶏肉の厚い部分を切り開き，平均の厚さにしてから2cmぐらいの幅のそぎ切りにする．

㉑, ㉒ ミツバは切る前に水に入れピンとさせておく．切っておくと切り口が褐変するので使う直前に切る．

㉔～㉖ ノリはパリッとするまであおり焼きにし，乾いたふきんに包んでもみノリを作る．または，調理ばさみで切る．

㉗ 親子鍋がない場合は小型のフライパンを使用する．

㉗～㉛ 汁を入れた鍋に一人分の鶏肉をひと並べに入れ火にかける．鶏肉に火が通ったらタマネギを加える．火加減は静かに沸騰を続けるくらいがよい．タマネギが煮えてきたら割りほぐした卵を入れる．卵は汁の淵から5mmぐらい内に，全体に流し入れ，ミツバを散らし半熟程度まで加熱する．

㉜, ㉝ 熱湯で温めたどんぶりに白飯を小高く盛り，その上に㉛を汁ごとすべらすように移す．

1) 山崎清子，島田キミエ：調理と理論, p.51 (1983) より

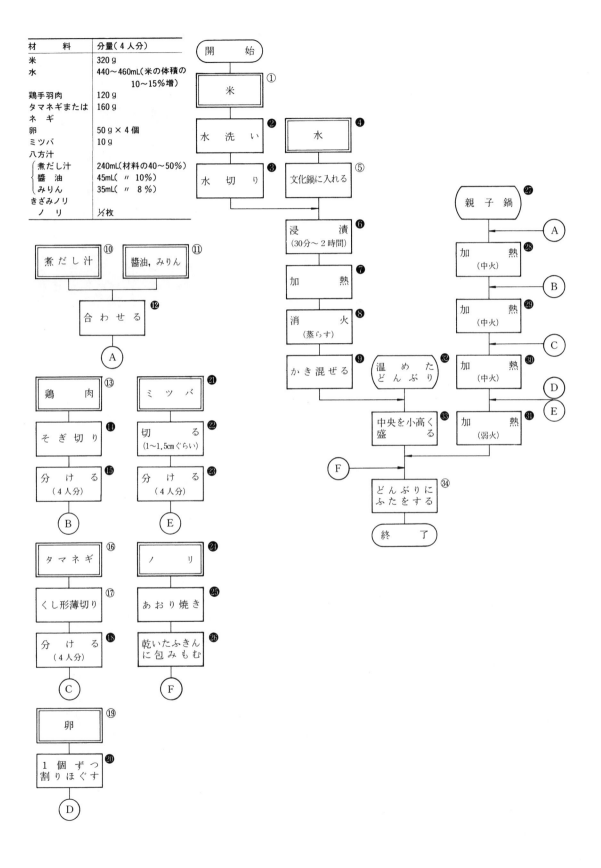

ちらしずし

ちらしずしは，硬めに炊いた飯に合わせ酢をかけ調味し，それにいろいろの具を取り合わせたものである．すしは，米を中心とした日本料理のうち最も普及し好まれている軽食である．

すしは「鮨」「鮮」「寿司」の字が用いられ「酸し」の意味であり，もとは魚に塩をしてしばらく圧し，熟らして自然発酵させて酸味を出した魚のことで旨味のある一種の貯蔵食品であった．これが16～17世紀になると飯を加えて発酵を早め，味は複雑になった．自然発酵によって酸味を与えるすしを馴れずし（滋賀県のふなずし）といい，またその後，飯に食酢を添加して酸味を与えたものが早ずしとして発達した．今日の一般的なすしは早ずしで，飯とともに食べる．すしは地方によっていろいろの種類があり，作り方，味に特色がある．

調理上の注意と解説

④～⑦　水洗したカンピョウに塩をふり，もんで軟らかくする（ゆで時間の短縮）．塩をよく洗いゆでる．たっぷりのゆで水（カンピョウの15～20倍）で，透明になるまで軟らかくゆでる（ゆで上がり重量は8～10倍）．ゆで汁は，だし汁として用いるので取っておく．

③，⑧　ゆでたカンピョウ，戻したシイタケの重量を計り，調味料の計算をする．

⑩，⑫　味が材料に十分浸透するように落しぶたをし，弱火でほとんど汁がなくなるまでゆっくり煮る．煮ている間はかき混ぜない．はしでかき混ぜるとカンピョウが短かく切れてしまう．

⑮　白身魚は，2，3等分に切り，かぶるくらいの熱湯に入れてゆでる．

⑱　魚の繊維を壊さない程度に身をほぐす．水溶きの食紅を少量加え薄紅色に着色してもよい．

⑳　魚の繊維は細く，直火にかけると焦げやすいので二重鍋にて湯煎で加熱する．

㉔　レンコンは，アクが強いので切ったら酢水（5％）に漬け褐変を防ぐ．

㉖　レンコンを煮るときは，鍋にふたをしないでさっと火を通し，サクサクとした歯ざわりを残す．

㉗，㉘　米は，品質のよい硬質米[1]が適する．よく水洗いし，しっかり水切りして湯炊きにする．湯炊きの方法は，p.72参照のこと．炊き水にその1～2％のコンブを用いることもある．また，消火直後にみりんをふりかけて蒸らすと，ふっくらとした光沢のある飯になる．

㉚　合わせ酢は，炊飯前に作っておく．

㉛～㉞　蒸らし時間は8～10分とする．釜肌にしゃもじを入れ飯切りに釜をふせ，飯を釜から飯切りに移す．すぐに合わせ酢をかけ1～2分おき，味を飯に浸透させた後，勢いよくうちわ，または扇風機で風を送り，しゃもじで切るように混ぜながら余分な水分を蒸発させ，冷ます．飯が冷めたら割酢（酢1：水1）を含ませたふきんをかけ，飯が乾かないようにしておく．

㊳　酢取りアジ，酢取りショウガの作り方はp.22，23，56参照のこと．

㊴　錦糸卵の作り方はp.182参照のこと．

㊶　㊴のサヤエンドウは，酢飯により色が悪くなりやすく，㊵のノリは，湿りやすいので供する直前に盛りつける．

---

[1]　硬質米：水分14％以下，軟質米：水分15％以上（裏日本，北海道産のものに多い）

材料	分量（4人分）
米	320 g
水	440 mL（米の体積の1.1倍）
合わせ酢	
酢	40～48 mL（米の体積の10～12％）
塩	4.8～8 g（　〃　　1.2～2％）
砂糖	8～16 g（　〃　　2～4％）
化学調味料	少々　（酢の1％以下）
シイタケ	12 g（中3枚）
煮だし汁	20～30 mL（戻したシイタケの30～50％）
砂糖	6～9 g（　〃　　10～15％）
醤油	6～9 mL（　〃　　10～15％）
カンピョウ	10 g
煮だし汁	20～35 mL（ゆでたカンピョウの30～50％）
砂糖	7～10 g（　〃　　10～15％）
醤油	7～10 mL（　〃　　10～15％）
レンコン	60 g
煮だし汁	9 mL（レンコンの15％）
酢	9 mL（　〃　　15％）
砂糖	6 g（　〃　　10％）
塩	1.2 g（　〃　　2％）
酢取り魚	
アジ	60 g（正味）1尾60 gのもの2尾
塩	1.2～1.8 g（魚の重量の2～3％）
酢	適当量（15 mLぐらい）
魚そぼろ	
白身魚	50 g（正味）
塩	0.5 g（魚の1％）
砂糖	4 g（　〃　　8％）
錦糸卵	
卵	50 g
煮だし汁	10 mL（卵の20％）
デンプン	0.5～1 g（　〃　　1～2％）
砂糖	2.5 g（　〃　　5％）
塩	0.5 g（　〃　　1％）
きざみノリ	
ノリ	½枚
酢取りショウガ	
ショウガ	15 g
酢	10 mL
塩	2 g
砂糖	3 g
サヤエンドウ	20 g
塩	0.4 g（サヤエンドウの2％）

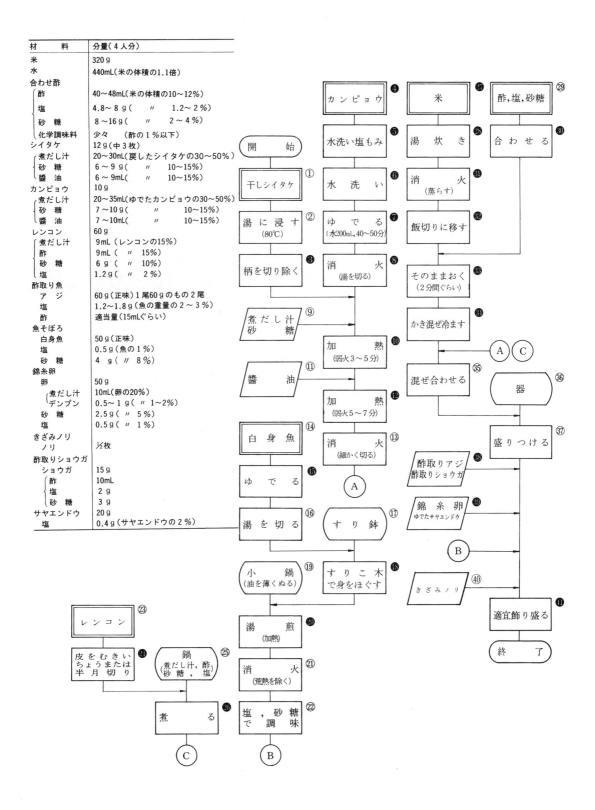

こ わ 飯

こわ飯は，赤飯，おこわともいわれ，もち米とササゲ（アズキ）を混ぜて作った米飯のことである．現在は祝儀用として作られている．

こわ飯は，炊きおこわといってうるち米の炊飯のように炊く方法もあるが，一般には蒸す方法が行われる．

調理上の注意と解説

① ササゲは表皮が硬いが，アズキに比べ加熱後の胴割れが少ないので，こわ飯に用いられることが多い．
② 水洗して浮いた豆は除く．
③ 沸騰後は弱火で12分間ゆでる．強火で加熱を続けるとササゲの胴が割れて煮汁が濁り，よい色の煮汁が取れないので注意する．
⑩ もち米を浸す時間がない場合は，⑨を40℃にして1時間ぐらい吸水させる（吸水量38%ぐらい）．
⑫ 煮汁と分けた豆は，再びかぶるくらいの水を加え，弱火で10分ぐらい加熱する．
⑱ 蒸し布のない場合は，ガーゼを二重にして用いる．
⑳ 加熱時間が長いので，その間蒸し水がなくならないように，ふり水をする時々に補うとよい．
㉑ 蒸籠を鍋にのせ強火で加熱する．
㉒ 蒸気が上がってから10分後に第1回目のふり水をする．蒸籠を鍋からおろし⑮の汁を平均にかける．
㉓ 第1回目のふり水後，再び強火で加熱する．蒸気が上がって約10分後に火からおろし色，軟らかさを確めて，次のふり水をする．
㉑～㉔ 常に蒸気が上がっている状態（強火）で，合計約40分加熱する．
㉔～㉖ 消火後，ボールか飯切りにあけ，うちわであおぐ．とくに底とまわりに水分が多くなっているので強くあおぎ，水分を蒸発させる．

【こわ飯に蒸す方法がなされる理由】

こわ飯としておいしい硬さは，米の重量の1.7～1.8倍ぐらいに作られたものである．炊く方法は，米が飯になるために必要な水に蒸発量を加え，約0.9倍（90%）の水で炊くことになる．更に浸水させるともち米は吸水性が大きいので，米が水面からでてしまい，炊飯中均一な吸水，加熱がむずかしい．もち米を2時間浸水すると約40%吸水するので，蒸すことによりデンプンを糊化することが可能になる．したがって，もち米は蒸す方法が適している．好みの硬さに仕上げるのに不足する水は蒸す途中，1，2回のふり水をして補う．

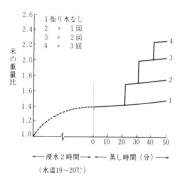

図2-19 蒸しもち米のふり水[1]

1) 松元文子，吉松藤子：三訂調理実験 p.14 柴田書店（1982）

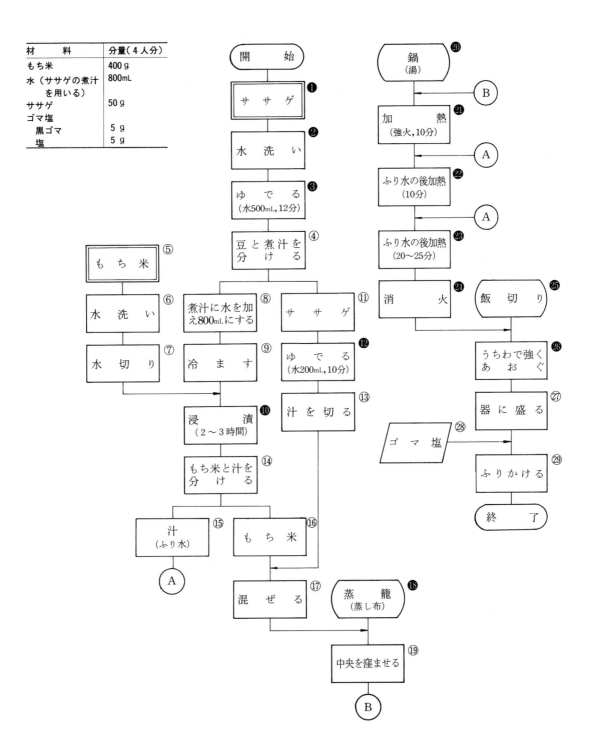

柏　も　ち

柏もちは，上新粉で作った皮であんを包んで蒸し，柏の葉でくるんだもので，江戸時代中期から端午の節句に作られた日本の代表的な生菓子の一つである．あんはアズキあん，味噌あんを用いる．

上新粉は，うるち精白米を製粉したもので主として菓子用に使われる．このうち粒度の細かいものは，上用粉とよばれ高級和菓子に用いられる．上新粉の粒度は，粉の吸水速度，吸水量に密接な関係があり，粒度が細かいほど吸水量が多く吸水がはやい．粒度のあらい粉を水でこねた場合，蒸し上がってから水を加えながらこねないと適当な硬さにならない．熱湯を加えてこねると吸水量が多く，またデンプンの一部を糊化させ生地がまとまりやすく，蒸し上がりの手数が省ける．最近の上新粉は粒度が細かくなっているので70～80℃の湯を用い，蒸し上げた後，手水をつけながら適当な硬さになるまでこね，滑らかな生地をつくり口ざわりのよいものとする．

調理上の注意と解説
① 白玉粉はかたまりがあるので，水を加えしばらくしてからこねる．
⑤ 白玉粉の生地を上新粉の中へ手のひらでもみ込むように平均に混合する．
⑥，⑦ 砂糖を定量の湯（70～80℃）で溶かし，⑦に加えよくこねる．
⑧～⑩ ⑨を3，4個に分け平たく形作り，ぬれぶきんを敷いた蒸籠に入れ，強火で15分蒸す．蒸している間，蒸し水がなくならないように注意する．
⑫～⑭ 生地に火が通ったら熱いうちにすり鉢に入れ，すりこ木に水をつけながら軽くつく．ある程度冷めたら，手でなめらかになるまでこねる．
⑮～⑲ 8等分にして，1個ずつ長さ9cm，幅6cmぐらいの楕円形に形作る．これに⑤をのせ半分にたたみ端を合わせる．
㉑，㉒ ぬれぶきんを敷いた蒸籠に入れ，強火で3分蒸す．
㉓ 柏の葉を枝からはずし，よく洗う．たっぷりの湯で8～10分ゆでて水に取る．水を2，3回取りかえながら半日ぐらい漬けて，水切りしたものを使用する．

【米粉だんごの材料について】

米粉には，うるち米を製粉した上新粉と，もち米を製粉した白玉粉がある．上新粉で作ったものは弾性が大きく老化が速い．また，白玉粉で作ったものは粘性が大きく老化がおそい．これは両者の成分の差によるものである．上新粉と白玉粉を適当な割合で混合すれば，嗜好に合った食感を出すことができる．

また，デンプンや砂糖などの副材料とその添加量により，歯切れ，粘り，味，老化度が変わる．更にこね回数が重要で，よくこねると空気が含まれ，弾性が低下し軟らかく，歯切れがよくなり，色も白くなる．

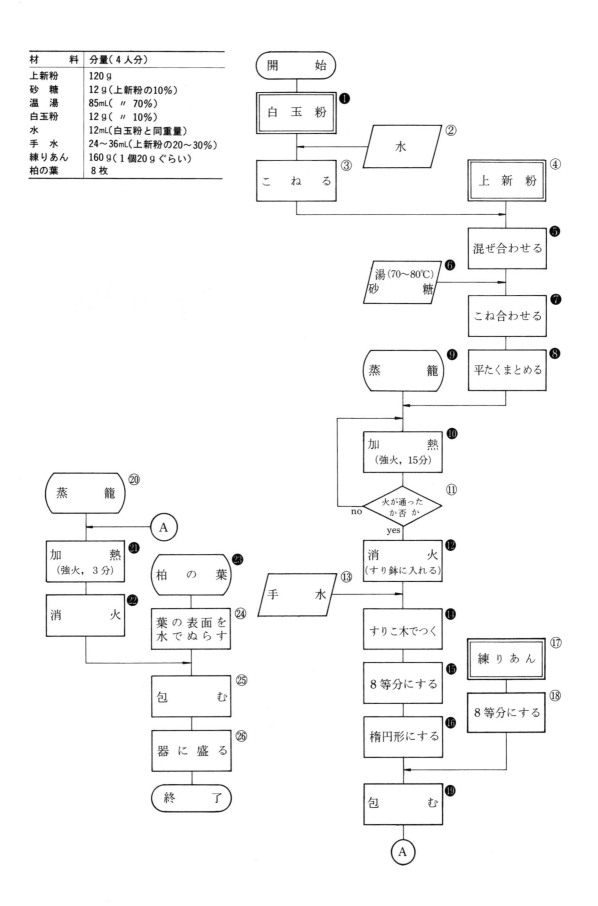

フルーツ白玉

　フルーツ白玉は，白玉粉をだんごにしフルーツをあしらいシロップをかけたものである．

　白玉粉は，もち米を冬の寒さのきびしい頃，清澄な冷たい流水にさらし水びき後風乾させたもので，寒晒粉とよばれ純粋のデンプンに近い特別な風味をもっている．料理や菓子に用いられるほかに，病人食，妊産婦食，乳幼児食に使用されている．

調理上の注意と解説

②，③　白玉粉は，水を加えしばらくしてかたまりをつぶし，練り合わせる．

⑥，⑦　蜜は早く作り冷やしておく．砂糖は好みにより増減する．

⑧　32～40個ぐらいに分け，小さなだんごに形作り，中央を指先で押し平らにして火通りをよくする．

⑨，⑩　たっぷりの沸騰水中にだんごを入れ，静かに沸騰を続ける火加減でゆでる．火力が強いとだんごの中心まで火が通らないうちに，周囲はゆだりすぎベタベタになる．

⑪，⑫　だんごがゆだり，湯の表面に浮いてきたら水に取り冷やす．

⑮　供する前に冷たい蜜をそそぎ，色，味の調和のよい季節の果物をあしらう．

【白玉粉に水を加えて練る理由】

　白玉粉は水びきし乾かして製造するので，かたまりになる．湯を加えるとかたまりの表面のみ膨潤糊化して中心部は生粉のまま残ってしまう．そのために水を加えしばらくしてかたまりをつぶすようにして，均一に吸水させ練る．

　白玉だんごの中にあんを包むような場合，生地に粘りが必要となる．水で練った生地の5％ぐらいをだんごにしてゆで糊化させる．糊化しただんごを生地の中に分散させ，均一に混ぜると生地に粘りを生じ，包む操作がしやすい．

【参考料理：揚げ白玉だんご】

白玉粉	150g
水	120mL（粉の80％）
練りあん	160g
白ゴマ	20～30g
揚げ油	適量

（1）白玉粉に水を加え，かたまりをつぶして練る．（2）（1）より13gをだんごにしてゆでる．（3）（2）を（1）の生地にちぎり入れ，よく混ぜ12～16個に分ける．（4）練りあんを12～16個に丸め，（3）で包みあん入りの白玉だんごを作る．だんごの周囲にゴマを埋め込むように密着させる．（5）たっぷりの湯の中に（4）を入れ，半透明になるまで約2～3分ゆでる．（6）揚げ油を170～180℃に熱し（5）を揚げる．だんごの表面に亀裂が生じたら，油から取り出す．熱いところを供する．

〔注〕揚げ白玉だんごは，中国料理てば炸元宵（デアユワンシャオ）という．

材　　料	分量（4人分）
白玉粉	150 g
水	120～150 mL
	（白玉粉の80～100%）
蜜	
砂糖	80～120 g
水	100 mL
季節の果物	適量

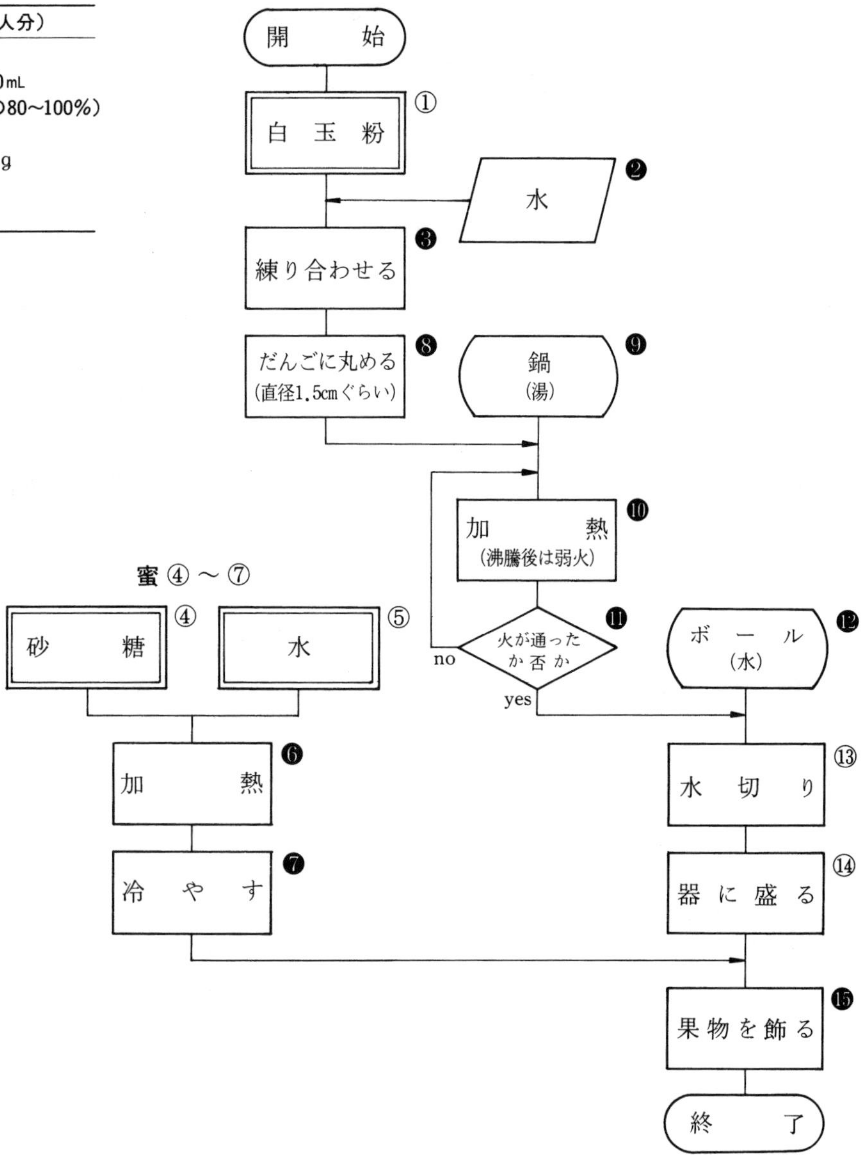

① 白玉粉
② 水
③ 練り合わせる
⑧ だんごに丸める（直径1.5cmぐらい）
⑨ 鍋（湯）
⑩ 加熱（沸騰後は弱火）
⑪ 火が通ったか否か

蜜 ④～⑦
④ 砂糖
⑤ 水
⑥ 加熱
⑦ 冷やす

⑫ ボール（水）
⑬ 水切り
⑭ 器に盛る
⑮ 果物を飾る

開始 → 終了

ひき茶まんじゅう

ひき茶まんじゅうは，まんじゅうの皮に抹茶を加えて風味をつけた蒸し和菓子である．まんじゅうの皮は，ふくらし粉（B.P.）を加えて膨化させるもので，小麦粉は薄力粉を用いる．まんじゅうの皮に黒砂糖を加えたものを利休まんじゅうという．

保存性を高めるには，あんの砂糖の量を増やしたり，水あめを多く加えるなどして糖濃度を高くする．

調理上の注意と解説

③ 小麦粉とふくらし粉を二度ふるいにかけるのは，小麦粉とふくらし粉を均一に混ぜ，小麦粉に空気を含ませるためである．

④〜⑥ ひき茶は，使用する砂糖を混ぜておくと，水で溶くときに，だまにならない．

⑨ こねる程度については，生地がなめらかで耳たぶの硬さより，やや軟らかくなるのを目安にするとよい．さっと混ぜる程度では，膨化剤によって発生した二酸化炭素（CO_2）や蒸気が外に逃げ，また逆にこねすぎるとグルテンの網目構造が強くなり膨化が悪くなる．

⑫〜⑬ アズキは，ダイズと異なり表皮が強靭で吸水性が低いため，胚孔部から水が徐々に侵入し胴割れを生じる．そのため吸水させないで，さっと水で洗い，水からゆっくり煮る

⑮ 冷水を加えると，のびかかった皮が縮み，裂け目が生じ，そこから水分が入り煮えやすくなる．

⑰〜⑲ 「渋切り」の操作で，アズキに含まれているアク，タンニン，サポニンなどを洗い流す．

㉙ 加熱を続けてあんとしてよい硬さまで練り上げる．冷めると硬くなるのでやや軟らかい程度．

⑩, ㉚ あんと皮の生地の割合は，ほぼ同じか，あんの方が多いくらいがよい．

㉝, ㉞ きょう木は水に浸しておき，ふいて2.5〜3cm角に切って用いる．

㊲ 蒸す前に，まんじゅうの表面にデンプンを薄くつけると，表面に照りがでる．

【和菓子に使う小麦粉と砂糖について】

ひき茶まんじゅうは，タンパク質含量の少ない薄力粉（p.96参照）を用い，生地を膨化させるには化学膨化剤（ふくらし粉）を使用する．まんじゅうの生地の硬さは，小麦粉1に対し水0.6ぐらいがよい．しかし，砂糖を加える場合は，生地が軟らかくなるので，砂糖の換水値（p.155参照）を考慮して水を減らす．

【参考料理：利休まんじゅう】

抹茶のかわりに黒砂糖を使った利休まんじゅうの作り方は，下記の通りである．

黒砂糖を細かくつぶした中に水を加え火にかけて煮溶かす．冷やしたこの蜜の中にふるった小麦粉とふくらし粉を加え，耳たぶぐらいになるまでこねる．生地を8等分に分けてあんを包む．以下は，ひき茶まんじゅうと同様に蒸す．

小麦粉	150g
ふくらし粉	120mL（粉の80%）
黒砂糖	70g
水	30g
あん	250g

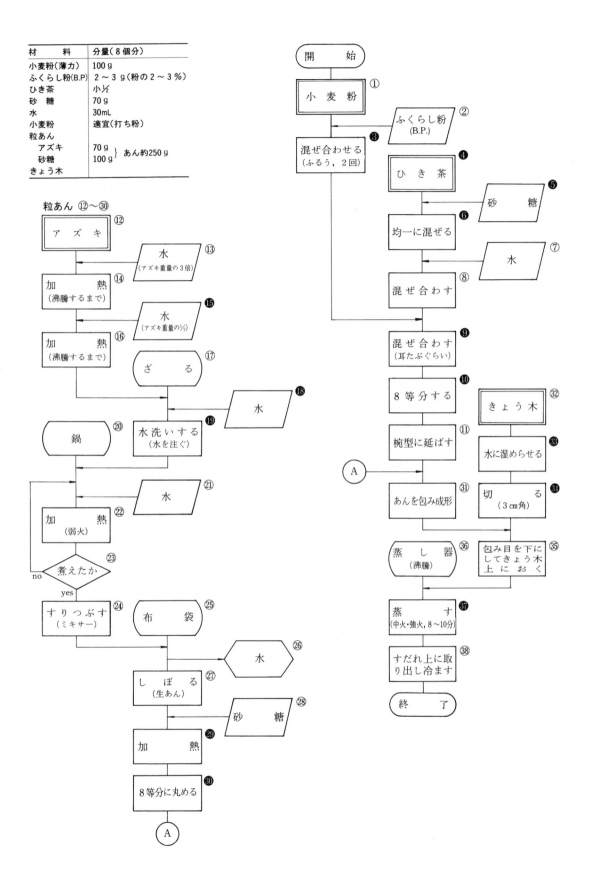

水　羊　羹

練りあんを寒天液で固めた寄せ物である．寒天をゼリーとして用いる場合の寒天濃度は，仕上がり重量の0.5〜2.0％の範囲で，使用寒天の濃度が低いものほど，口ざわりの軟らかいゼリーとなる．水羊羹は，寒天液とあんおよび砂糖の混合ゲルで，あんの比重が重いため，寒天が凝固しはじめるより少し高めの温度になったとき，液を型に流し入れないと，均質なゲルにならず，あんが下に沈む．

調理上の注意と解説

① 寒天の種類については牛奶豆腐の項（p.236）を参照．棒寒天の1本の重さは6〜8gである．粉末寒天を用いる場合には，棒寒天の½量用意する．

②，③ 寒天は，加熱する前に十分膨潤させる．必要量の寒天をちぎりながら水に漬け，しばらくおいておく．漬ける適量の水とは，寒天がひたるぐらいの量とする．

⑤ 棒寒天を煮溶かす場合，寒天濃度が1％以上だと非常に時間がかかる．したがって，寒天濃度が1％以下になるように水を加え，寒天が十分に溶けてから煮つめる方法がとられる．

⑥ 木杓子で絶えずかき混ぜながら煮溶かす．

⑦ 木杓子で液の一部をすくい上げ，杓子にダマ（かたまり）がついてこず，しかも一様のとろみのついた液になっているか確める．

⑧ 熱いうちにさっとこす．

⑨ 仕上がり量（400g）から加える練りあんの量を引いた値になるまで，寒天液を煮つめる．練りあんを用いず，さらしあんを用いる場合，あるいは練りあんに含まれる砂糖量では甘味が足りない場合には，ここで砂糖を加え，煮溶してから一定量になるまで煮つめる．

⑩ さらしあんを用いる場合は，さらしあんの2倍量の水を加えて生あんを作り，これに寒天と砂糖を溶かした液⑨を加えるとよい．

⑭ あんは比重が重いので，火から液をおろして温度を冷ます間も，静かに攪拌を続ける．液がまだ熱いうちに，型に流し入れると，あんが下に沈み，生地が均質にならない．

⑮ 寒天液を流す型は，あらかじめ，水でぬらし，湿ったものを用いるとゼリーが型からはずれやすい．

【寄せ物の種類について】

寄せ物とは，ある濃度のゾル（液状）が，なめらかな舌ざわりのゲル（ゼリー状）になり，形を保ったものをいい，基本的な材料として，寒天，ゼラチン，ペクチン，デンプン，卵などがある．

　主材料を寒天とする寄せ物……水羊羹，金玉羹，泡雪羹，サイダー羹，滝川豆腐，牛奶豆腐
　主材料をゼラチンとする寄せ物……ババロア，フルーツゼリー，マシュマロ
　主材料をデンプンとする寄せ物……くずざくら，蒸し羊羹，ブラマンジェ，ゴマ豆腐
　主材料を卵とする寄せ物……カスタードプディング，卵豆腐，茶碗蒸し

材料	分量（4人分）仕上り量400g
寒天	3.5g(½本)(仕上がり量の0.8〜1%)
水	1¾カップ(350mL)
砂糖	100g
さらしあん	50g （練りあんなら 200g）
水	160mL
桜の葉	4枚

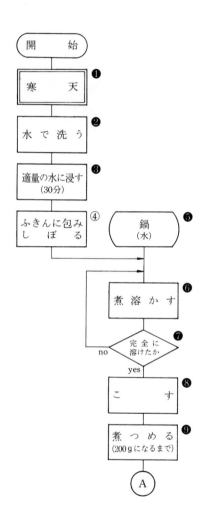
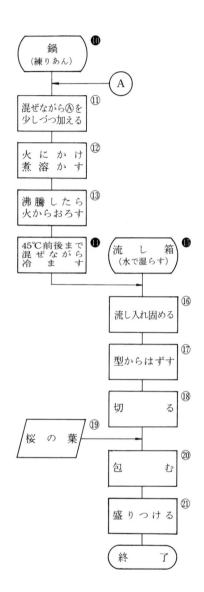

【あんの種類】

つぶしあん：小豆を煮つぶして砂糖を加え，練り上げたもの．

粒あん：小豆の皮がつぶれないように煮て，砂糖を加えて粒をこわさずにそのまま煮上げたもの．

こしあん：煮た小豆をこしてふるい，皮を取り除いたもの．

練あん：こしあんに砂糖を加えて練ったもの．

さらしあん（乾燥あん）：こしあんを水でさらしてあくを抜き，乾燥させて粉末にしたもの．水と砂糖を加えて煮れば，練あんができる．

クリきんとん

クリきんとんは，クリの甘煮をサツマイモのあんで和えたものである．

あんは，サツマイモのほかにナガイモ，白インゲンなどを使う．これらを軟らかく煮て裏ごしにかけ，砂糖とともに加熱し練り上げてつくる．きんとんには，クリきんとんのほか，白インゲンの甘煮を加えた豆きんとん，生リンゴを加えたリンゴきんとんがある．

きんとんは，それだけで一品料理にすることは少なく口取りや口代わりに，土産の折詰めや正月用重詰めに使われている．

調理上の注意と解説

⑥　クリを従来の調理法で色，形をよく煮上げるのはむずかしい．電子レンジを用いると形くずれがなく味もよく浸透して容易に作ることができる．また，びん詰めのクリ甘露煮を利用してもよい．

⑦，⑧　新しいクリの鬼皮は軟らかいが日がたつにつれて硬くなる．鬼皮をむく前に水，また急ぐ場合は熱湯に浸しておくとむきやすい．

⑨〜⑭　むきグリがかぶるぐらいの焼きみょうばん水（0.3〜0.5%）で5分ぐらい加熱して，ゆでこぼす．再びクリがかぶるぐらいの湯を入れ弱火でゆでる．クリは中央から割れやすいので火加減に十分注意する．針を刺し，軟らかさを確める．

⑯，⑰　クリがひと並べになる鍋に水と砂糖を入れ，火にかけて溶かす．

⑳　クリが形くずれしないように，また汁がクリ全体にかかるように紙の落しぶたを用いる．10分ぐらい弱火で煮た後，火からおろし一昼夜そのまま汁に含ませておく．

①，②，④　サツマイモは農林一号，金時など黄色で良質なものを選ぶ．色よいあんに仕上げるには，包丁を入れたらすぐ水に浸す．褐変に関与するヤラピン（乳白色液体）は表皮付近に多く存在するためイモの皮を厚くむく．

㉙　ゆだったイモは熱いうちに裏ごす．イモが冷めると粘りがでて操作が困難になり，舌ざわりも悪くなる．イモは冷めないようにゆで湯の中から一つずつ取り出して裏ごす．

㉚，㉛　裏ごしイモが冷めないうちに砂糖を手早く合わせる．冷えた場合やイモがホクホクして粉っぽい場合は，砂糖に水を加えて加熱し蜜にして加えるとダマができない．

㉜　鍋底からよくかき混ぜながら強火で加熱する．冷めると硬くなることを考慮して練り上げる．

【サツマイモの皮を厚くむく理由と焼きみょうばんの効果】

サツマイモの切り口からでる白色の乳状液をヤラピンといい，水に溶けず空気に触れると黒くなる．また切り口が空気に触れるとイモに含まれているポリフェノールオキシダーゼ（酵素）がクロロゲン酸（基質）に作用しキノン体を生じ褐変する．ヤラピンおよび酸化酵素は，サツマイモの外皮から内皮までの間に多く含まれている．きんとんの色を美しい黄色に仕上げるためには，内皮まで厚くむく必要がある．なお，焼きみょうばんの効果はサツマイモ，クリのフラボン系の色素にみょうばんのアルミニウムイオンが作用して塩をつくり，美しい黄色になる．一方みょうばんは，細胞膜のペクチンと結合して不溶性の塩を作るため組織を引き締め煮くずれを防ぐ効果もある．

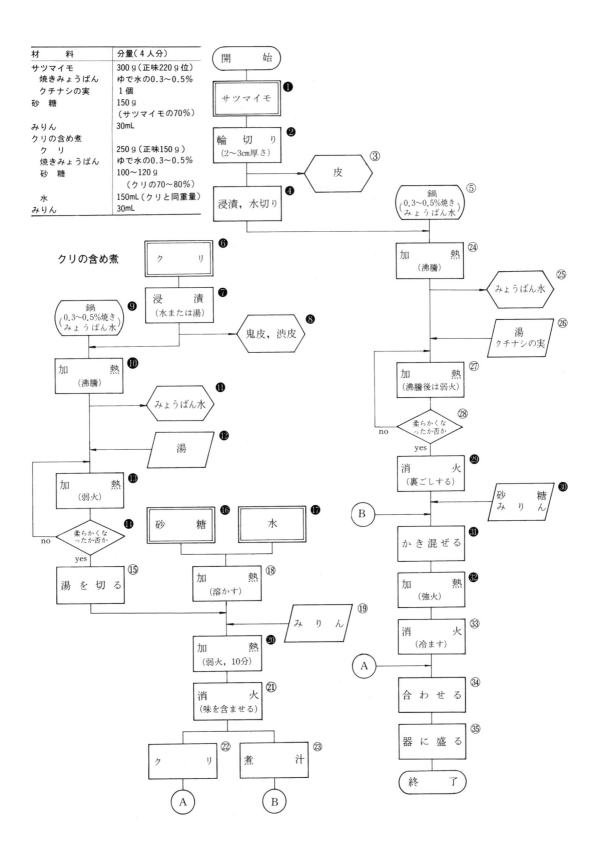

緑　　　茶

茶を用いる方法には，茶葉を全部食する方法と，浸出液を飲用する方法の二つがあるが，わが国での用法は，一部食用に供するほかはすべて煎汁を飲用する方法である．茶祖，栄西禅師によって広められた茶も，最初は嗜好飲料としてよりも高貴な薬物として扱かわれていた．茶は不発酵茶（緑茶），半発酵茶（ウーロン茶），発酵茶（紅茶）に分類され，更に不発酵茶は次の様に分類される．

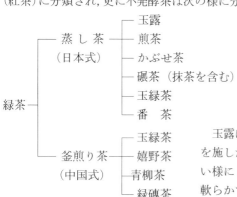

玉露は緑茶の高級品で，茶の芽はあらかじめ多量の窒素肥料を施した茶の木を，よしずなどで囲って，日光に直接さらさない様にして育てたものである．露天に育ったものに比べ，葉が軟らかでもあるので，手もみで作られることがある．

煎茶は最も多く飲用されている緑茶で，"やぶきた"とよばれる品種から作られるのが一般的である．碾茶(てんちゃ)は玉露とほぼ同様に生育させたものをしごき摘みにし，蒸熱後，もまないで乾燥させたものである．抹茶はこれを「ひきうす」にかけ，1～20μの微細粉として，濃茶，薄茶を製する．玉緑茶は釜煎り茶にならったもので，特有の丸型をし，グリ茶ともよばれる．番茶はせん茶を摘んだ後の少しかたくなった葉や茎でつくったお茶など主流から外れたお茶である．

調理上の注意と解説

⑤　②の操作で熱湯をそそぐと80～85℃に下るので，これを用いてもよい．
⑧　複数の人数のときには，濃さが平均するように分けてつぐ．また，急須の中には茶液を残さない様にすることが肝心．
⑨　この浸出液を「一煎」という．
⑪　この茶殻に熱湯を80mL加え，1分間浸出すると「二煎」目の茶が得られる．同様にして「三煎」目を用いることもできるが，風味は低下する．

【応　　用】

お茶の旨味成分テアニンは低い温度（50℃以上）で抽出され，高い温度になると渋味が出てしまう．紅茶，ほうじ茶，番茶は高い温度で入れる（表2-18）．水は軟水がよく，水道水の場合には，煮沸して臭味を抜いてから用いる．茶には以上のほかに薬茶とよばれるものがある．ハブ茶，ハトムギ茶，カキノハ茶，チョウセンニンジン茶，ドクダミ茶，ゲンノショウコ茶，フルーツ茶，ハイビスカス茶，ペパーミント茶等がそれである．また，日本の各地には，それぞれの歴史，風土によって様々な飲み方がある．沖縄の「ブクブク茶」，出雲の「ぼてぼて茶」，高千穂の「かっぽ茶」，高知の「碁石茶」などがその例である．

1)　山崎清子，島田キミエ他：NEW　調理と理論　P.549　同文書店（2012）

材　　料	分量（1人分）
茶　葉	2～3g
湯	80mL

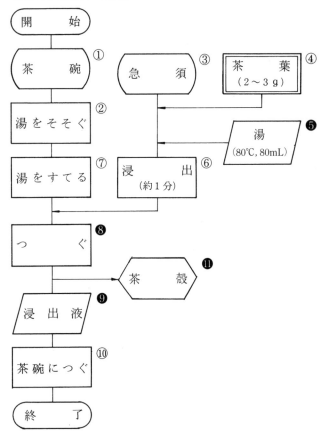

表2-18　緑茶の入れ方[1]

茶　種	分量（1人分）	湯の量	湯の温度	浸出時間
玉　露	2g	50mL	50～60℃	2～3分
煎　茶	2～3g	80mL	80℃	約1分
番　茶（ほうじ茶）	2g	100mL	100℃	30秒

表2-19　茶のビタミンの溶出割合

試　料	ビタミン	第一煎	第二煎	第三煎
煎　茶	B_1	57～65%	21～22%	11～13%
	B_2	70～80	20～29	4～8
	C	81～85	10～12	3～5
玉　露	B_1	16～21	18～19	16～18
	B_2	26～32	30～38	19～23
	C	67～73	33～35	痕　跡

手打ちうどん

うどんは小麦粉中のグルテンの性質を利用したものである．小麦粉中のタンパク質であるグリアジンとグルテニンは，水を加えてこねると粘弾性のあるグルテンになる．こね水に食塩を小麦粉の2～3％加えると，グルテンができやすく歯ごたえのある麺になる．

麺は太さにより，ひもかわ，きし麺，丸麺（うどん），冷やむぎ，そう麺などに区別される．

マカロニ，スパゲッティ類は，ドウを穴から押し出し乾燥させたものであり，中華麺は鹹水を加え，タンパク質の一部を変性させ特有の芳香，色を出したものである．

調理上の注意と解説

②，③ 食塩は，こね水に溶かして用いると扱いやすい．
④ 耳たぶぐらいの軟らかい均一な生地になるまで十分にこねる．
⑬ つけ汁は，つけ汁用の器に入れる．つけ汁のだし汁：醤油：みりんの割合は3：1：1ぐらいが適当である．
⑭～⑰ 青ジソのせん切りはアク抜きをし，ネギは小口切りにして別の器に用意する．
⑱ 生地は，麺棒を使って厚さ3～4mmにのばし，幅3～4mmに切る．
⑲～㉑ びょうぶたたみにし，うち粉をまぶして切る．切り口は粉でまぶし一人分ずつ盛っておく．
㉒，㉓ 生麺の重量の6～7倍の水を沸騰させた中に，麺を入れて弱火で8～10分ぐらいゆでる．
㉔ 一部を取り出してみて，麺の中まで透き通っていて芯がなかったら，ゆで上がりとする．
㉙，㉚ トウガラシは好みに応じて使用し，ノリは調理バサミで切り，フライパンで軽く炒めるとはりがあり香りもよい．

表2-20 小麦粉の種類と用途

種　類	タンパク質含量(%)	グルテンの質	原料小麦	粒度	用　　途
強力粉	11.0～13.5	強靭	硬質小麦	粗い	食パン，フランスパン，麩
準強力粉	10.0～12.0	強	中間質小麦	やや粗い	中華麺，皮類，菓子パン
中力粉	8.0～10.5	軟	中間質小麦	やや細かい	和風麺（うどん，素麺）
薄力粉	7.0～8.5	軟弱	軟質小麦	細かい	菓子，天ぷらの衣
デュラム・セモリナ	11.0～13.0	柔軟	デュラム小麦	きわめて粗い	マカロニ，スパゲッティ

【参考料理：煮込みうどん】

ゆで麺	800g（1玉200g）
豚肉薄切り	150g
ニンジン	40g
ネギ	100g（1本）
だし汁	1000cc
赤味噌	80g（大4強）
白味噌	35g（大2弱）

(1) だし汁に薄いいちょう切りしたニンジンを加えて煮立てる．
(2) 煮立ったところに，一口大に切った豚肉を入れる．(3) 煮立った汁の中に味噌を溶き入れる．(4) ゆで麺を加え，煮立ったら斜め切りしたネギを入れる．
＊味噌の種類によって塩分の濃度が異なるため，味噌の分量は加減する．
＊煮込みうどんでは，味噌の味がうどんにしみ込んでおいしくなるため，うどんより味噌を先に入れる．

1) 山崎清子：家庭教育　9，(1957)

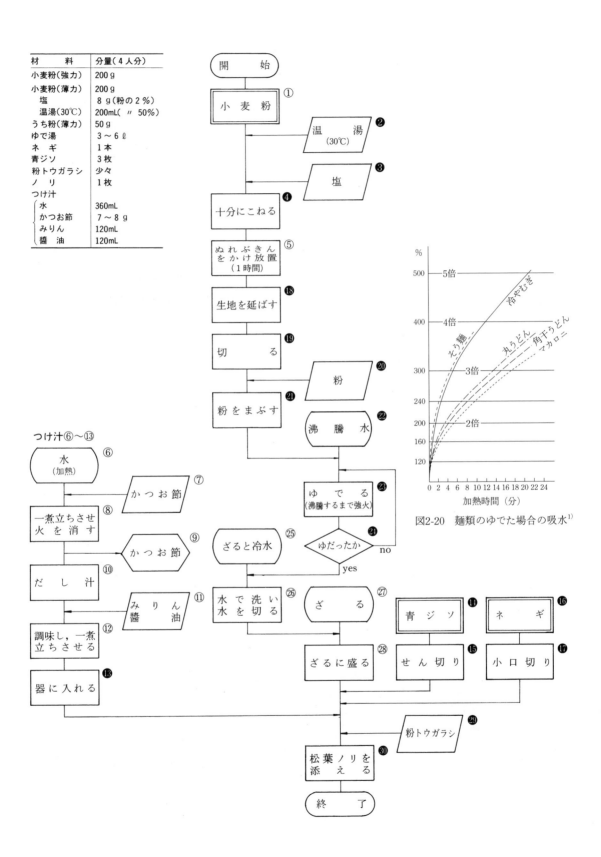

図2-20 麺類のゆでた場合の吸水[1]

カブの即席漬け

新鮮な小カブの葉と実をともに塩もみして，重しをし，味をなじませた浅漬けである．即席漬けにする材料にはカブのほか，ダイコン，瓜類，ナス，キャベツ，ハクサイ，ニンジンなどが用いられる．

香味材料として，ショウガ，ミョウガ，ウド，シソ，ユズ，ニンニク，トウガラシ，コンブなどを用いると風味を増す．

調理上の注意と解説

⑦　カブの実の厚さは，薄すぎると歯ごたえがないし，厚すぎると塩が中まで浸透するのに時間がかかるので，2.5～3.5mmぐらいの厚さの小口切りにする．

⑧　実の方はごくわずかの塩を加え，軽く混ぜておく．

⑫～⑭　葉の方に塩を加え（材料の2～3％量），塩もみにする．または，葉はさっと熱湯を通してから用いてもよい．

⑯　用いた材料と同重量から2倍ぐらいの重しをのせる．塩を加えてもんだ後重しをのせれば，野菜に含まれる水分が放出され，ほぼ15分後から食べられる．家庭用卓上漬け物器のある場合には，これを用いて加圧すると早く漬かり，便利である．

㉒　ショウガは，漬け物の上に天盛りとして飾るので，ごく細かなせん切り（針ショウガという）とする．

【漬け物の種類と食塩濃度】
(1)　即席漬け・一夜漬け　　　（材料の3～5％食塩量）……腐敗菌の繁殖は阻止できるが，乳酸菌などが繁殖して，酸味を生じやすい．
(2)　短期間漬け込む　　　　　（ 〃 　5～8％食塩量）……酵母，細菌が繁殖しやすい．
(3)　ある程度の期間漬け込む　（ 〃 　8～10％食塩量）……乳酸菌の繁殖が盛んで，他の腐敗菌の繁殖を抑える．
(4)　長期間漬け込む　　　　　（ 〃 　15～20％食塩量）……食塩量20％になると有用な微生物もすべて活動しない．

【野菜に食塩を加えた場合の放水量と時間の関係について】

野菜を切り，食塩を加えて放置すると，はじめの5分間ぐらいの間に多量の水が放出され，徐々に放水量は減り，約15分後には，放出されるほとんどの水分が出つくす．この放出量は，加える食塩濃度の高いほど，加圧によって，早く，多量となる．したがって生の野菜にあらかじめ塩をした後，和え衣でからめるような場合には，食塩を加えて15分後に，放出水分をしぼってから，加えるようにするとよい．また，塩もみにより，野菜にまんべんなく塩がゆきわたり，野菜の繊維が物理的力により破壊されるため，より早く水が放出する．

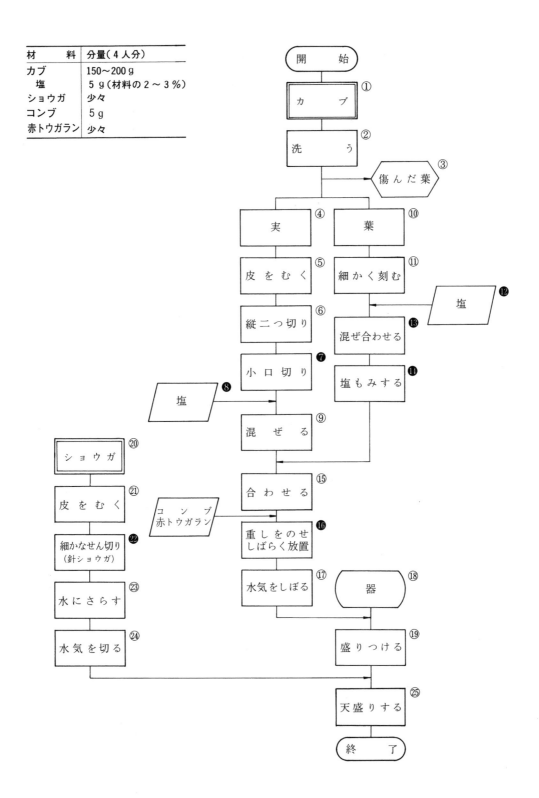

Ⅲ 西洋料理

西洋料理の特徴

　西洋料理は洋食ともいう．西洋諸国の料理の意であるが，日本の場合かならずしも欧米各地で実際に行われているのと同じではなく，西洋風に整えた料理一般を指していう．すべて各国の風土，産物，民族性などによって違いがあり，それぞれ特色ある料理が発達している．いわゆる西洋料理にみられる共通の特徴は，まず獣肉と脂肪がその材料と調味の基礎であること，各種のスパイスが用いられ「香りの料理」といわれること，パンを主として食べること．食具としてナイフ，フォーク，スプーンを使用することなどがあげられる．

　欧米各国の料理の特色を調理の基本である油脂によって表わすと，フランスはバター，イタリアはオリーブ油，ドイツはラード，ロシアはサワークリーム，イギリスはドリッピング（焼肉のときにでる脂）である．現在，欧米の中心になっているのはフランス料理であり，料理名もフランス語で記されることが多い．

代表的な西洋各国の料理傾向

　1) **イギリス料理**　　実質的な家庭料理とされる．肉料理はローストビーフに代表され，狩猟の鳥獣肉料理も豊富．紅茶を好み，自家製のケーキ，ビスケット，サンドウィッチなども発達した．また，植民地を通し，世界各地に伝えられた．

　2) **イタリア料理**　　マカロニに代表される小麦粉料理（パスタ）が有名で，スパゲッティ，バーミセリなどの麺類，ひき肉を包んでゆでたラビオリ，白ソースやトマトソースをかけてオーブン焼きにするカネロニやラザニアなど代表的である．味つけに香料やチーズを豊富に使用するのも特色である．地中海をひかえているので魚貝料理も知られる．

　3) **スペイン料理**　　異なる民族，宗教，文化が交差しているスペインでは，アンダルシア，バレンシア，バスクなどそれぞれの地方料理が発達している．アンダルシア地方のガスパチョ，バレンシア地方のパエリヤなどが有名である．

　4) **ドイツ料理**　　質実で合理的な家庭料理にその特色がある．とくにジャガイモ料理は主食，副食，菓子に幅広く使われる．また肉類加工でソーセージ料理，ハンバーグステーキはとくに知られる．

　5) **フランス料理**　　古代ローマの伝統ある料理や食卓作法が，メジチ家からアンリ二世に嫁いだカトリーヌ姫によってもたらされ，王室の保護のもとに発達した．芸術的かつ美味な料理として他の追従を許さない．料理に欠かせないワインもドイツとともに有名．エスカルゴ料理はフランスの表徴のようにいわれている．

　6) **北欧料理**　　スウェーデン，ノルウェーでは魚介類が豊富で，キャビア，イクラ，ニシンなどの塩蔵類が発達している．また，スモーガスボード（バイキング料理）での食事が知られている．

　7) **ロシア料理**　　帝政時代に豪華な料理が発達し，冬季が長いので食品の塩漬け，くん製などが多い．牛肉を煮込んだボルシチ，惣菜パンのピロシキ，前菜のザクスカ，ライ麦粉で作る黒パン，酒のウオッカ，サモワールで淹れる紅茶などがロシア料理として知られている．

　8) **アメリカ料理**　　多民族国家で歴史も浅いアメリカでは，画一的な料理は規定しにくいが，家庭料理はイギリス系料理に近い．代表的な料理には，クラムチャウダー，ポークビーンズ，バーベキューなどがある．

日本における西洋料理

室町時代に南蛮料理として西洋料理が移入されたが，本格的には江戸時代末期からといえる．明治以後における西洋料理は急速に広まった．日本で西洋料理という場合はフランス風の料理で，とくに正餐は各国同様フランス料理である．家庭では英国料理が多く，料理用語もフランス語と英語が混在している．日本人は西洋料理を上手にとり入れて，カレーライス，豚カツ，あんパンのように日常食になっているものも少なくない．しかし第二次大戦以後はアメリカ料理の影響を多分に受けて供応料理は"立食パーティー"，"カクテルパーティー"などの気軽で自由な雰囲気を楽しむ傾向が多くなってきた．

香辛料について

香辛料（スパイスおよびハーブ）は，食品や料理に香り，味，色を付加して保存性や嗜好性などを向上させる植物性食品群である．スパイスは，植物の種子，花，葉，根，茎，樹皮，果皮などの部分を乾燥して調製され，ハーブは，香草系植物である．香辛料の役割は，i) 矯臭作用（不快臭を和らげ，消臭する働き）：ジンジャー，タイム，ローリエ，セージなど．ii) 賦香作用（香り付けの働き）：オールスパイス，ナツメグ，シナモンなど．iii) 着色作用（食品や料理に色を付ける働き）：サフラン，ターメリック，パプリカなど．iv) 抗菌作用（微生物の繁殖を抑制する働き）：オレガノ，クローブ，ト

表3-1　香辛料の種類

名　　　称	特　　　徴	用　　い　　方
コショウ (White Pepper) (Black Pepper)	コショウ樹の実で，白コショウは完熟して皮がとれたもの．黒コショウは完熟前にとって乾燥したもの．白は黒に比し辛味が強く，黒は香りがよい	広範囲各種の料理に最も多く用いられる．とくに色の濃い料理や煮込み料理，漬け物調理には，黒を用いるとよい
パプリカ (Paprika)	ハンガリヤ産の赤ピーマン 辛味はなく，主として色と滋味な味覚が特徴	ソース，ドレッシング等の調味や色添え，煮込み料理などに用いる
ジンジャー (Ginger)	ショウガの根，特有な清涼な辛味がある	ソース，ドレッシング等の調味や菓子，パンのスパイス用
オールスパイス (All spice)	フトモモ科常緑樹の未熟果実の乾燥したものシナモン，クローブ，ナツメッグ，コショウを合わせたような香りがあるのでこの名がある	魚，肉料理，菓子，漬け物等
クローブ (Cloves)	チョウジの花つぼみを乾燥したもの．甘く強い香りがある	焼きリンゴやフルーツパイなどの菓子の香りづけ，ブイヨン，肉料理・煮込みなどの香りづけ
ナツメグ (Nutmeg)	ニクズクの実を乾燥したもの（外皮はメース） 刺激性のある甘い香りがある	肉類，内臓料理に用いられ食肉加工や肉の塩漬けには必ず使用される 菓子やカクテルなどにも少量用いられる
ガーリック (Garlic)	ニンニクの根で強烈な芳香をもつ 塩と混合したガーリックソルトは便利である	肉，サラダ，漬け物料理など幅広く用いられる
サフラン (Saffron)	サフランのめしべを乾燥したもの．優雅な香りと黄金赤色になり高価である	魚介類，炊き込み飯，ブイヤベース（鍋料理）などに香りと色をつけるのに用いる
ベイリーブス (Bay leaves)	月桂樹の葉を乾燥したもの 別名ローリエ（Laurier）といって，日本のかつお節，コンブに比せられる重要な香料	調理用のソース，スープ，煮込み料理，肉類のロースト，サラダなど欠かせない香りづけ材料
セージ (Sage)	サルビヤの葉を乾燥したもの 強く重い芳香がある	鳥類やソーセージ類の香りづけに用いる 肉の焼き物にも味と調和する
タイム (Thyme)	ジャコウ草の葉を乾燥したもの 軽く高い芳香がある	キャベツ，カブのような大味な野菜料理や鶏，魚介類，ブイヨンに用いる
シナモン (Cinamon)	肉桂の樹皮 甘い香りとピリッとくる辛味がある	菓子，ジャム，パイに，またシナモンと砂糖を混ぜたシナモンシッガーはドーナッツやパンに用いる
ホースラデイシュ (Horse radish)	西洋ワサビの根黄 辛味と多少の苦味がある	おろして肉料理に添えたり，バター，ソースに混ぜて用いる
セロリー (Celery)	セロリーパウダーはセロリーの種の粉末 セロリーソルトとともに強烈な芳香がある	各種全般の料理に用いる ふりかけ使用
カラシ (Mustarde)	カラシの種を粉末にしたもの ピリッとしたさわやかな辛味がある	粉末のまま，サラダ，ピックルス，バター，チーズに加えたり，練りがらしとして肉料理に適する

ウガラシ, コショウなど. v) 抗酸化作用（脂質の酸化を抑制する働き）: セージ, コショウ, ナツメグ, オレガノなどである.

ソースについて

ソースは料理の味をととのえるために用いられる. フランス料理には数百種類のソースがあるといわれているが, その中からよく用いるものを表に示す.

表3-2 ソースの種類

色	種類	材料	適する料理
白ソース	ソース ベシャメル Sauce Bechamel	小麦粉　30g バター　　30g　＋　生クリーム 牛　乳　500cc　　　塩 　　　　　　　　　　コショウ	魚, 肉, 野菜, 卵, 麺料理
	ソース モルネ Sauce Mornay	同上＋卵黄＋おろしチーズ	卵, 野菜, 鶏, 魚のグラタン
	ソース スービース Sauce Soubise	同上＋タマネギ＋バター	卵, 魚, 鶏, 仔牛料理
	ソース ヴルーテ Sauce Velouté	小麦粉　　　　　　　　肉ストック 　　　　薄茶色ルー ＋ 魚ストック バター　　　　　　　　鶏ストック	肉料理には肉ヴルーテ 魚料理には魚ヴルーテ 鶏料理には鶏のヴルーテ
	ソース ノルマンデイ Sauce Normande	薄茶色のルー 魚のストック　＋卵黄＋生クリーム	魚料理
	ソース アルマンド Sauce Alemande	肉ストック 白いルー　＋卵黄＋レモン汁, ナツメッグ	鶏, 野菜, 卵料理
赤ソース	ソース トマト Sauce Tomate	白色ルー＋トマトピューレ, 塩, コショウ	魚, 獣鳥肉, 野菜料理, 麺類
	ソース アメリケーヌ Sauce Americaine	エビ, 魚の煮だし汁	エビの煮込み料理, 魚料理
黄色ソース	ソース オランデース Sauce Hollandaise	卵黄＋水＋バター＋レモン汁, カイエンペッパー, 塩, コショウ	野菜料理, 魚のゆで煮
	ソース ビネグレット Sauce Vinaigrette	フレンチソース (酢, 油, マスタード) ＋ タマネギ 　塩, コショウ　　　　パセリ 　　　　　　　　　　　ケイパー 　　　　　　　　　　　エストラゴン	サラダ, 冷い料理
	ソース ラビゴット Sauce Rarigote	同上＋ タマネギ, ケイパー, パセリ, エストラゴン	サラダ, 冷い料理
	ソース マヨネーズ Sauce Mayonnaise	卵黄＋マスタード＋酢＋サラダ油, 塩, コショウ	サラダ, 冷い料理
	ソース タルタール Sauce Tartare	同上＋キュウリピックルス＋タマネギ＋固ゆで卵, エストラゴン, ケイパー, アサツキ	魚のフライ, グリル料理
	ソース ヴェールト Sauce Verte	同上＋(ホウレンソウ, クレソン, パセリ)しぼり汁	エビ, 魚, 貝の冷料理
茶色ソース	ソース エスパニョール Sauce Espagnole	茶色のルー 肉ストック　塩, コショウ	肉や野菜の煮込み料理, ビーフシチュー類
	ソース ドミグラス Sauce Domi-glace	同上＋マデラ酒	卵, 牛肉, 豚肉, 鶏肉などにブラウンソースとして用いられる
	ソース イタリエンス Sauce Italienne	同上＋ハム, パセリ, エストラゴン	牛肉, 仔牛, 羊, 鶏料理
その他	バター ソース Sauce Butter	バター＋レモン汁	魚, 卵, 野菜料理
	アップル ソース Sauce aux Pommes	砂糖煮のリンゴの裏ごし＋バターシナモン	豚肉, 野鳥料理

西洋料理の献立構成

表3-3 供応食の献立構成

		主な調理と酒
1. 前　　　菜 Hors-d'oeuvre (仏) Appetisers (英)	番外料理という意味で一般に献立の最初に出される．形は小さく，色彩，風味の取り合わせの調和を考え，創意工夫をこらし，3〜7種ぐらいを美しく盛る．冷前菜と温前菜とがある．控室で出されることもある	各種カナッペ，詰物（卵，トマト，キュウリ，セロリー，シュー，パイなど），酢漬け（魚マリネ，ピックルスなど），その他生野菜，メロン，肉，魚介類の加工品など広範囲の材料 （シェリー酒）
2. ス　ー　プ Potage (仏) Soupe (英)	獣鳥肉類，魚介類，野菜などから採っただし汁を土台につくるもので，一般に澄んだ汁，濃度をつけた汁，実のたくさん入った汁などがある	スープの浮き実には野菜のせん切り，小角切り，色紙切り，麺類（ゆで麺類，ヌードルなど），パン（クルトン），クラッカー，卵豆腐，ウズラ卵，貝類，芝エビなどが用いられる
3. 魚　料　理 Poisson (仏) Fish (英)	欧米では肉料理に重点をおくので，日常食への魚料理は少ない．香辛料，酒，酢類で生臭みを消し，ワインでうま味をつける加熱調理で，貝類を生で食べるときは前菜とする	蒸し煮，バター焼き，網焼き，揚げ物，天火焼き，グラタン，冷製料理などがある．野菜料理をつけ合わせにする （白ワイン）
4. 肉　料　理 Entre (仏，英) 5. 蒸し焼き料理 Roti (仏) Roast (英)	献立の中心をなすものである．正餐ではアントレ（Entre）とロースト（Roast）として出される．兎，羊，豚，馬，鶏，アヒル，七面鳥，ウズラ，カモ，ツクミ，ホロホロ鳥など調理法も多い	煮込み，炊め焼き，ソース煮，あぶり焼き，蒸し焼き，揚げ物，グラタン，冷製などの鳥獣肉類に野菜をつけ合わせる．ローストは蒸し焼き料理にするが，鳥鶏類であればアントレは獣肉料理になる （赤ワイン）（シャンペン）
6. 冷菓 Sorbet Granité (仏) Sherbet (英)	口直しのために供される．肉料理が1つの場合は，魚料理の後で供される．	コースの最後にデザートとして供されるものより甘味は控えめにする．口中をリフレッシュするために，アルコールや柑橘系のフルーツなどを用いる．
7. 野菜料理 L'gumes (仏) Vegetable (英)	魚，肉料理につけ合わせで供されているので，ここでは獣鳥肉類のあと，口をさっぱりさせる目的の野菜である	生野菜をサラダとして供される場合が多い．ドレッシングもフレンチが適する
8. 甘　　　味 Entremets (仏) Sweets dishes (英)	アントルメは食事の終了を意味して出される．温菓または冷菓のうち一品が供される	温菓（プディング，スフレ，クレープなど），冷菓（ババロア，ゼリー，アイスクリームなど）
9. 果　　　物 Fruit (仏，英)	季節の果物を盛り合わせて供す．メロン，スイカなどはあらかじめ切り分けて供される	
10. コ　ー　ヒ　ー Cafe (仏) Coffee (英)	コーヒーはデミタス（小カップ）で供されるのが一般的である	

食事作法

1) 食卓の整え方（テーブルセッティング）

　料理の種類，場所，会食の目的によって異なる．大別すると椅子に座って食する場合と立食とがあるが，正餐の場合を基準にすると次のようになる．食卓は一人70cmぐらいが適当とされる．白のテーブルクロスをかけ，端を30cmぐらいたらす（客の座らない両端は60cm）．クロスの下に消音クロスといってフランネルなどの厚地の布を敷く場合もある．ナプキンもクロスと同じ布地が正式である．食卓の中央に花を目線より低めに表裏のないように飾る．香りの強烈な花はさける．次に食器を並べる．まず各席の中央に位置皿をおき，ナイフ，フォーク，スプーン，グラスなどを図3-1のようにセットする．

2) 座席の決め方

洋間の上座は暖炉や飾棚のある方,または入口から遠いところとなっている.普通主婦(ホステス)を1の上座に決め,主人(ホスト)が向い合った座2に座る.この二人をはさんで男女が交互に図3-2のように着席する.

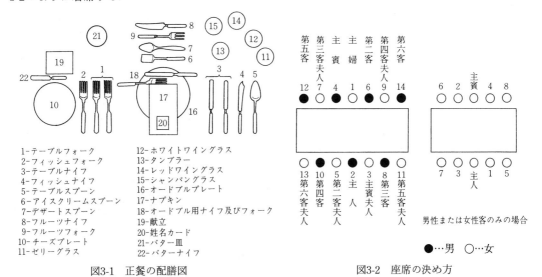

1-テーブルフォーク
2-フィッシュフォーク
3-テーブルナイフ
4-フィッシュナイフ
5-テーブルスプーン
6-アイスクリームスプーン
7-デザートスプーン
8-フルーツナイフ
9-フルーツフォーク
10-チーズプレート
11-ゼリーグラス
12-ホワイトワイングラス
13-タンブラー
14-レッドワイングラス
15-シャンパングラス
16-オードブルプレート
17-ナプキン
18-オードブル用ナイフ及びフォーク
19-献立
20-姓名カード
21-バター皿
22-バターナイフ

図3-1 正餐の配膳図

●…男 ○…女

図3-2 座席の決め方

3) 食事の進め方

ナプキンは二つ折りにして輪の方を手前にしひざにおく.くちびるや指先をふく場合は端を使い,食事が終わったら簡単にたたんでテーブルの上におく.**i) 前菜**:一番外側のフォーク,ナイフで食べる.盛り皿の場合は添えてあるスプーンとフォークで自分で取るか給仕人に取ってもらう.**ii) スープ**:スプーンを手前から向うへと進めてスープをすくい,スプーンの方を口に近づけて音を立てないように飲む.**iii) 魚料理**:魚用のナイフ,フォークで食

食事中の状態　食べ終った状態
(フォーク,ナイフを八の　(フォーク,ナイフを揃える)
字に置いておく)

図3-3 食事中のフォーク,ナイフのサイン

べる.小骨が口に残ったときは,フォークで受けて出す.骨つきの魚の場合は上身をはがして食べた後,頭と骨を取って皿の向う側に置き,下身を食べる.ひっくり返して下身を食べないこと.**iv) 肉料理**:肉用のナイフとフォークで左側から一切れずつ切って食べる.はじめに全部切らない.**v) 野菜料理**:野菜は肉料理と一緒に食べる.皿に残ったものはまとめて見苦しくないようにして,ナイフ,フォークで食べ終わりのサインにしておく(図3-3)**vi) 果物**:音をたてたり,皿から飛び出したりしないよう,平常から慣らしておく.フィンガーボールに入った水で指先を洗う.**vii) パン**:スープを飲み終わってから食べ始め,一口ずつちぎってバターをつけながら食べる.**viii) 飲み物**:コースが進むに従って酒が供され,図3-1にあるそれぞれのグラスにつがれる.酒は料理を美味にするためのものである.酒が不要ならば,給仕がきたときに,グラスの上に軽く手を置いてサインとする.

4) 食卓での注意

食卓についたら自分の左右と正面の客とはつとめて話をすることがエチケットである.話題は政治,宗教や暗い話題は避けること.ナイフ,フォーク類を落としたときは,自分で拾わず給仕に合図をして代わりのものを頼む.卓上の手の届かぬところのバター,塩などは手近な人に取ってもらう.他人に不快感を与えることはすべて無作法になるので,教養としてのエチケットを日頃から身につけておくことが大切である.

スタッフドエッグ　Stuffed eggs

　スタッフドエッグは，ゆで卵を半分に切って卵黄を取り出し，調味して，卵白に詰めた調理で，オードブル（Hors-d'oeuvre）の一種である．

　スタッフとは"詰める"という意味でキュウリやピーマン，トマトなどの中をくりぬき，詰めものをすることもある．

調理上の注意と解説

② 小鍋に入れた卵が，かぶるぐらい水を加える．
③ 卵黄が中央に位置するように，水から沸騰直前まで，菜ばしで時々，しずかに卵を撹拌する．
④ ゆで水が沸騰しはじめたら，火力は，沸騰を保つ程度に弱める．強く沸騰すると，卵がおどり，殻が割れやすい．ゆで水に塩や酢を少量加えておくと，卵白の凝固をたすけるため，殻が割れたとき卵白が流出しにくくなる．全熟卵を作るには，沸騰後約12分間の加熱が必要である．茹で過ぎると卵の表面が黒ずむが，これは加熱によって卵白から発生した硫化水素が卵黄に含まれる鉄分と結合して，硫化鉄を形成するためである．硫化鉄は緑がかった黒色をしている．
⑤ ゆで上がったら，直ちに流水中につけ，急冷すると殻がむきやすくなる．
⑳ パセリは卵黄の上にパラパラとちらすため，ごく細かなみじん切りにする．
㉓ みじんパセリを用いるほか，パプリカを少量ふりかけてもよい．

【卵の熱凝固について】
　卵白の熱変性は，58〜60℃になるとゲル化（gelation）が始まり，続いて白くなり流動性が失われ，80℃以上になると，不溶解性の凝固（coagulation）となる．これに対して卵黄は，65℃付近から，粘稠性があらわれ，続いて糊状を呈し，70℃以上になると完全に凝固し，ほぐれやすい状態にかわる．

【卵の鮮度の見分け方】
(1)割卵前
　①比重による判定：10％食塩水（比重1.073）に入れて，浮く卵は古く，沈んでいる卵は新鮮な卵である．
　②透視法による判定：電球の光にあてて，卵黄が中央に見え，気室が小さいものが新鮮な卵であるが，素人には判定が難しい．
(2)割卵後
　①卵黄係数…新鮮な卵黄は盛り上がり，古くなると横広がりになる．
　　卵黄の高さ÷卵黄の直径が0.40以上だと新鮮な卵で，0.25以下は古い卵である．
　②濃厚卵白率…新鮮な卵は濃厚卵白が多いが，古くなると水様化していく．
　　濃厚卵白重量／全卵白重量×100が60％以上だと新鮮な卵で，古くなると最終的に0になる．

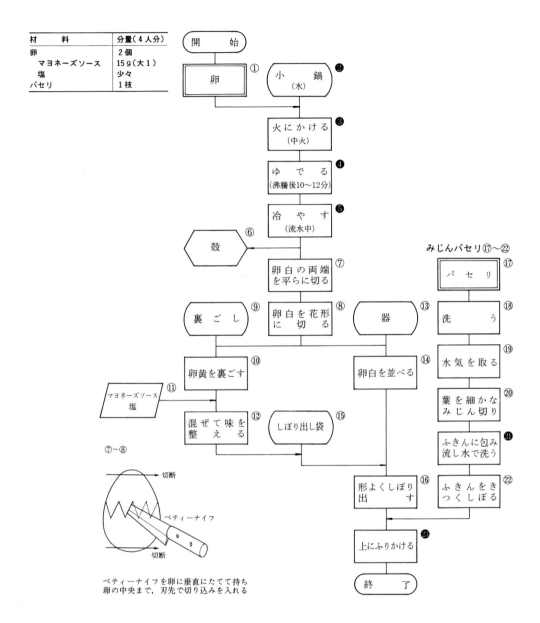

【食品の一部として用いられる油について】

　フレンチドレッシングやマヨネーズソースなどの原料に用いられる油は，その食品の味を左右する要素となるため，なめらかな舌ざわりと，油特有の風味を有する油を用いることが望ましい．サラダ油と称して市販されている油は，ウインターライズ処理といって，冷所（5℃前後）に放置した際に結晶として析出する固体脂を除く処理が施されている．食品の一部として用いる油には，こうした油が望ましい．

カナッペ　Canapé（仏）

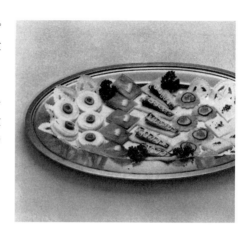

　カナッペは，小さくひと口大に切った薄切りのパンやクラッカーの上に，ペーストを塗ったり，めずらしい食品をのせたりしたもので数種を組み合わせて用いることが多い．

　カナッペは，西洋料理の前菜（オードブル）にも用いられる．前菜は，食前酒とともに食事の前に供され，食欲を促進させるものであるから，使用する前菜の材料の制限はないが，食事の味を損なうものをさけ，色彩，味，形よく，分量を少なく出した方がよい．

調理上の注意と解説

② 中火でカリッと仕上がるように焼く．

⑥ 食パン5枚の片面にからしバターを塗る．このようにバターを塗ることにより味をよくし，またパンの吸水防止になる．

⑧～⑩ パンの上に，すき間なくスモークサーモンを並べ，パンの耳を取り除き，長方形に美しく切る．

⑮ 丸型の型抜きを用いてパンを切り抜く．1枚を練りウニの方に，もう1枚をゆで卵の方に用いるため，型抜きの大きさを考慮すること．

㉑，㉒ パンの耳を除き，オイルサーディンの大きさに合わせて三角形に切る．

㉓，㉔ パラフィン紙を右図のように折って，しぼり袋とし，マヨネーズソースを中に入れて，オイルサーディンに飾りをする．

㉕～㉗ からしバターを塗ったパンにチーズを並べ，パンの耳を取り除き，三角形または四角形に美しく切る．

㉜ 5種類のカナッペを色彩よく並べる．

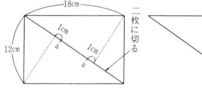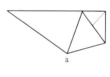

図3-3　しぼり出し紙袋の作り方

【カナッペに用いられる食品】

アンチョビ	カタクチイワシの塩蔵品．オリーブ油に漬けた缶詰，びん詰がある．
キャビア	チョウザメの卵の塩蔵品．
イクラ	サケ，マスの卵の塩蔵品（すじこ）で卵をほぐしたものの呼称．
スモークサーモン	サケのくん製．
オイルサーディン	イワシの油漬け

【オードブル（Hors-d'oeuvre　オールドゥブル）について】

　オードブルは，食事のはじめに供される前菜であり，後から供される料理への食欲をそそるためのものである．スモークサーモン，カナッペ，ピックルス（酢漬け），スタッフドエッグ，サラダ，マリネなどの冷前菜と，コキュール，ミートパイなどの温前菜がある．

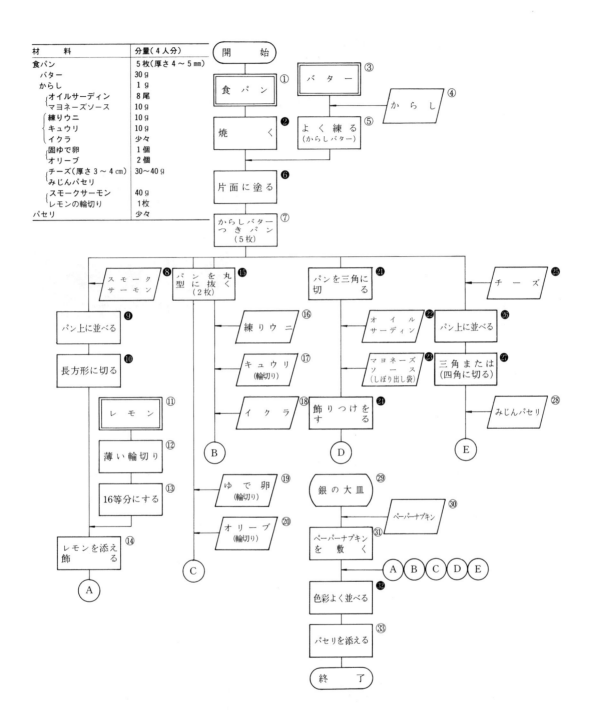

さいの目野菜のコンソメ Consommé à la brunoise（仏）

このスープは，浮き実に野菜の小角切り（brunoise）を用いた清し汁（consommé, potage clair）である．スープ（soup）とは獣鳥肉類，魚介類やアクのない野菜などでとったスープストックを素汁として作られた，西洋料理の汁物の総称であり，フランスではポタージュ（potage）という．

コンソメ（清し汁）は，スープストックに更に肉類，魚類，野菜，卵白を加え加熱して作った清澄なスープである．簡略する場合は二度どりをしないこともある．

スープは食事の初めに供され，食欲の増進をはかる役目をもち，とくにコンソメスープはそのエキス分が汁に特有の旨味を与え，消化器を刺激し消化を助ける．したがってスープは，味本位に作ることが大切である．スープの主な種類には，表3-4のようなものがある．

調理上の注意と解説
① 牛すね肉はさっと水洗いする．
⑦ 1人分のスープは，180〜200mLぐらいである．スープをとるには鍋にふたをせず約2時間加熱するので，その間の蒸発量とアクを除くとき一緒にすくい取られる分を考慮して，水は必要とするスープ量の2倍ぐらいを鍋に入れる．
⑨，⑩，⑫ 火加減は，沸騰までは強火にし，沸騰後はすぐに弱火にする．沸騰と同時に浮き上がってくるアクや浮き脂をすくい取る．その後は沸騰を持続するぐらいの火加減にし，浮き上がってくるアクを時々除く．火加減は，強すぎても弱すぎてもスープが濁る原因となるので注意する．
⑭ 汁が濁っていた場合は，下記の方法で澄せて用いる．正式にコンソメスープを作る場合は，このスープストックを冷やして，ひき肉，野菜，卵白などとよく混ぜて火にかける．鍋底をたえずかき混ぜて加熱を続け，沸騰直前に火力を弱め，撹拌を止める．その後，沸騰を持続するぐらいの火力で1.5時間ぐらい煮てこし取る．
⑲〜㉓ スープストックができ上がるのをみはからって準備する．
㉖ スープ皿はあらかじめ温めておく．好みによりグリンピース，みじんパセリを加える．

【濁ったスープストックおよびスープの澄せ方について】
火加減に細心の注意をし，浮き泡や脂肪をていねいに除いたにもかかわらず，汁が濁る場合があり，これは肉の熟成の程度に密接な関係があるといわれる．濁ってしまった汁は，卵白を用いて澄すことができる．まず，汁は室温まで冷やしておき，ときほぐした卵白を，汁に徐々に加えて全体にゆきわたらせる．これを火にかけ，たえずかき混ぜ徐々に温度を上げ70℃に達したところで撹拌を止める．その後も静かに加熱を続け，沸騰直前に火力を弱める．濁りの原因である浮遊物を包み込み，凝固した卵白は汁の上に浮き上がり，汁はしだいに澄んでくる．

1) 島田キミエ，山崎清子，吉松藤子：調理，p.16 同文書院（1983）を一部改変

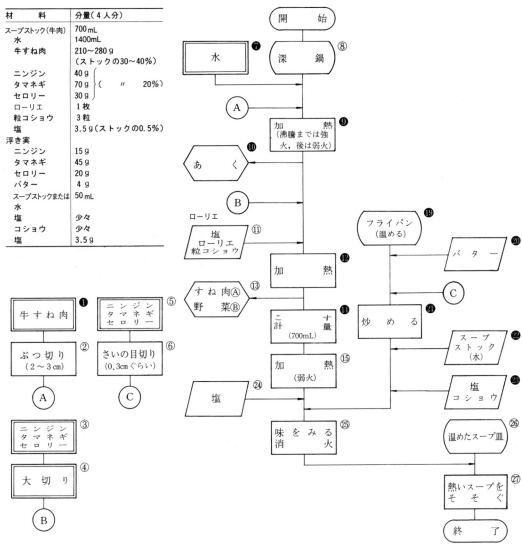

表3-4 スープの種類[1]

澄んだスープーコンソメ (Potages clairs)	濁ったスープーポタージュ (Potages liés)	その他のスープ
Consommé d'Ordinaire (牛のコンソメ) 牛のすね肉とタマネギ、ニンジン、セロリーなどを使用する	potage purée (裏ごし入り濃厚汁) 野菜、ジャガイモ、米、豆類の裏ごしを加える	Chowder 魚類、貝類、野菜類を煮て白ソースを加える
Consommé de volaille (鶏のコンソメ) 鶏の骨つきと牛のすね肉、野菜などを使用する	potage crème (クリームスープ) ベシャメルソースを加える	Bouilla baisse 多くの魚貝類をスープで煮る
Consommé de poisson (魚のコンソメ) 魚の頭や骨と野菜を使用する	Porage velouté (ヴルーテスープ) 白ソースを鶏、魚のスープでのばし卵黄、生クリーム、バターを加える	Potage mille-fanti チーズ、パン粉、卵の入ったスープ
Borysch ビーツの入った深紅色のロシア風スープ		Soup onion aux grátine 炒めタマネギ、焼きパンの入ったスープ
		Potage minestrone 角切り野菜、パスタトマトの入ったスープ

スイートコーンのクリームスープ　Potage crème de maïs（仏）

　クリームスープは濁りスープ（いわゆるポタージュ）の一種で，ベシャメルソースで材料を煮，スープストックで適当な濃度とし，供する前に生クリームを加えて仕上げたスープである．コンソメスープに比べ，タンパク質，脂肪，糖質に富み栄養の豊かなスープである．

　スープは，季節や次に供される料理との味，色の調和を考慮し，淡白な味のpotages clairsいわゆるコンソメ，濃厚な味のpotages Liesいわゆるポタージュを熱く仕上げ，また，冷めたくして供する．スープには浮き実が添えられることがほとんどで，見た目に美しく味のバランスのよいものを選ぶことが大切である．

調理上の注意と解説

③　生のトウモロコシを使う場合は，熱湯中でゆで，粒をはずしてからミキサーにかける．

⑥　食パンは0.6～0.8cm角に切る．パンに揚げ色が平均につき，スープの浮き実として美しい．

⑬　シチューパンを火にかけ，バターを加えて溶かす．

⑯　バターと小麦粉の割合は，同重量が炒めやすい．バターを小麦粉の1/2量まで減らしルーを作ることができるが，平均に炒められず粉臭が残り，液体となじみにくくダマが生じスープが糊状になる場合がある．小麦粉は薄力粉を用いる．

⑰　小麦粉は弱火で色がつかないように注意して加熱する．粉あしが切れ，さらっとなるまで炒め，ホワイトルーを作る．ホワイトルーは，放冷するか鍋底を水に浸し40℃にする．

⑱　スープストックを60℃位に温めて，40℃位に冷ましたルーに加えダマができないように注意し混ぜ合わす．平均に混ぜられたところで牛乳を加える．

⑳，㉒　弱火でときどき鍋底をかき混ぜながら加熱する．

㉓　盛りつけたスープが冷めないように，スープ皿に熱湯を入れ温めておく．

【参考料理：ホウレンソウのクリームスープ（4人分）】

ホウレンソウ	150g
タマネギ	30g
バター	5g
小麦粉	30g
バター	30g
スープストック	300mL
牛乳	300mL
塩	5.4～6g
コショウ	少量
生クリーム	60g

(1) ホウレンソウは，葉の部分を塩ゆでにして水に取り，水気を除きみじん切りにして裏ごしする．

(2) 鍋にバターを入れみじん切りのタマネギを炒め，透明になったらバターを加え，小麦粉をふり入れ，炒め，ホワイトルーを作る．

(3) スープストックと牛乳を温め(2)に加え，ダマにならぬように混ぜ合わせる．(1)の裏ごしホウレンソウを入れ，調味する．

(4) 仕上げ前に生クリームを加え沸騰直前に火を止め，温めたスープ皿に盛る．クルトンを添える．

---

1)　島田キミエ，山崎清子，吉松藤子：調理，p.16 同文書院（1983）より
2)　山崎清子，島田キミエ他：NEW 調理と理論，p.151 同文書院（2012）

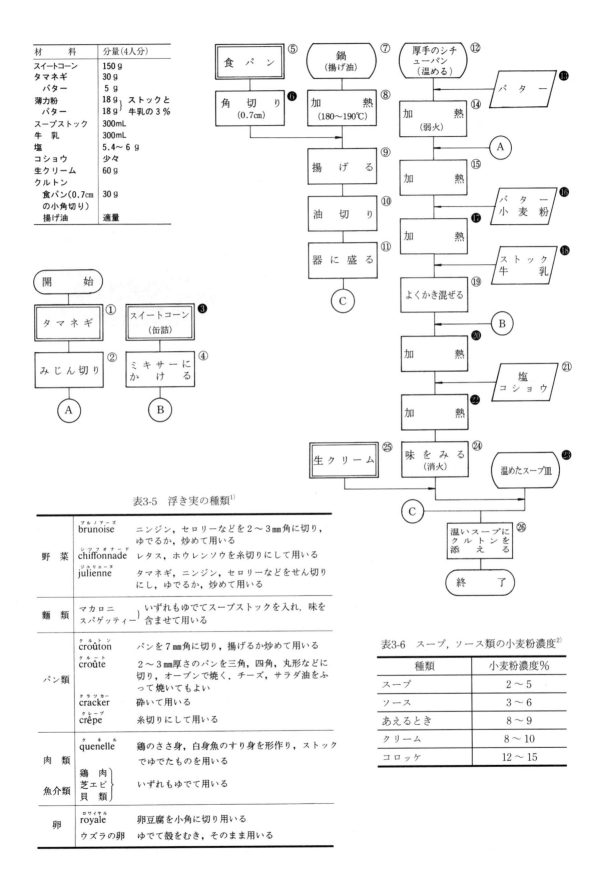

ハマグリのチャウダー　Clam chowder

チャウダーはアメリカ特有のスープで，主材料はハマグリに限らずカキ，アサリ，エビ，カニ，白身魚，トウモロコシなどを用い，ベーコン，ジャガイモ，タマネギ，ニンジン，トマトを適宜取り合わせて作ることができる．浮き実にクラッカーを用いるのが特徴である．

調理上の注意と解説
① 鍋をバターが溶ける程度に温める．バターが溶けたならば③の加熱は省く．
⑭～⑯ トマトは，湯むきにすると皮がむきやすい．芯を除き丸のまま熱湯に10秒位入れ水に取り，冷やしてから皮をむくと，傷がつかずつるりとむける．1cm厚さの輪切りにして種と汁を落とし，角切りにする．
⑰ むき身は，つやのある新鮮なものを選ぶ．
㉑ みじんパセリの作り方はp.107参照のこと．
㉞ 熱いホワイトルーに冷めたいスープストックを加え，木杓子で鍋底からよくかき混ぜながら加熱する．
㊱ むき身は，加熱が長くなると硬くなるので注意する．
㊳ スープ皿は熱湯を入れ温めておく．
㊵ 生クリームは皿にスープを盛ってから加えてもよい．

【貝類について】
　貝類は，二枚の貝殻をもつ二枚貝と巻貝とがある．旨味は魚肉の約2倍含み，そのエキス分はグリコーゲンのほかにアミノ酸のグリシン，有機酸のコハク酸など多種の可溶性成分の混合物である．肉質のグリコーゲンは，産卵期直前に最高になり，この時期が貝のしゅんである．産卵期に入るとグリコーゲンは減少しそれにつれて味が落ち，産卵直後に最低となるといわれる．
　貝類は漁獲されてもすぐには死なない．生きている貝類は触れると堅く殻をとじるのでわかる．むき身は肉質のつやがよく，表面に粘液や悪臭のあるものは鮮度が低い．
　貝類の生息している場所には細菌が多く，洗っただけでは内臓の細菌を除くことはできない．カキ，アオヤギなどの生食によって腸チフス，コレラの伝染がおこることがある．生食を美味とする貝は，浄化海水による飼育や塩素消毒を行わなければならない．このような表示以外の貝類の生食はさけ，よく加熱して用いれば安全である．

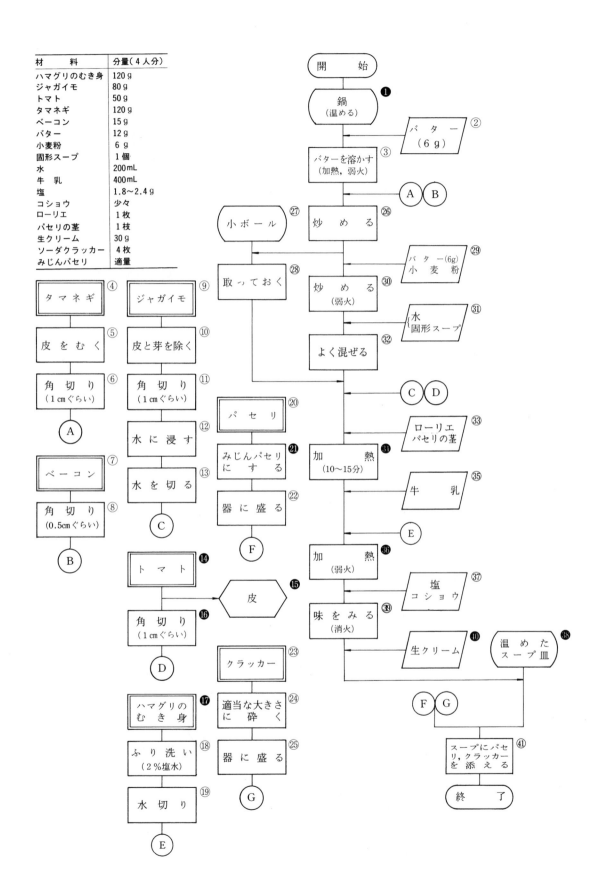

プレーンオムレツ Plain Omelet

オムレツは,西洋料理の卵料理として代表的な料理の一つである.プレーンオムレツは,この基本となり,卵をバターで焼いたものである.これに切り込みを入れてハムなどの材料をはさんだり,他の材料を混ぜ込んだり,包み込んだりして,いろいろな形に変化させて楽しむことができる.オムレツは,英・米では朝食に,仏では昼食や夕食などに主として供される.

用いる卵,バター,サラダ油ともに新鮮なものを選ぶことが大切で,古い卵は卵白に腰がないため,ふんわりと焼きあがらない.

調理上の注意と解説

① オムレツに用いる卵は,1人分2個とされる.
②,⑥ 卵と調味料を混ぜ合わせる場合,1人分ずつ別々に用意しておくとよい.
④ オムレツの味,焼き色などをよくするため,卵の30％量の牛乳を加える.中に副材料の入るオムレツの場合には,加える牛乳の量をプレーンオムレツの場合の$1/2$量とする.
⑦ 用いるフライパンは焼く前に油を入れて十分に熱し,油をなじませておくとよい.
⑧ サラダ油が,十分熱せられたところにバターを加える.
⑪ 卵液を1度にさっと流し入れ,しばらくは,まわりから固まり始めるまで待つ.鍋底についた卵液が凝固し始めたら,菜ばしで,まわりから中心にくるっと集めるようにしてまとめる.この際は,火力は中火で行う.
⑫ 全体を「木の葉型」にまとめながら,卵の中央が中高にふっくらとふくらんだ形に整え,フライパンの先端に生地を移す.
⑬ 鍋底についた生地表面がきちんと固まったら,フライパンの柄をポンとたたき,卵を裏返す.焼きあがり状態は,表面が美しく焼け,内部は軟らかく,半熟状態が望ましい.

【参考料理:スクランブルエッグ(4人分)】

卵	4～6個	(1)	卵をボールにときほぐし,塩,こしょう,牛乳を混ぜる.
牛乳	大2～4(卵の20％)		
塩	1.6～2.4g(卵の1％)	(2)	フライパンにバターを入れて溶かし,中火にして,卵液を流し入れる.
コショウ	少々		
バター	30～40g	(3)	手早くかきまわし,かたまってきたら早めに火からおろす.
パセリ	1枝		
		(4)	器に盛り,パセリを添える.

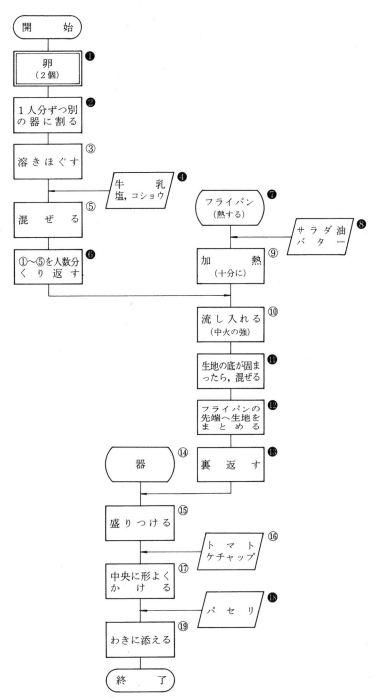

材料	分量（4人分）
卵	400 g（8個）
牛乳	120 mL（卵の30%）
塩	4 g（小½）（〃 1%）
コショウ	少々
トマトケチャップ	大4
サラダ油	16〜20 g ⎫ （卵の10%強）
バター	30〜40 g ⎭
パセリ	適量

プレーンオムレツを基として種々の変化あるオムレツが作れる．
ⅰ）卵液の中に種々の材料を混ぜ込んで焼く．
ⅱ）料理した種々の材料を焼く途中で中に包み込む．
ⅲ）プレーンオムレツを作りその横から包丁で切り込みを入れ，中間に材料をはさんで仕上げる．

ムニエル　meuniere（仏）

　ムニエルは新鮮な魚に塩とコショウをふり，小麦粉をつけてバター，サラダ油で両面を焼いた魚の油焼きである．焼く直前に小麦粉をつけて焼くことにより，小麦粉が糊化し魚を包むので，型くずれが少なく，また旨味成分の流出を防ぎ，香ばしく仕上げることができる．

　ムニエルには，ヒラメ，シタビラメ，カレイのような身の薄いものが熱の通りがよく美味で適するが，イワシ，アジ，オヒョウ，サバの切り身を用いてもよい．においの強い魚には，小麦粉にカレー粉を混ぜると魚臭を消すことができる．

調理上の注意と解説

① アジは裏身の腹に切り目を入れて内臓を取り出す．

⑤，⑥　魚を牛乳につけることにより，魚の臭みを牛乳に吸着させて除くことができ，更に焼き上がりが美しいなどの効果がある．

⑮　タルタルソースはマヨネーズに他の材料を加えたものである．または，バターをフライパンで薄く色づく程度に熱し，レモン汁と刻みパセリを加えたバターソースを用いても良い．

⑱　小麦粉は，魚につけて長くおくとねばりがでて焼きにくいので，焼く直前にまぶす．小麦粉を多くつけると小麦粉の層がはがれたり油っこくなったりするので，魚の表面に薄く粉がつく程度にする．アジなど1尾のものは，頭と尾に小麦粉はつけないようにする．

㉑　バターは，魚によい風味と旨味を与えるが，焦げやすいため，サラダ油と併用する．油の量は，魚の重量の10％ぐらいである．

㉓　アジなど一尾ものは，頭を左側に，腹を手前に盛りつけるので，盛りつけ時の表身になる方から入れて，フライパンをゆり動かして焦げ目がつくように焼く．

㉔，㉕　魚の大きさ，形によって加熱時間は異なるが，4～5分焼き，内部に火が半分くらい通り，焦げ目がついたら魚の裏身も表身と同じように焼く．

㉗　魚のつけ合わせは，粉ふきイモ（p.134参照），レモン，パセリなどを用いることが多い．トマトを湯むきにして用いてもよい．

【マヨネーズを土台として変化させた各種ソースの材料と使い方】

ソース名	材料	使用例
ゼリーマヨネーズソース（マヨネーズコーレ）	マヨネーズソース1カップ，濃い（7～8％）ゼリー50mL	野菜サラダ，冷凍料理
マヨネーズシャンティ（クリームマヨネーズ）	マヨネーズソースをレモン酢で味つけ，泡立て，生クリームを加えた白色のソース	アスパラ，ブロッコリーなど
マヨネーズレムラード	マヨネーズソースの中に，からしとキュウリのピックルス漬けを刻んだもの，チョウジのつぼみなどを加えたもの	魚料理，肉料理
マヨネーズエスパニョル	マヨネーズソースに刻みハム，からし，刻みニンニク，トウガラシなどを加えたもの	〃
マヨネーズタルタル	マヨネーズソースにみじん切りのタマネギ，パセリを加えからしを利かせたもの	〃

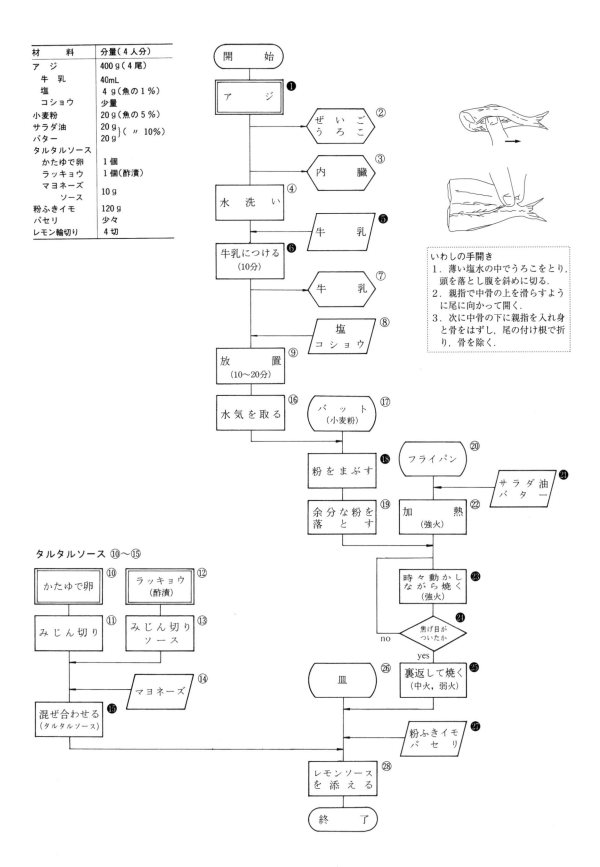

キスフライ　Fried sillago

フライは，材料のまわりに小麦粉，卵水，パン粉をつけて衣を作り，油で揚げたもので，材料のおいしさに，衣の香ばしさ，油の香味が加わったものである．パン粉の代わりにビスケット，クラッカーをあらく砕き，平面的にならないように用いてもよい．いずれも水分が少なく，高温（180℃）短時間で揚げるため焦げやすいので，魚貝類では，加熱しやすいヒラメ，カレイ，キス，ワカサギ，ホタテガイ，カマス，エビ，カキなどが適する．

調理上の注意と解説

① , ②　魚のうろこを取るときは，まわりにとばないように新聞紙を用意し，この上で取り，新聞紙ごと捨てるとまな板をよごさなくてもすむ．とくに，背びれ，胸びれの付近はていねいに取る．

④　キスの切り方は，頭を上に腹を左におき，頭の付け根から尾の手前まで，背びれのすぐ上を中骨に沿って切り込みを入れる．次に魚の向きをかえて同じように中骨に沿って切り込みを入れ，中骨と両側の魚肉を切り離しておく．そして頭のつけ根から尾の手前までの中骨を調理用バサミを使って切断し，注意深く中骨を取りはずし舟型にする．また，内臓も腹肉を破らないように取り除く．

⑩　キスの頭と尾には，小麦粉はつけないこと．卵水，パン粉も同様である．

⑪ , ⑬　卵と同量の水で薄めた卵水を使用する．

⑰　パン粉をつけるときは，強く押えないように軽くつける．

⑱　魚の身が両側にひらかないように，つま揚子で止める．

⑳　鍋のふちからすべらせるように入れ，一度裏返して2〜3分揚げる．熱いうちにつま揚子を回しておくこと．

㉖　キスを油で揚げた後，あいているキスの背中に，タルタルソースを詰める．

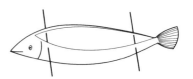

図3-5　キスの形の整え方

【参考料理：キスのフリッター（4人分）】

フリッターは洋風の揚げ物で，衣揚げの一種である．衣は卵白をしっかりと泡立てたものの中に，小麦粉を入れて軽く合わせ，ふっくらと揚げたものである．小魚や薄い身の魚，そぎ切りにした肉や野菜，果物にも応用できる．

材料	分量
キス	正味200g
塩	2g（魚の1%）
コショウ	少々
白ワイン	10mL
小麦粉	60g（魚の30%）
塩	0.5g
卵白	1個分
水	40mL
サラダ油	4mL
揚げ油	適量
トマトソース	30mL

(1)　キスは三枚おろしにし，塩，コショウ，白ワインをかけて10分位おく．

(2)　ボールに小麦粉を水で溶き，油と塩を混ぜる．

(3)　キスを揚げる直前に卵白をつのが立つまで泡立てて，(2)にさっくりと混ぜ合わせる．

(4)　たっぷりの油を170℃位にし，(1)のキスの水気を取り，(3)の衣をつけて1〜2分揚げる．

(5)　せん切りキャベツやレモン，パセリを添えて盛りつける．

(6)　トマトソースなど酸味のあるソースを添えるとよい．

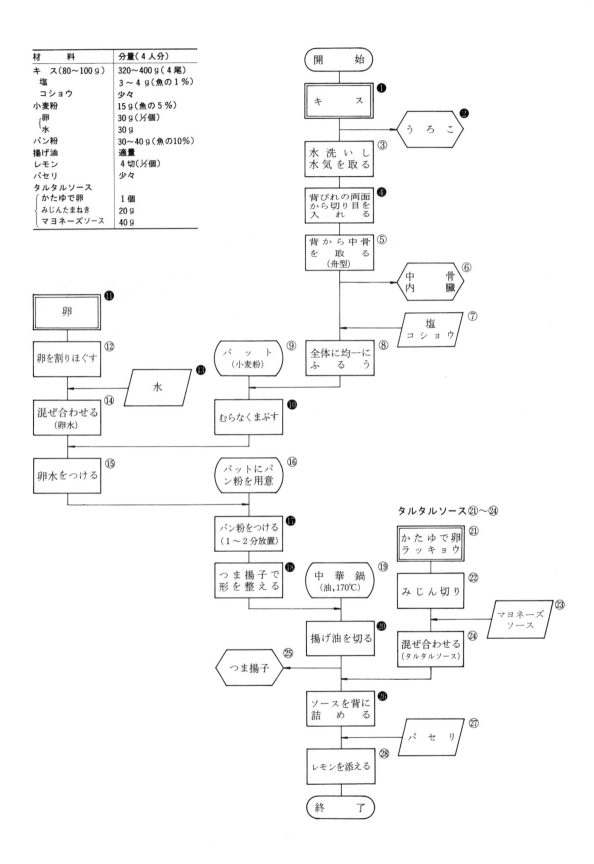

ハンバーグステーキ　Hamburg steak

　ハンバーグステーキは，ひき肉を主材料に，タマネギ，牛乳に浸したパン，卵，香辛料，調味料を加え，小判型に成形し，油脂で両面に焼き色がつくように焼き上げた，炒め焼き料理（ソテー）である．ソースにはブラウンソース，トマトウスターソースが用いられる．

　この料理は，ごく身近かな料理として親しまれているが，ドイツの北西部に生まれ，その港市の地名ハンブルグの名がつけられたドイツ料理である．

調理上の注意と解説

② 　ひき肉は，牛肉だけの場合は焼き上がりがボソボソするので，脂肪の多い豚ひき肉を20〜30％混ぜ入れるとなめらかで口当りがよい．脂肪が多すぎても脂肪が溶け出し形が小さくなるので注意する．

④ 　ひき肉に粘りのでるまでよく混ぜる．ねばりを出さないと焼きくずれることがある．

⑨ 　タマネギは，8分前後弱火でゆっくり甘味のでるまで炒める．炒めたタマネギは，すぐひき肉と合わせるとひき肉が傷みやすいので，必ず冷ましておく．

⑬ 　バターは焦がさずにゆっくりと溶かし，水分を蒸発させておく．

⑮ 　火からおろして小麦粉を加え，バターと小麦粉をよく混ぜ，弱火で加熱し，小麦粉がムラなく茶褐色になるよう炒める．

⑳ 　煮込む間焦げないように混ぜ，煮つまり過ぎたらスープを加える．途中アク取りをする．

㉓ 　塩分はバターに2％前後含まれているので加減して加える．

㉘ 　小判型に成形するには，手に油をつける．生地中に空気が入っていると膨張して割れやすくなるので，四等分してから1個分をボール状にまとめ左手，右手とうちつけるよう持ち変え3，4回くり返して空気を抜いて成形する．小判型の中央部を薄く凹ませて焼き上がりの変形を防ぐ．

㉛ 　サラダ油を熱したフライパンにハンバーグを，凹みを下にして入れ，強火で焦げ目をつけ，その後は中火にして3分焼く．裏返して表側を焼く要領で裏側を同様に焼く．

㉜ 　ふたをして蒸し焼きにし，中心部まで火を通す．全体の焼き時間は15分前後必要である．

㉝ 　焼き具合を判断するのは，中心部からでてくる肉汁が透明であるか，指で中央部を押して弾力があるか，などで調べる．

㉟ 　つけ合わせにキャロットグラッセ，青菜のソテー，フライドポテトなど2，3種類用意する．

【キャロットグラッセ（ニンジンのつや煮）の作り方】

(1) 　ニンジンは，皮をむき長さ4〜5cmのくし形に切って（1個の重量20g前後）面取り（p.36）し，シャトー型に切る．

(2) 　炒め用バター8gで(1)のニンジンを炒め，スープを加え五分通り軟らかくなったら砂糖，塩を加えて煮続け，さっと串が通るまで軟らかく煮る．軟らかくなると同時に煮汁がなくなるようにする．

(3) 　仕上げ用バター8gを加え，よく混ぜ仕上げる．

〔備　考〕グラッセ（glace）とは，凍った，冷えた，糖衣を着せた，焼き色をつけた，などの意味である．

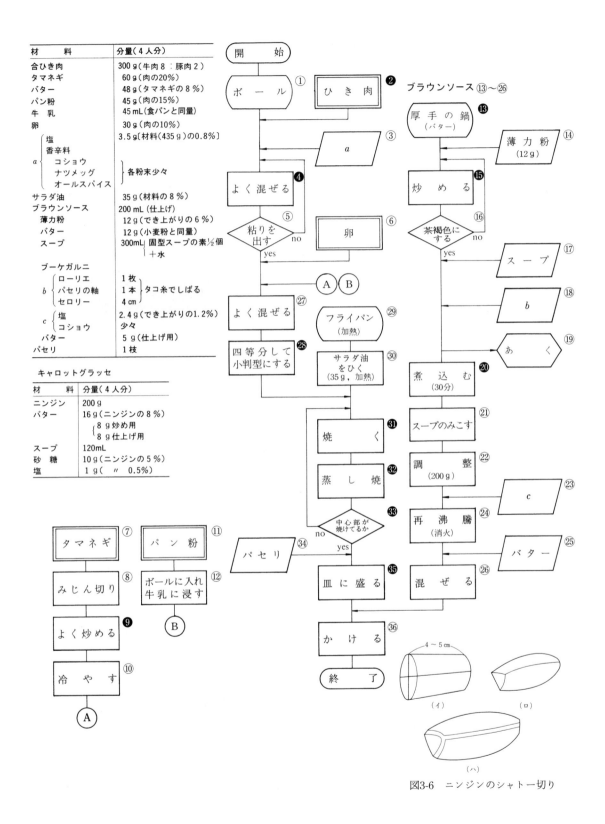

図3-6 ニンジンのシャトー切り

ロールキャベツ　Rolled cabbage

キャベツの葉でひき肉を包むことによって，煮込んでもばらばらにひき肉が煮くずれず，キャベツと肉の旨味が一体となり，残り汁をソースとして仕上げる無駄のない料理である．ソースは加える調味料により色・味ともに変化をつけることができる．ひき肉は，肉の硬い部分をひいたもので，煮込むことによって更に軟らかくなり，うま味もでる．ひき肉の中に，ニンジン，パセリ，グリンピースなどを加えてもよい．キャベツを丸ごと用い，芯の部分から中心部の葉を抜き取り，代わりに肉を詰め込んで長時間煮込んで，切り分けて供する．

調理上の注意と解説

① 新キャベツは，葉がぼこぼこしてはがしにくいので，葉に穴をあけないように注意する．葉をはがしにくい場合は，大きな鍋に湯をわかし，キャベツを丸ごと入れて，加熱しながら一枚ずつはがす．

② 葉の芯は薄くそぎ取って芯に直角に葉の外面から芯の部分に浅く切り込みを入れておく．①で葉をはがすとき，熱湯に浸して一枚，一枚はがした場合は，葉がしんなりしているので，この工程を省いてもよい．

⑤ 食パンは，パンの耳と内部とを分けて細かく切り，耳の方から水に浸して軟らかくする．パン粉を用いる場合は水に浸す

⑨ ひき肉にねばりがでてまとまりやすくなるまで，手でもむようによく混ぜる．

⑪ タマネギは8分間ぐらい，あめ色になり，甘味のでるまで，弱火でゆっくり炒めて加えてもよい．

⑫ ひき肉を八等分にして，小さめのロールキャベツにして1人2個にしてもよい．

⑬ 下図のように包むが，キャベツの葉がほどける心配のあるときはつま楊子を使って止めるとよい．

⑱ ベーコンの代わりに，豚の背脂を用いてもコクがでてソースがおいしくなる．

㉔ 煮込む間に煮汁が蒸発して不足した場合は，スープか水を加えて焦げつきを防ぐ．

㉘ ブールマニエは，小麦粉とバターを同量よく練り合わせたものをいう．これをスープで徐々に溶き加えてとろみをつける．

㉚ 塩分はトマトケチャップやスープに塩分が含まれているので不足分のみ加える．

【キャベツの包み方】

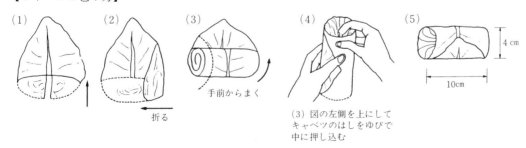

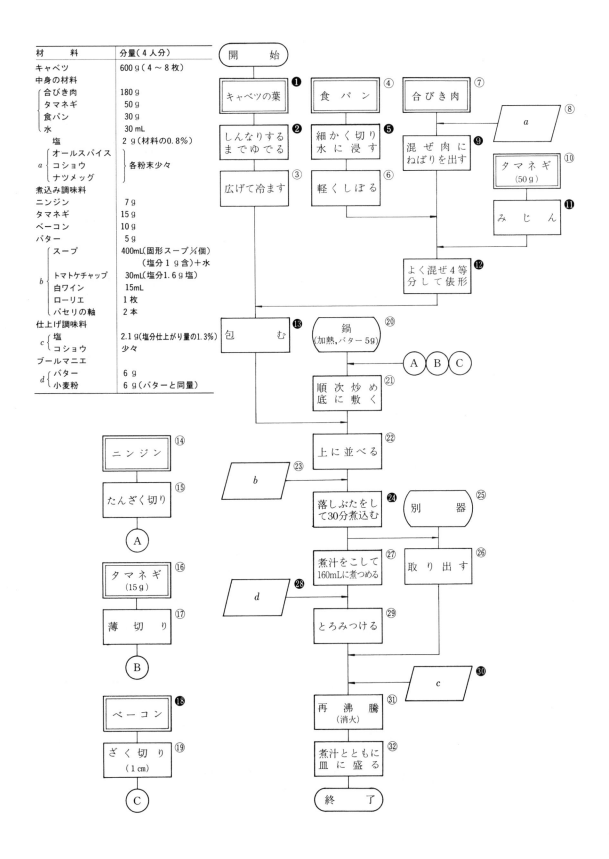

ビーフステーキ Beefsteak

ビーフステーキは，牛肉の軟らかい部位（フィレ肉，サーロイン）を調味して肉の表面を強火で焼き，肉汁が流れ出ないように比較的短時間で焼き上げた料理である．焼き程度は好みにより選ぶ．焼き肉を引き立てるのにステーキソースを添え，つけ合わせを2，3品用意する．

調理上の注意と解説
① 肉の厚さは1.5〜2cmぐらいのものを用意する．
② 肉たたきでたたき（ビールびんでもよい），包丁で肉と肉の間の筋を2，3ヵ所切る．肉の形が悪い場合竹串を用いて型よく成形して焼き上がりをよくする．
③ 肉の下味用調味料は，焼く3分ぐらい前にふる．塩をふって長くおくと肉汁がでて旨味を失う．
⑧ 焼く脂に牛脂（ヘッド）を用いてもよい．
⑩ 油が温まったら，皿に盛りつけるときに表になる方から焼く．フライパン全体をゆり動かし平均に加熱されるようにする．
⑪ 中火にして肉汁（赤い汁）が表面ににじみでてきたら裏返す．何回も裏返すと肉が固くなって味が悪くなる．
⑭ 好みの焼き程度を選ぶ（下表参照）．
⑱ バターにレモン汁とパセリを練り合わせたバターを，1.3cm角の棒状に成形してパラフィン紙で包み，冷蔵庫で冷やし固める．軟らかいうちにしぼり出してから固めてもよい．

【ビーフステーキに適するソース】
(1) グレビーソース　焼き汁，湯，芳香野菜を煮込み，汁をこして塩，コショウで調味する．
(2) レモンバター　バターにレモン汁とみじんパセリを混ぜ，成形して冷やし固める．
(3) リンゴソース　リンゴを軟らかく煮て裏ごし，砂糖，シナモン，塩，酒，バターで調味する．
(4) ウスターソース　ウスターソースに溶きがらしを混ぜる．
(5) トマトソース　グレビーソース，ウスターソース，トマトケチャップを各々同量ずつ加える．

【ビーフステーキの焼き程度】

焼き程度	内部の焼き色	内部温度 ℃	肉の収縮	焼き上がり状態
Rare（生焼き）	鮮赤色	55〜65	レアーではほとんど収縮しない	強火で両面を焼き，指で押してみて，頬の硬さ，肉を切ると赤い肉汁がすぐにしみでる
Medium（半生焼き）	明るい桃色	65〜70	内部温度が高くなるほど収縮は大きい	強火から弱火で両面焼き，指で押してみて耳たぶの硬さで弾力があり肉汁のでかたが少ない
Well-done（よく焼く）	灰色おびた茶褐色	70〜80		強火から弱火で両面焼き，指で押してみて，鼻の頭のような硬さで火を通す

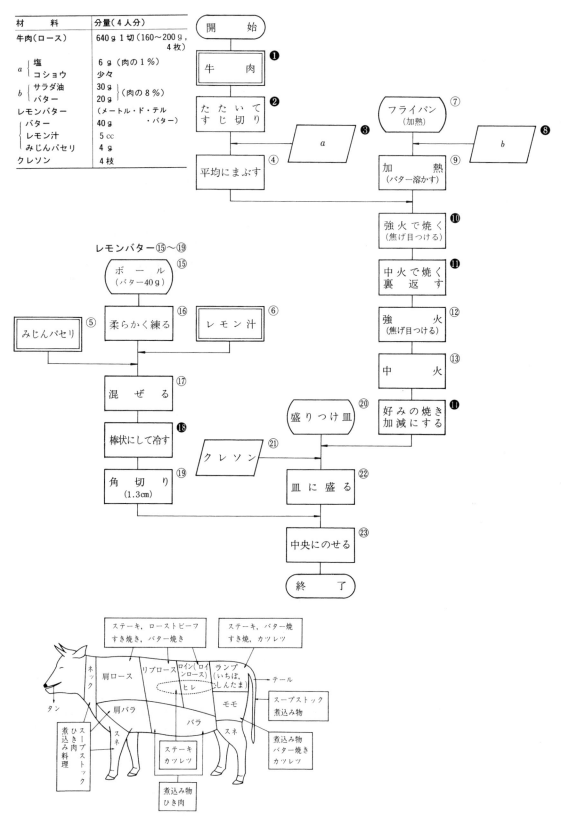

図3-7 牛肉の部位別用途

ビーフシチュー　Beef stew

ビーフシチューは牛肉とたっぷりの野菜，香辛料などを長時間煮込み，肉の風味が他の食品に吸収され，材料全部が渾然一体となったおいしさを味わうイギリス風料理である．大量に煮込むと一層料理のコクがでるので，2，3回分一度に作って，残ったものは冷凍しておくのも合理的である．牛肉は硬い部位（すね肉，肩肉，バラ肉）が適し，煮込むほど軟らかくよい味がでるので2〜3時間煮込む．ビーフシチューのほかにアイリッシュシチュー（羊の肉，タマネギ，ジャガイモで煮込むアイルランド風のもの），タンシチュー（牛の舌，ニンジン，タマネギ，ジャガイモを材料とする），短時間で火の通る鶏肉，豚肉，魚貝，缶詰のコンビーフ等を使って簡単にできるシチューなどがある．

調理上の注意と解説

④　小麦粉は加熱する直前にまぶす．まぶしてから長く放置すると肉内部からでる水分により，小麦粉がべとべとし，はがれやすくなる．

⑧　ジャガイモの芽にはソラニンという毒素が含まれているので完全に除去する．

⑮　ニンジンをシャトー型に切る（ハンバーグステーキの項p.122，123参照）．

⑱　鍋は厚手のものを用意し，食材を炒める前に加熱して炒め油を加え，再び加熱しておく．鍋肌に材料がくっつくのを防ぐ．

⑲　ニンニクは焦がさないようにゆっくり炒め，香りを油に移しておく．

㉒　野菜を早くから煮込むと煮くずれをおこすので，別器に取り出しておいて肉が軟らかくなってから途中で加える．

㉓　野菜を取り出した鍋で肉を炒める．油は高温に加熱しておくと鍋肌に肉がつかない．

㉔　肉の表面全体がきつね色に焦げ目がつくように炒め，表面の小麦粉が糊化し，カリカリと固く膜ができるように炒める．

㉗　ボールに水を用意し，アク取りをする．

㉜　ブールマニェはバターと小麦粉を練り合わせたもので，煮汁で溶きながら加えてとろみをつける．

【牛肉の調理】

食肉は品種，肉の熟成期間，飼育法，年令，雌雄，部位などで硬さが異なる．たとえば，年をとった牛よりも若い牛のほうが，雄よりも雌のほうが軟らかい．牛肉は，部位による差が大きく，首肉，すね肉，肩肉など運動のはげしい筋肉および筋肉と脂肪が層になっている腹部（バラ肉）は硬い．ヒレ肉，背肉は軟らかい．軟らかさを判断するには，(1) 筋繊維が細くきめが細かい．(2) 筋肉内に脂肪が分散して沈着し網目状にみえる．(3) 肉に分布している結合組織の量が少ないなどがある．軟らかい肉は加熱が長いと硬くなるので，強火で短時間加熱（ソテー）して，肉汁が外部に流出するのを防ぎ，もち味を生かした調理法にし，硬い肉は水と長時間加熱（シチュー）して結合組織をゼラチン化しスープとともに味わう調理法を選ぶ．牛肉の融点が高いので冷製料理には脂の少ないもも肉，ヒレ肉を用いる．

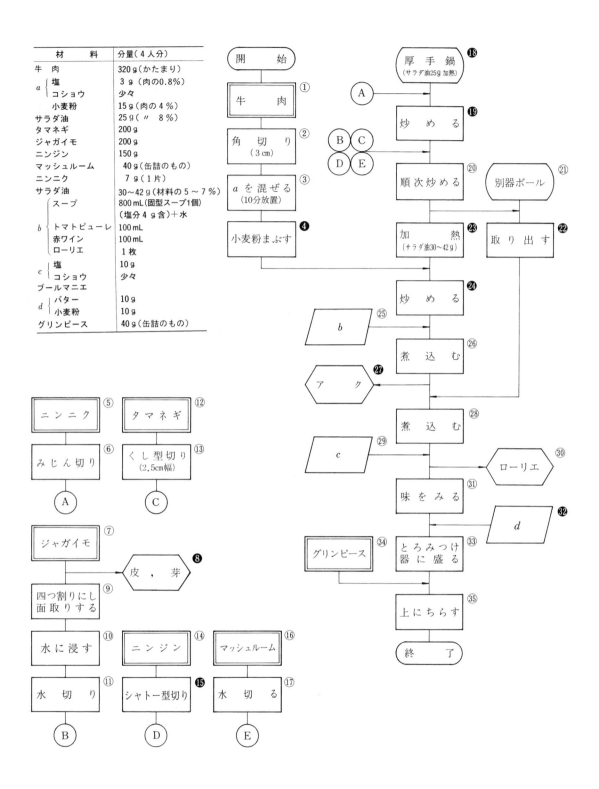

チキンソテー　Sauted chicken

　鶏骨つきもも肉の両面を油脂で焼き，色よく褐色に焦げ目をつけて火を通す炒め焼き料理である．鶏のもも肉は，赤身の肉で他の部位に比べて少し硬い肉であるが，味が濃厚で簡単なソテー（炒め焼き料理）に適している．肉類のソテーは加熱中に肉の旨味が肉汁とともに溶出するので旨味の損失を防ぐことが大切である．焼き上がり後，その焼き汁でグレービーソースを作って肉とともに供する．つけ合わせは野菜料理を2，3品用意する．

調理上の注意と解説

④　鶏骨つきもも肉の下ごしらえは下図（イ）を参照．
⑤　骨と肉をはなす．下図（ロ）．骨から肉がはがれにくいので，包丁の刃を上に向け骨にあてこそげるようにして肉をはなす．下図（ハ）のように骨を直角に立て，足首を肉の下側におき，関節Bを切り落とす．
⑥　関節Bの部分は肉が薄いので，厚い部分をそいで火の通りが平均になるように厚みをそろえる．
⑦　肉と皮の両面からすじ切りする．肉が収縮して，大きく変形するのを防ぐためである．
⑩　肉面から下記の炒め焼き要領で焼く，肉1本ずつていねいに焼く．
⑮　肉の最も厚みのある部分に竹串を刺し，肉汁が透明になるまで焼く．
⑰　肉を焼いたあとのフライパンに残った焼き汁はグレービーソースを作るので取っておく．
㉕　煮込んでいる間ボールに水を用意し，玉杓子でアクをすくい取り，120mLくらいまで煮つめる．
㉘　裏ごしにふきんを敷いて汁をこし，浮いた油をスプーンですくうか，和紙に吸わせて取る．
㉛　水溶きしたコーンスターチbを加えるときは，コーンスターチが沈まないよう混ぜながら加熱する．
㊱　グレービーソースはソースポットに入れ，好みによりかけて供することもある．

【鶏もも肉のソテー用下ごしらえ】

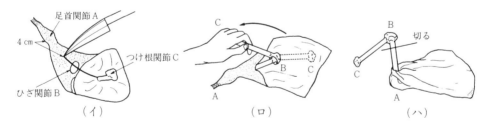

【獣鳥肉の炒め焼き（ソテー）の要領】

(1) 肉の切り身にすじ切りをしておく，肉の繊維やすじは魚より長く，加熱すると収縮，変形する．この変形を少なくするために，調理前に肉たたき器でたたく，包丁ですじを切る，脂肪層の膜に数ヶ所切れ目を入れる等を行う．

(2) 肉に塩，コショウなど下味をつけて長くおかない．長くおくと肉汁が流れ肉がしまりよくない．

(3) 切り身は1枚（150〜200g）ずつ表面のタンパク質が凝固し，焦げ目がつくまで強火で，その後は弱火にして，中心部まで火が通るように両面焼く．豚肉は寄生虫がいるおそれがあるので完全に熱を通すが，ビーフステーキは焼きすぎるとおいしくないので焼き程度を好みにより決める．

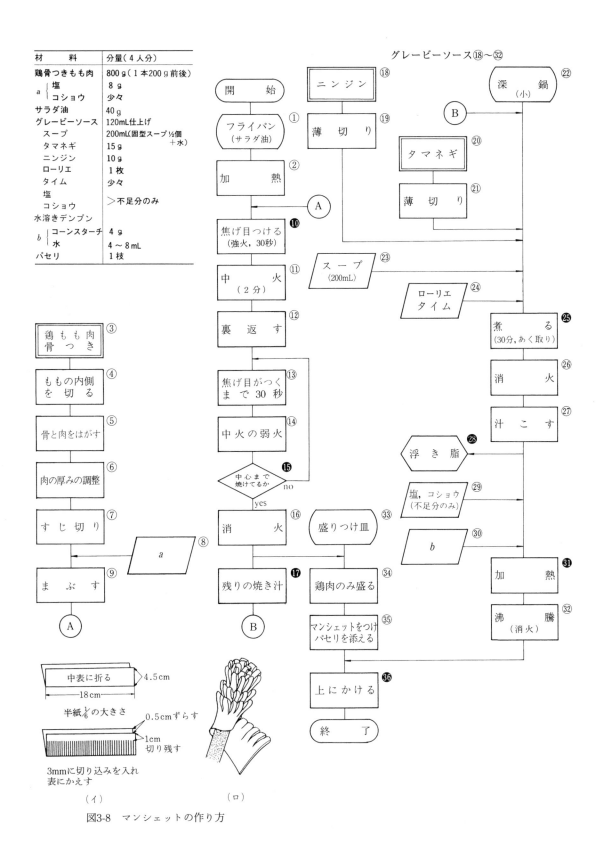

図3-8 マンシェットの作り方

若鶏のクリーム煮　Creamed Chicken

　季節の野菜とともに鶏肉を軟らかく煮込み，肉の旨味が野菜に吸収されなじんだところで，牛乳，生クリームを加え煮汁に濃度をつけ仕上げた料理である．牛乳，生クリームの添加，煮汁の濃度づけは，いずれも鶏肉のパサパサした感触をなめらかで口あたりよく仕上げるのに効果的である．

　汁に濃度をつけるには次のような方法がある．(i) 肉の周囲に小麦粉をつけてから炒める，(ii) 肉や野菜を炒めてから小麦粉をふり入れ，振り込みルーにする．(iii) バターを溶かし小麦粉を炒めルーにしたものを用いる．(iv) 小麦紛とバターを同量練り混ぜたもの（ブールマニエ）をスープで溶いて用いる．(v) デンプンの水溶きを用いる，などの方法があるが，(iv)と(v)は料理の仕上げに濃度が不足のとき用いることが多い．

調理上の注意を解説

① 鶏肉は骨から旨味がよくでるので，骨つきのものを使ってもよい．
⑦ シャトー型切りは，p.122，123参照．
⑩ ジャガイモは切ったらすぐ水洗いしてアクを洗い流し，空気に触れて褐色しないうちにゆでる．
㉕ 鶏肉は表面が炒まったら別器に取り出しておく．また，野菜を炒めるには野菜に火が通りやすいように，あらかじめ鍋を十分に熱しておくとよい．
㉙ 振り込み式のルーは，作り方が簡単であるが，振り込んだ小麦粉を平均に炒めるのはむずかしいので焦がさぬように気長に小麦粉を炒める（10分ぐらい）．
㉚ スープストックを加えるときは，"ダマ"ができないようにする（p.112参照）．
㉛ 煮ている間は，焦げつかないように鍋底を静かに混ぜて煮込む．
㉞ 生クリームの中に卵黄を入れ，よく溶き加え鍋全体を混ぜ，卵黄の臭みがなくなったところで消火する．煮すぎてはよくない．
㊱ 料理の上に散らすピーマンは，レッドピーマン，グリンピース，高級にするにはトリュフ（松露）の薄切り，オリーブなどがよい．

【獣鳥肉の調理法の種類】

(1) あぶり焼き料理　　直火で肉の表面に油をぬって焼く．
(2) 煮込み料理　　　　酒に浸した肉を煮込む．
(3) 炒め焼き料理　　　油脂を用いて肉の両面とも焼き色をつけ，焼き上げる．
(4) 鍋炒め焼き料理　　肉の表面だけ炒め，その鍋のまま火に入れて焼く．
(5) 蒸し焼き料理　　　肉のかたまりをオーブンの中で丸焼きにする．
(6) 焼きつけ料理　　　おろしチーズ，生パン粉，バターを料理の上から振って焼きつける．
(7) 白煮料理　　　　　牛，豚の舌，頭，牛の尾などを料理の前に下煮する．
(8) 油揚げ料理　　　　肉に調味して衣揚げ，パン粉揚げにする．
(9) 冷製料理　　　　　肉を茹で，冷やし，調味液に浸漬したり，ソースをかける．

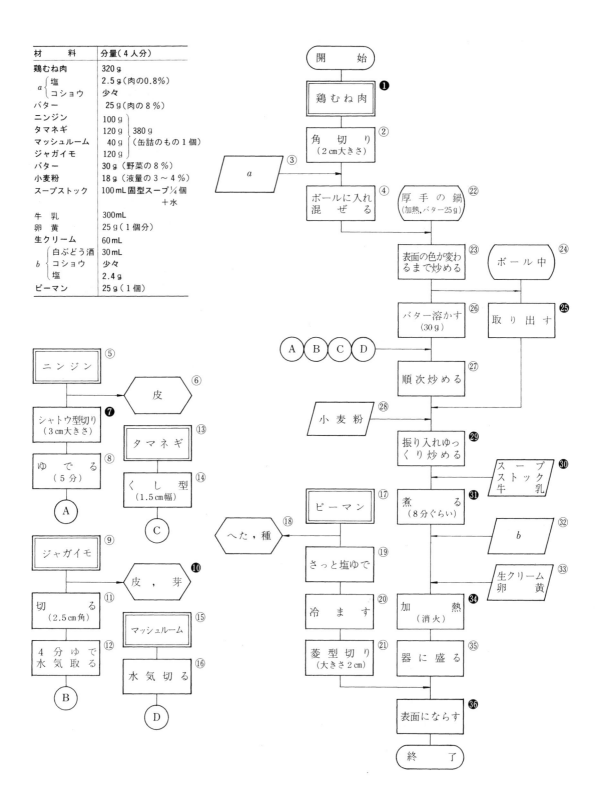

粉ふきイモ，ポテトフライ　pomme de terre nature, —pont-neuf（仏）

　粉ふきイモは，比較的大きく切ったジャガイモをゆで，イモのデンプンを糊化する．ゆでることにより細胞間膜ペクチンの流動性が高められ，粘着性が弱くなる．ゆで上がったイモの入った鍋をゆり動かすと，その衝撃でイモの表面の細胞が分離して粉がふいたようになる．

　ポテトフライは，ジャガイモを拍子木に切り，素揚げしたものである．

　両者は，一品料理として供されることは少ない．粉ふきイモは西洋料理の魚料理，ポテトフライは同じく獣鳥肉料理のつけ合わせとして用いられることが多い．

調理上の注意と解説

【粉ふきイモ】

① 粉質の熟度の進んだ9月以降に収穫されたイモが適する．表面に凸凹の少ない皮の薄いものがよく，緑色がかったイモはえぐ味が強い．

② ジャガイモの緑色の部分や皮，また緑紫色の発芽部分には，有害なソラニンを含むので除く．

③，④ ジャガイモの皮をむき切った後は，すぐ水に浸してアクを抜くとともに褐変を防ぐ．

⑥ ゆで湯はイモの重量の1～1.5倍用意する．塩水（0.3%）でゆでる方法もある．

⑦ 沸騰までは強火，その後は弱火で15～20分ぐらい加熱し，イモが煮くずれないようにする．

⑧ 金串を刺してイモの軟らかさを確かめる．ゆですぎないように注意する．

⑨～⑪ 鍋のふたをずらしゆで汁を全部流す．鍋のふたを取り弱火にかけ静かにゆり動かし，イモが壊れないように粉をふかせる．ゆで汁が残っていると粉がふきにくい．

⑬ パセリを添える．冷めると味が悪くなるので熱いうちに供する．

【ポテトフライ】

① メークインなどの粘質のイモが適している．

③ イモは，5cm長さ，1cm角ぐらいの拍子木に切る．

⑤ 水を切ったイモは，乾いたふきんで水気をよくふき取る．イモを油に入れるとき，水気がついていると油が飛び散り，危険である．

⑦ イモの揚げ温度は150～160℃が適当であるが，冷めたいイモが入って油の温度を降下させるので油の量にもよるが170～180℃ぐらいに加熱しておく．

⑧ イモを油に入れた後は，150～160℃を持続するように火加減する．イモの中心まで火が通るまで約7分間揚げる．また，イモを硬めにゆでておき揚げる方法もある．

⑩，⑪ 油の温度を180℃にして，イモがきつね色に薄く色づき，カラリと揚がったところで取り出し，油を切る．

⑬ 熱いうちに供する．

〔注〕②，④についての注意は，粉ふきイモと同様である．

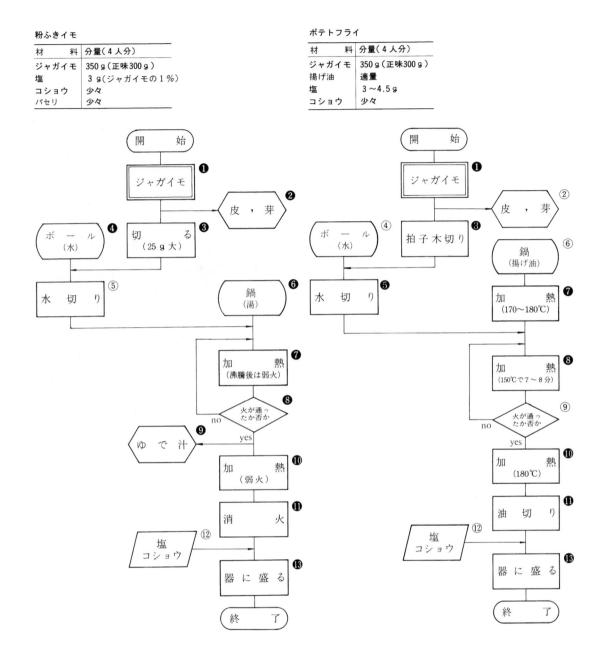

【ジャガイモの種類】

ジャガイモはナス科に属する塊茎で粉質イモと粘質イモに分けられる．粉質イモは比重が1.064以上のもので，でんぷん含有量が多く，煮崩れしやすい．粉ふきイモやマッシュポテト等に使用される．品種としては，男爵，キタアカリ等がある．粘質イモは比重が小さいので，煮崩れしにくい．煮物，シチュー等に使用される．品種としてはメークイン，紅丸等がある．

ポテトサラダ　potato Salad

　西洋料理の野菜の生食調理のひとつとしてサラダがあげられる．サラダのでき上がりには，i）材料の鮮度がよいこと，ii）ソース類がおいしいこと，iii）材料とソースの味の調和がよいこと，などが影響してくる．

　サラダには，食欲を刺激して，次の料理をおいしく味わうための，オードブル的な形のもの，肉，魚，貝類など動物性の調理に野菜や果物をあしらったものや，正餐献立の中で出されるドレッシングのサラダなど，種類は多い．

調理上の注意と解説

③，⑧，⑰　野菜をマヨネーズソースで混ぜ合わせたとき，各々の材料の配色の調和がよいように，ニンジンは多少，小さめのさいの目切りにする．

⑥　ジャガイモをサラダに用いる場合に，時間が十分にあるときは，丸ごと皮つきのままか，あるいは二つ切りの皮つきのままゆであげ，後から切った方が，味がよいといわれる．これは，大きなままゆでると，ゆで時間は長くかかるが，イモの中に単糖類や少糖類が多く残るためといわれる．

⑨　ジャガイモは，皮をむいてそのまま空気中におくと表面が褐変しやすい．そこで褐変物質ができにくいように，水に浸す（空気中の酸素とふれないようにする．酵素を水に溶かす）．

⑳　キュウリに塩をして，中から放水してきた水分を軽くふき取り，キュウリを混ぜたときマヨネーズソースの衣が薄まらないようにする．

㉔　サラダ菜，レタスなどのような組織の軟らかい葉菜類は，包丁で切らずに，手で適当な大きさにちぎる．

㉖　和え衣としてのマヨネーズソースの量は，材料重量の20～25％である．マヨネーズソースの作り方は下項を参照．

㉗　材料に，薄切りにしたタマネギを水にさらしたさらしタマネギを10～15g加えてもよい．

【マヨネーズソースの作り方】

卵　黄	1個
サラダ油	100～150mL
食　酢 （またはレモン汁）	15～20mL
塩	小さじ1/2 （ソース量の 1.5～2％）
洋がらし（粉）	小さじ1
コショウ	少々

(1) 水気や油気のないボールに，卵黄，塩，コショウ，洋がらしを入れ，泡立て器で撹拌しながら，必要量の1/2量の食酢を加え生地をのばす．

(2) 生地を絶えず撹拌しながら，サラダ油を最初は1滴ずつ，少しずつふやして，時々食酢を加えながら撹拌し，なめらかな粘りがでたら，糸状に流し入れる（生地が光沢のあるクリーム状のなめらかな性状を保つように，撹拌力と流量を加減することが大切である）．

(3) 食酢は生地を軟らかく，サラダ油は生地を硬くする．生地が硬くなってきたら，食酢で硬さを調節する．

（多めに作ったマヨネーズソースは冷蔵庫に貯蔵し，1週間ぐらいの間に使い切るようにする）

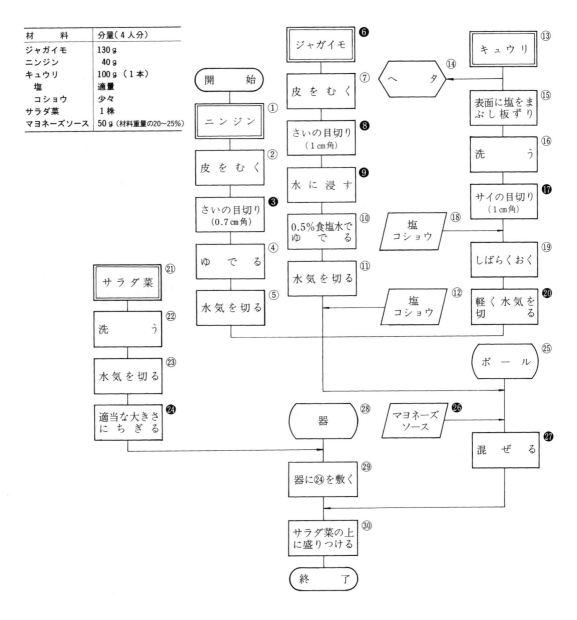

【フレンチドレッシングとその応用】

ソース名＼材料	酢	サラダ油	塩	コショウ	その他の材料と分量	使用上の特徴
フレンチドレッシング	20	80〜60	小1/2	小1/4〜1/3	砂糖小1/2, 洋がらし小1/2, パプリカ小1/4, おろしタマネギ小1	ソースの土台となる
ホースラディッシュフレンチドレッシング	20	80	小1/2	小1/5	おろしワサビ20g	野菜類のサラダ
ジンジャーフレンチドレッシング	20	80	小1/2	小1/5	おろしショウガ10〜20g	前菜料理のサラダ
トマトフレンチドレッシング	20	80	小1/2	小1/5	からし小1/5, 刻みトマト150g, タマネギ汁小1, カイエンペッパー少々, みじんパセリ小1	〃
カレードレッシング	15	60	小1/2	小1/5	カレー粉小1	各種サラダ

フルーツサラダ　Fruits salad

フルーツサラダは，季節の果物や野菜を用いたサラダである．また，いろいろな種類の果物や野菜，あるいはソースを用いてさまざまに変化させ，味を楽しむことができる．

調理上の注意と解説
⑧, ⑨　80℃以上にならないと糊化しない．ぶつぶつと底だけが沸騰するので全体をよく混ぜる．とろみが出てくるのも加熱の目安となる．
④～⑭　ドレッシング（ボイルドサラダソース）の作り方を示したもので，好みに応じ，砂糖，塩の量を加減するとよい．また，マヨネーズソース，生クリーム，洋がらし，各種スパイスを上手に用いると変化があって面白い．
⑱　ガラスの皿，白磁の皿など，さまざまな器で変化させ，美しく盛る．
㉔, ㉕　バナナにはポリフェノールが多く含まれているので褐変しやすい．そのため，この操作以降はできるだけ手早く行い，食することが肝心である．

【応　用】
　フルーツサラダは用いる材料によって多様であり，食物の風味にもマッチする．サラダには「旬」の野菜を用いることが必要で，これはまた，最も新鮮に食することにもつながる．本法で用いたもののほかに，リンゴ，ミカン，まれにキウイ，マンゴー，アボカドなども用いられる．また野菜として，生ではトマト，ピーマン，ニンジン，カブなど，ゆでるものではジャガイモ，グリンピース，ソラマメ，トウモロコシ，また，卵，肉類，魚介類，各種加工品なども用いられる．
　一般にサラダは冷たい料理であるので，材料も器具も十分に冷たくしておくことが肝心である．

【果実の成分と嗜好特性】
　果実類の成分は，一般的に，水分含有量が80～90％と多く，糖質含有量も多い．脂質含有量は，アボガドやオリーブなどを除き低い．食物繊維，ビタミン，ミネラルなどの給源となる．ミネラルは特にカリウムが多い傾向にあり，ビタミン類では，ビタミンCが多い傾向にある．黄色果実はプロビタミンAなども多い．果実類の嗜好特性は，その熟度により変化する．成熟すると，緑色のクロロフィルが減少し，それぞれの果実特有の色になる．有機酸が減少し，糖分が増加するので，酸味が緩和されて甘味が増加する．また，熟度の上昇とともに，不溶性のプロトペクチンが酵素作用によって，水溶性のペクチンに変化し，果実が軟化する．

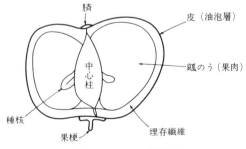

図3-9　ミカンの縦断面

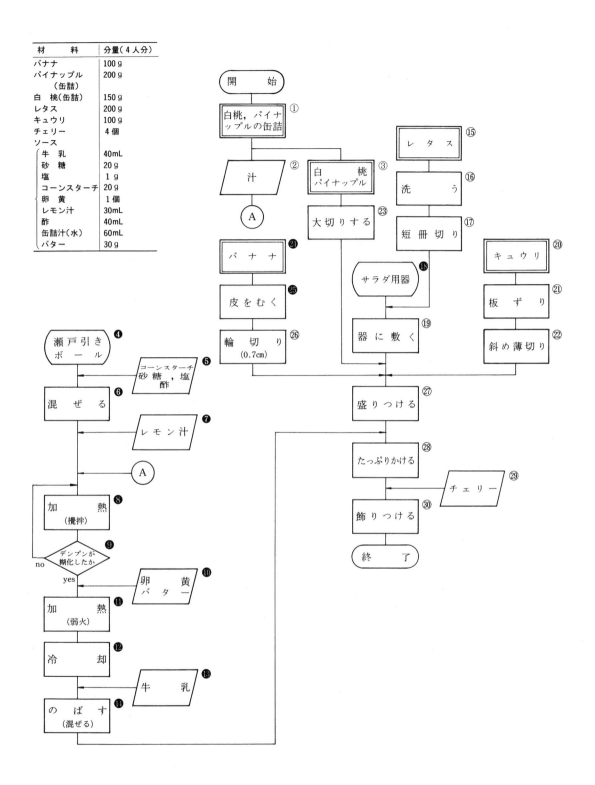

チキンピラフ　Chicken pilaff

　チキンピラフは，鶏肉入りバターライスで炊き込み飯の一つである．チキンライス（Chicken rice）ともいう．
　バターライスは西洋料理の獣鳥肉料理のつけ合わせに用いられるほか，わが国では副材料を種々組み合わせ，一品料理として親しまれている．油脂味をつけた炊き込み飯は下表のようなものがある．

表3-7　油脂味をつけた塩味飯[1]

分類	種類	添加材料		水加減	調味料
		材料名	米に対する割合 %		
添加材料のないもの	バターライス	なし　たまねぎのみじん切りを入れることもある	米の重量の約20%	米の体積の1.0～1.1倍（ストック）米の重量の1.3倍	塩は水1%　バターは米の5%　こしょう少々
いろいろな材料を加えるもの	ピラフ　リゾット　チキンライス	たまねぎ，貝類，エビ類，鶏肉，ハム，トマト，トマトピューレー，ピーマン，グリーンピース，きのこ類	米の重量の40～50%	同上	塩は水の1～1.2%添加材料をバターで炒め塩味をつけて加える．こしょう少々

調理上の注意と解説

①～③　米は，炊く30分ぐらい前にざるに入れてよく水を切る．米がパラパラになり炒めやすい．
⑥，⑦　鶏肉は，肉の厚い部分を包丁で切り開き平均の厚さにして，小角切りにする．
⑨　タマネギは，薄い茶色に色づくまで（5分ぐらい）炒め，香りと甘味を出す．
⑪～⑯　炒めたタマネギ，鶏肉を別器に取り，鍋にバターを入れ溶かす．これに米を加え，米が半透明になるまで弱火で炒める．
⑰　ピラフは硬めに炊き上げたものが好まれる．したがって水加減は米と同量ぐらいにする．炊飯中，副材料が放水する場合（ハマグリなど）は，その分ひかえて水加減する．
⑱　火加減は，沸騰まで強火にしその後は普通の炊飯より火を弱めて加熱時間を長くする．ピラフは，炒め中の米粒の粘着を防ぐため浸漬しない．米を炒めると表面が傷つき，炊飯中米粒の周囲にデンプン糊層ができるので，米の中心に水や熱の浸透が遅れ，芯のある飯になりやすい．したがって，加熱時間を5～10分長くすると米の中心部のデンプンが十分糊化しておいしくなる．
⑲，⑳　消火した後，そのまま10分蒸らす．蒸らし終えてから，ふたを取り上下をかき混ぜ乾いたふきんをかけておく．
⑳　グリンピースの扱いについては，p.222，223参照のこと．
⑳　グリンピースは，ピラフに混ぜて盛りつけるか，またはピラフを盛ってから散らす．
　〔注〕チキンピラフは，上記の作り方のほかに鶏肉，タマネギを炒め調味しておき，あらかじめ炊いたバターライスに，トマトピューレ，グリンピースを混ぜて作る方法もある．

---
1) 山崎清子，島田キミエ：NEW 調理と理論，p.84 同文書院（2012）より

材料	分量（4人分）
鶏手羽肉	120～160 g
タマネギ	120 g
バター	12～14 g（鶏肉とタマネギの5％）
塩	1.7～2 g（〃 0.7％）
米	320 g
バター	22 g（米の重量の7％）
スープストックまたは水	340～380 mL（米の体積の1.0～1.1倍）
トマトピューレ	60 g
塩	4～4.4 g（スープとピューレの1％）
コショウ	少々
グリンピース	20 g

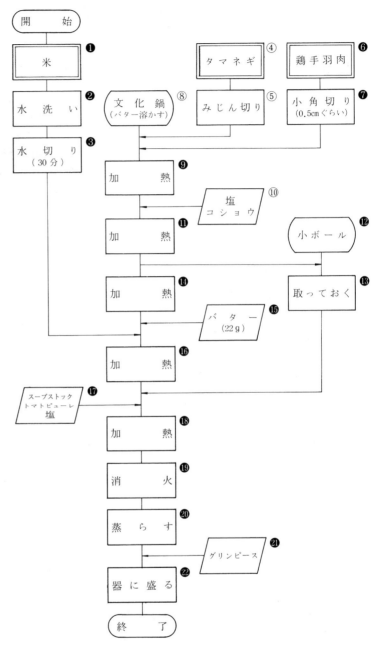

カレーライス　Curry rice

牛，豚，鶏，魚介類などの肉類とタマネギ，ニンジン，ジャガイモなどの野菜類をカレーソースで煮込んだものに，ご飯を添えたもの．本来はインド料理であるが，イギリスを経て伝わり，日本独特のものとして発達した．

調理上の注意と解説

①〜③　塊肉を2.5〜3.0cm角に切り，aをよく肉にすり込んで10〜15分間おく．

⑦　肉の表面をさっと炒める．肉は炒め時間が長くなると硬くなるので，いったん取り出しておく．

⑫　ショウガ，ニンニクはみじん切りにして，中火でこがさないように炒める．

⑭　タマネギがきつね色になるまで，中火で炒める．

⑱　スープストックを加え，スープが沸騰しはじめたら，予め炒めて取り出しておいた⑨を加える．

㉖，㉗　ジャガイモは長時間加熱すると煮くずれする．軟らかくなったらブラウンソースを加える．

㉚〜㊲　ブラウンソースの作り方については，ハンバーグステーキ（p.122）を参照．

㉛，㉜　バターはこげやすいので，中火で加熱して溶かす．

㊵〜㊼　湯炊きの作り方については，米飯（p.72）を参照．

【カレー粉について】

混合香辛料のひとつで，発祥地はインドである．原料には，色づけとしてウコン，サフラン，ターメリック，辛味づけとしてコショウ，トウガラシ，ジンジャー，マスタード，香りづけとしてコリアンダー，クミン，ニクズク，丁字，カルダモン，フェンネル，シナモン，ナツメグ，オールスパイスなど，20数種類の香辛料が混合されている．

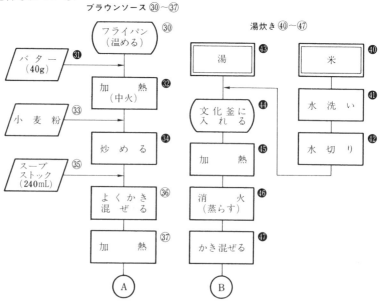

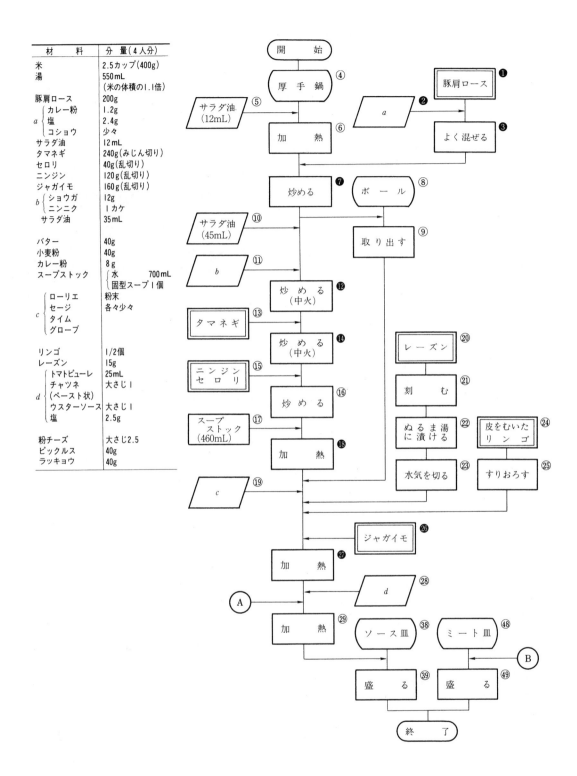

マカロニグラタン　macaroni gratin

ゆでたマカロニをホワイトソースで和え，天火で焼きつけたものである．

グラタンの材料は，味の淡白な魚介，肉類が適している．魚肉やカキ，エビなどのように加熱しやすい材料や，マカロニ，ジャガイモ，カリフラワーなどの野菜をゆでたもの，また冷えたごはんなどをたっぷりのホワイトソースで和えたものがあり，更に焼きつけて焦げの風味をつける料理である．

調理上の注意と解説

①〜③　マカロニ重量の6，7倍の沸騰水に塩0.5%を加えてゆでる．ゆであがり量は，乾燥時の重量の約2.0〜2.3倍である．

④，⑤　ゆで時間は，普通10〜15分であるが，製法によって異なるので袋に記載してある時間を目安に，時々かき混ぜながらゆでる．一部を取り出して，わずかに芯のある程度でよい．

⑥　すぐに次の操作を行わない場合には，サラダ油を少量まぶしておくとよい．

⑧〜⑬　小麦粉を加えたら色がつかぬように弱火で5〜10分，さらっとした状態になるまで炒める．火からおろしてルーを冷まし，牛乳，スープストックを加え，火にかけ，かき混ぜながら沸騰を続けて5分ぐらい加熱する．

⑬　白色のルーと牛乳を土台として作ったホワイトソースの濃度は，加熱攪拌中の状態が，木杓子ですくい上げ，ゆっくり流れるくらいがよい．硬い場合は牛乳でゆるめて用いる．できたホワイトソースの2/3は㉑のところで，1/3は㉕の後，マカロニの上にのせる分である．

㉑　マカロニを皿に入れる前に，ホワイトソースの2/3量で和えておくとなじみやすい．

㉖　マッシュポテトの作り方は，下記を参照．

㉞　焦げ目をつけるには，あらかじめ天火を200〜210℃の高温にしておいてから焼くとよい．

【ホワイトソースについて】

小麦粉をバターで色がつかないように炒めたホワイトルーに，牛乳，スープストックでのばしたものをホワイトソース（ベシャメルソース）という．牛乳等を加えてルーをのばすときの温度は，小麦粉デンプンの糊化温度以下の50℃くらいにすると"ダマ"ができにくく均一なソースになる．

小麦粉で濃度をつける場合，マカロニグラタンのように和えるときは8〜9%，クリームスープなどのスープのときは3〜4%，ホワイトソース，ブラウンソースなどのソースのときには，7〜8%が適量である．

【マッシュポテトの作り方】

ジャガイモ	100 g	（1）ジャガイモは皮を除き，水に5〜10分浸漬後，0.3%の塩水で軟らかくなるまでゆでる．
バター	10g	
牛　乳	20g	（2）ゆで湯を捨て，鍋を更に弱火にかけ水分を蒸発させ，熱いうちに裏ごしする．
塩	0.7g	
コショウ	少々	（3）鍋にバターを溶かし，裏ごしたジャガイモを入れ，塩，コショウで調味する．この中に熱い牛乳を入れ練り混ぜる．

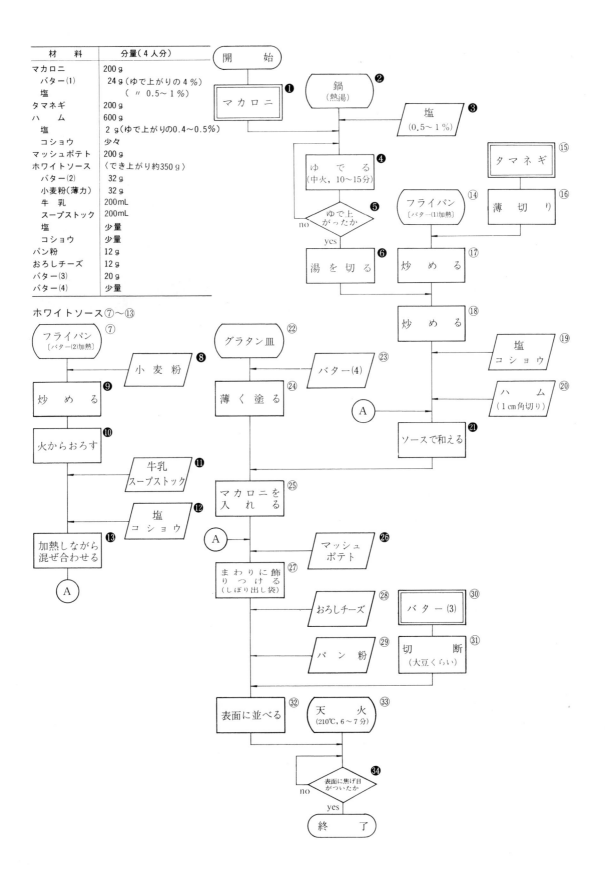

スパゲッティミートソース　Spaghetti meat sauce

　スパゲッティミートソースは，ゆで上がったスパゲッティの上に，別に調理したひき肉のソースを添えて食するものである．ひき肉を用いたミートソースは，肉の集散地である北イタリアのボローニャ地方の代表的な料理の一つである．

　また，ナポリ風スパゲッティは，ゆでたスパゲッティと同時に，ハム，魚介類，トマトピューレなど他の材料と混ぜ合わせて食するものである．

調理上の注意と解説

① ひき肉は，旨味成分が溶出しやすく，ソースとして用いるのに適している．なお，ひき肉は肉の硬い部位を細かくひき，食べやすくしたものである．そのため，加熱時間を長くした方が軟らかくなる．ひき肉にするとき圧力をかけ細断するので，熱がでやすく，においが発生するのでナツメッグ，タマネギ，トマトソースなどを用いるとよい．

④〜⑥ タマネギを最初に，透き通るように炒めた後にニンジンのみじん切りを加え炒める．

⑧ 小麦粉は振り込みながら炒めるので，小麦粉の一部は高温になりソースに風味とわずかなとろみがつく．

⑩，⑫ スープストックの代わりに固形スープを用いるときは，含まれている塩分を考える．また，汁を煮つめるので塩の分量をひかえておく必要がある．

⑫ ソースの濃度は，スパゲッティにかけても流れず，こんもりと表面の上にのる程度が，麺につきやすく食べやすい．

⑬〜⑱ スパゲッティのゆで方は，5〜10倍の水を沸騰させ，水の0.5％の食塩を加えて，スパゲッティを入れ12〜13分ゆでる（スパゲッティの製法により，ゆで時間が異なるので注意すること）．ゆで具合は一本取り出してスパゲッティを切ってみて，中にわずかな芯がある程度がよい．

⑲ ゆで上がったら，熱いうちにバターでからませるか，また時間をおく場合には，サラダ油を振りかけておくとくっつかず，水分の蒸発を防ぎ乾かない．

㉑，㉓ スパゲッティを炒める時期とミートソースのでき上がり時期について，時間的配慮が必要である．

【パスタについて】

　人類が小麦を作り始めた昔から，小麦粉を水で練った食べものパスタ（paste）は存在し，とくにイタリアの代表する料理となっている．管状に作ったマカロニ，細長く棒状のスパゲッティ，極細でそう麺状のバーミセリ，幅広で焼きつけ用のラザニアなどがある．パスタの選び方は，黄味をおびた半透明のきずのないものがよく，原料が悪く製造中に空気が混じったりすると白っぽいものや班点ができたりする．

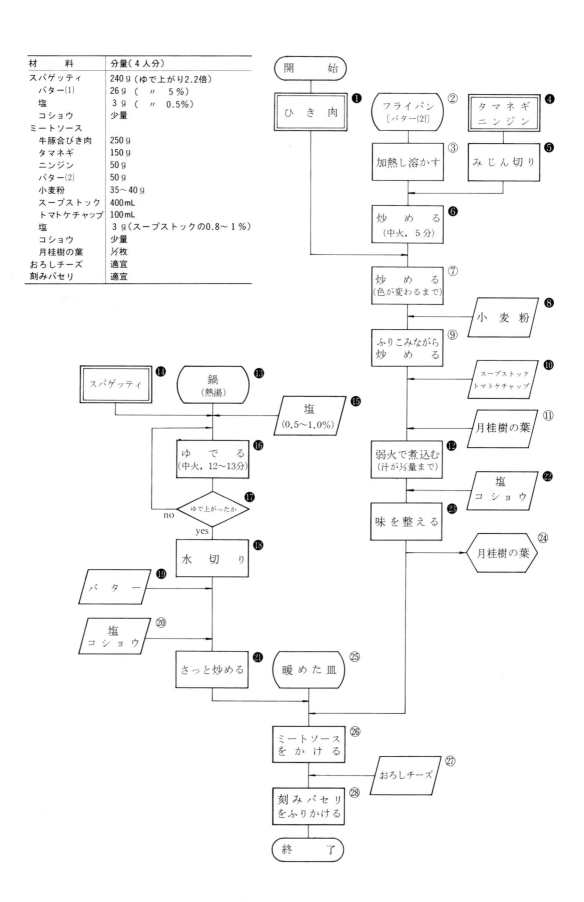

バターロール　Butter roll

パンは，小麦粉にイースト菌を入れ，水を加えてこね，成形して焼いたものである．小麦粉に水を加えてこねるとグルテンが生成し，網目構造を形成するので，イースト菌の発酵によって生じた二酸化炭素を包容し膨化する．グルテンは，小麦粉の中にあるタンパク質グルテニンとグリアジンが水を加えることによって結合し生成したもので，これがパンに弾力を与え，ガスの包含に役立っている．イースト菌の作用により発酵させたパン生地は，パン特有の香気をもつようになる．最近では，米粉や国産小麦粉，天然・野生酵母を使用したパンも多く作られている．

調理上の注意と解説

①，②　強力粉と薄力粉を混ぜて2回ふるいにかけ，空気を包含させる．

③　イースト菌は，生イーストを使用する場合は，ドライイーストの2倍量とする．

④，⑤　牛乳中のカゼインは，パン生地の発酵を妨げるので，一度70℃以上の加熱をし，カゼインに加熱変性をおこさせ，発酵阻害をなくす．

⑩，⑪　卵を入れるとクリーム状のものが一時"ダマ"になるので，均一になるまでよく混ぜ合わせる．

⑬　最初は材料を混ぜ合わせ，次に強くこね，生地を台の上に強く叩き，引っぱり，のばして折りまげる（200回ぐらい，9〜10分）．滑らかでよくのびる生地になるまでこねる．こね温度27〜28℃になるのがよい．

⑭　第一次発酵の1時間後にガス抜きを行い生地の温度を均一にし，過剰の炭酸ガスや発酵生産物を抜き，酸素を含ませてイーストの発酵を活発にする．更に発酵を続け生地が2〜3倍くらいになるまで膨化させる．

⑯　パン生地の回復のためベンチタイムをとる．このとき，表面が乾燥しないようにふきんまたはラップでおおっておく．

⑰　バターロールの成形の仕方は図3-10に示す．成形の仕方によっていろいろな形のパンができる．あんパンを作る場合は，生地と同量か，やや多目のあんを用意し包み込む．

⑱　グルテンの海綿状構造の形成が主目的である第二次発酵を約40〜50分，発酵倍率2〜2.5倍になるまで行う．

⑲，⑳　十分にふくらんだ生地の表面に，はけで卵液を薄く塗る．照りがでて焦げ色がつきやすい．

【参考料理：クロワッサン（8個分）】

強力粉	125g
牛乳	50g
塩	1.5g
ドライイースト	3g
ぬるま湯	30mL弱
バター	62.5g

(1) バターロールと同様に第一次発酵まで行う．(2) 第一次発酵を終えた生地をめん棒で35×15cmくらいに伸ばし，生地半分にバターを細かくちぎり並べ，その上に他方の生地半分をかぶせバターを折りこむ．(3) これを伸ばす，折り込む操作を3回くり返し，40×13cmくらいの生地に伸ばし，図3-11のように二等辺三角形に切断し成形する．(4) 天板に並べ，生地が2倍になったらバターロールと同様に溶き卵を塗り，200℃の天火中で10〜12分間焼く．

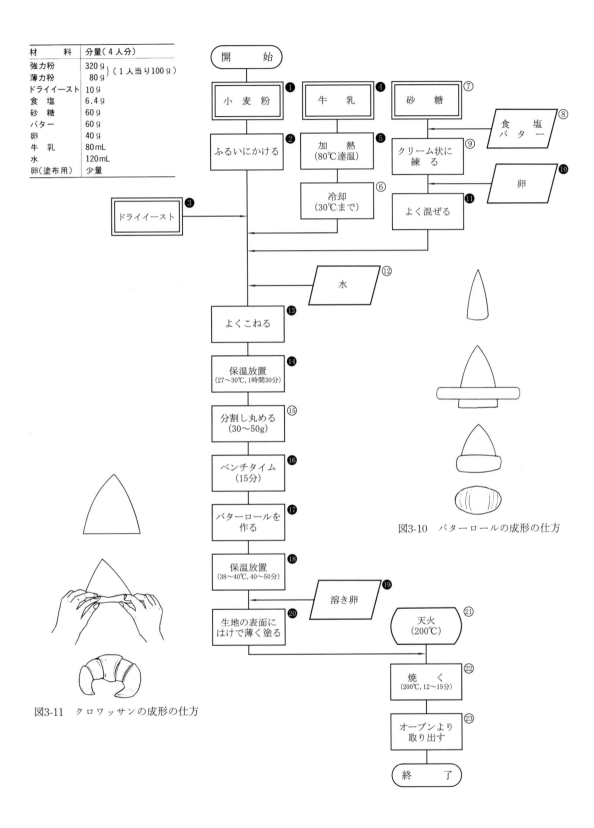

図3-11 クロワッサンの成形の仕方

図3-10 バターロールの成形の仕方

サンドウィッチ　Sand wiches

　サンドウィッチは，パンの間に獣鳥肉，魚介類，卵および野菜などの具をはさんで手で食べる軽い食事である．栄養的にもすぐれたものになるよう具の材料を工夫することが大切である．

　サンドウィッチの代表的な種類をあげると，(i) パン2枚に具をはさんだクローズドサンドウィッチ，(ii) パン1枚の上に何種類かの具をのせたオープンサンドウィッチ，(iii) 薄切りのパンで具を巻きこんだロールサンドウィッチなどがある．はさむ具材は，ライ麦パンのように，生地がしっとりと重いものは，味が濃くメリハリのある具材が合う．ジャーマンブレッドのパストラミサンドイッチなどは，牛肉のうまみをライ麦の生地が引き立たせる．

調理上の注意と解説

① パンの選び方は，食事用のサンドウィッチのときは厚さ1cmくらいのもの，前菜用は0.6～0.7cmの薄手のものを選び，また焼き上がってから10時間くらいたったものが扱いやすい．

⑥ パンに，テーブルナイフを用いて平らにからしバターを塗る．味をよくしパンの吸水防止になる．はさむ材料に合わせて，レモンバター，ワサビバターと変化させてもよい．

⑨～⑫ トマトは0.7cmの輪切りにし，フレンチドレッシングをかけておく．

⑬ キュウリは，パンの長さと同じ長さにし，縦に0.5cmくらいの薄切りにして，1％ぐらいの塩をしておき，はさむ時ふきんで水分をふき取ってはさむ．

㉙ まな板の上にサンドウィッチをおく．このとき高さが同じになるように重ね，硬くしぼったふきんをかぶせ，もう1枚のまな板など，やや重いものをのせ，なじませる．

㉚,㉛ よく切れる包丁でパンの耳を除き，はさんだ材料の移り香がしないようにぬれふきんでふきながら長方形，三角形に切断する．波型の刃のパン切りナイフを用いてもよい．

㊱ サンドウィッチを盛りつけるときには，ピックルス，オリーブ，パセリ，ラディッシュ，セロリなどの水分のあるものを添えると，味の変化をつけるとともに，サンドウィッチの乾燥防止にもなる．

【参考料理：ロールサンドウィッチ】

食パン	1枚	
ウインナーソーセージ	1本	
	(0.5cm角，10cm長さ)	
キュウリ	1本	
	(0.5cm角，10cm長さ)	
からしバター		
バター	2.5g	
溶きがらし	0.8g	
塩	少々	
コショウ	少々	

　ロールサンドウィッチにするパンは軟らかいものを用い，からしバターを塗る．パンの耳を除きパンの巻きはじめと終りになる端を1cmくらい斜めにそぐ．パン手前にウインナーソーセージとキュウリをおいて巻き込む．これらをカラフルなセロファン紙に巻いておちついたら斜めに切って，中の材料の美しさを出す．

斜めに切る

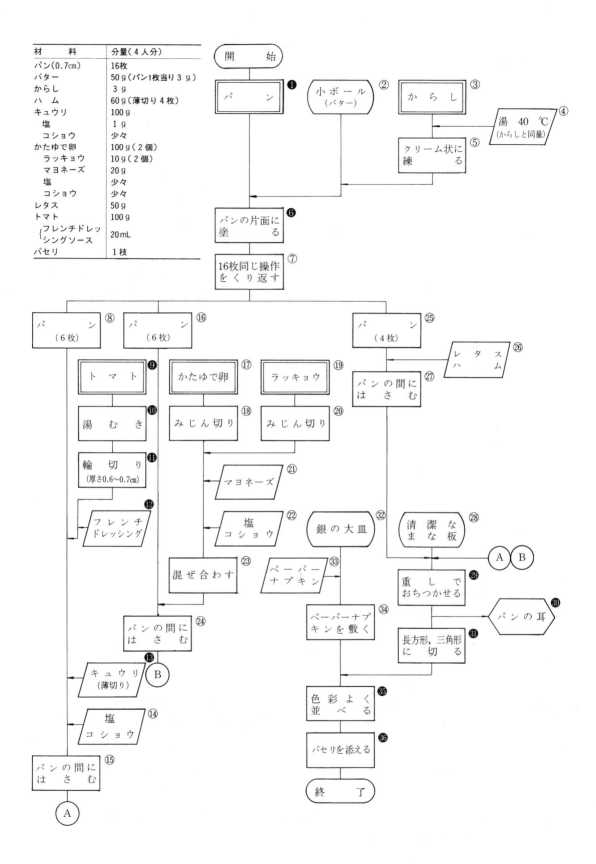

ホットケーキ　Hot cake

　ホットケーキは，小麦粉を主材料に，ふくらし粉（B.P.），牛乳，卵などを混ぜて，ホットプレートやフライパンで焼いたものである．小麦粉を用いて膨化させた菓子，ケーキ類は，パウンド類，スポンジケーキ類，シュークリーム類，パート類（パイ皮）などに分類される．ホットケーキはパウンド類に属し，他のケーキ類と比べ流動性のあるバッター（batter）を用いる．

　菓子類の中で，化学膨化剤（ふくらし粉）やタマゴの起泡性を利用し，膨化させるときにはグルテン含量の少ない薄力粉を用いる．イースト菌の発酵を利用するときにはグルテン含量の多い中力粉，強力粉を用いる．

調理上の注意と解説

② ふくらし粉（B.P.）は，重曹（重炭酸ソーダ）に二酸化炭素を発生させるために酸性剤として速効性の酒石酸やリン酸二水素ナトリウム，遅効性のミョウバンを加え，緩和剤として乾燥デンプンを混ぜたものである．
③ 二度ふるうと，小麦粉とふくらし粉が均一に混ざり，小麦粉中の空気が内包され膨化がよくなる．
④〜⑦ 卵を泡立て器でかき混ぜた中に砂糖を加え湯煎にしてクリーム色になるまで更に泡立てる（これを共立てというp.156参照）．
⑪ 混ぜすぎるとグルテンの粘りがでて膨らまなくなるので注意する．
⑫ 熱容量の大きい厚手のフライパンを用い，前もって油焼きを行っておくとよい．また，油はバターより植物油のほうが焦げにくいので植物油を使用する．
⑬ 油の分量は，できるだけ少量の方がホットケーキの焼きはだが美しく仕上がるため，油をふき取り薄く均一にする．
⑮ 火が弱すぎると膨化が悪く時間がかかるので乾燥し，火が強すぎると焦げるので火力に注意．
⑯ 生地の穴は周囲からあき，中心部まで穴があいて表面が乾かないうちに裏返す．
⑱ 最初に焼いた方が表であるので，表を上にして皿にホットケーキを2枚重ねて盛る．
㉒ シロップの煮つめ温度は102〜103℃で，さらっとした液状のものである．加熱中は攪拌せず鍋をゆり動かしながら煮つめる．
㉓ カエデ糖であるメイプルシロップを用いる代わりに，砂糖を煮つめたシロップを用いる．

【砂糖・シロップについて】

　砂糖を水で溶かし103〜105℃まで煮つめた砂糖液のことで，砂糖濃度50〜60％ぐらいである．砂糖溶液は，煮つめられて濃度が高くなり，これにともなって沸騰点も上昇する．砂糖液の濃度と沸騰点の関係は表3-8に示した．

表3-8　ショ糖溶液の沸騰点（Browne）[1]

蔗糖％	10	20	30	40	50	60	70	80	90.8
沸騰点℃	100.4	100.6	101.0	101.5	102.0	103.0	106.5	112.0	130.0

1) 山崎清子，島田キミエ他：NEW調理と理論，p.178 同文書院（2011）

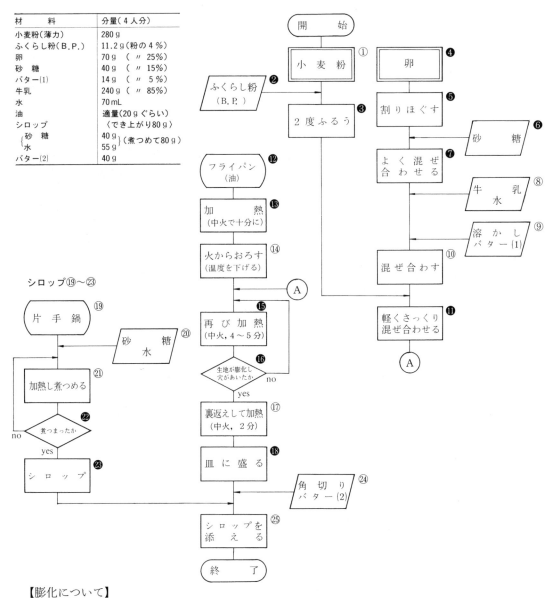

【膨化について】

イースト菌の発酵（CO_2が発生し，生地内に包含される）によって膨化するものと，ふくらし粉（B.P.）を用いる方法がある．ふくらし粉は重曹（重炭酸ソーダ）を基本としたものであるが，重曹のみでは，生地中に生じるアルカリ性の炭酸ソーダ（Na_2CO_3）のため小麦粉の色素は黄色くなり味も悪くなる．このため酒石酸等の酸性剤が加えてあり，CO_2発生後，中性塩が残る．また重曹と酸性剤の緩和剤として乾燥デンプンが加えられている．

(1) 重曹のみの場合

$$2NaHCO_3 \xrightarrow[水]{加熱} \underset{(アルカリ性物質)}{Na_2CO_3} + H_2O + CO_2$$

(2) 重曹と酒石酸の場合

$$2NaHCO_3 + \begin{matrix}CHOH \cdot COOH \\ | \\ CHOH \cdot COOH\end{matrix} \xrightarrow{水} \begin{matrix}CHOH \cdot COONa \\ | \\ CHOH \cdot COONa\end{matrix} + 2H_2O + 2CO_2$$

市販のふくらし粉中には，速効性の酒石酸，リン酸カルシウム，中間性の酒石英，遅効性のミョウバンなどの酸化剤が含まれている．

パウンドケーキ　Pound cake

パウンドケーキは，小麦粉，砂糖，バター，卵を各々1ポンドずつ用いて焼いたもので，この名称がついたといわれている．他のスポンジケーキ類と比べ，バターが多いことが特徴で，バターケーキの別称がある．また，水分含量が比較的少ないので長く保存することも可能である．

パウンドケーキの材料を基本に作ったカップケーキや，乾燥果物や木の実類を混ぜて焼いたフルーツケーキやプラムケーキなどがある．

調理上の注意と解説

③　小麦粉とふくらし粉（B.P.）をよく混ぜ，ふるいにかけて均一にする．

⑧，⑨，⑩　卵白を取り分けるとき，卵黄が混じらないようにする．卵黄は脂肪含量が多く，脂肪は卵白の泡立ちを防げるからである．

⑩，⑪　泡立てに使用する器具（ボール，泡立て器）は，水分，油気がついていないように十分気をつけること．最初は，泡立て器でたたくように打ち，一気に泡立てる．泡立てすぎを防ぐには，七分通り泡立ったとき，砂糖の1/3量を加え泡立てるとよい．

⑬　干しぶどうは二つ切り，クルミは細かく刻んでおく．バニラエッセンスを2～3滴ふりかけておく．

⑭　切るようにしてよく混ぜ合わせる．その理由は，卵白の泡をつぶさないようにして生地を均一に混ぜるためである．

⑰　パラフィン紙は，パウンド型にバターを塗る前に，パウンド型の大きさに切っておくと敷きやすい．

⑲　パウンド型に種を入れたら直ちに天火で焼けるように前もって180℃に予熱しておく．

⑳，㉑　天火の中を観察し続け，表面が固まりかけたときから約10～15分ぐらいたった時点で天板を出し，プラム，チェリー，アンジェリカの飾りをする．また，別法としてプラム，チェリー，アンジェリカを刻んで⑬の干しぶどう，クルミと同様に生地の中に混ぜて焼いてもよい．

㉒，㉓　天火で焼く時間は，中段で180℃，50～60分かかるので，表面が焦げないように途中でアルミ箔をかぶせる．パウンドケーキに竹串を刺して生地がついてこなければ焼き上がりである．

㉕　保存する場合は，型から出しパラフィン紙をはずさず，表面にブランデーかラム酒を少量振りかけ，アルミ箔で包んで保存すれば2週間ぐらいもつ．

【参考料理：カップケーキ】

カップケーキの材料割合は，パウンドケーキ（小麦粉100，卵100，砂糖100，バター60）と同様である．パウンドケーキのときと同じように作った生地（①～⑮）をパラフィン紙を敷いたカップの中に2/3くらいずつ入れて180～185℃の天火で約20分焼く．小麦粉100に対する副材料の換水値は次のようになる．

卵　　　　100g×0.8～0.85（換水値）　＝80～85
砂　糖　　100g×0.3～0.6　　　　　　＝30～60　}152～193
バター　　60g×0.7～0.8　　　　　　　＝42～48
　　　　　（バターの量を減じた分は牛乳で補うとよい）

図3-12　カップケーキの敷き紙の切り方

換水値は，混入副材料がこね水としてどの位に相当するかを数値で示したもの．

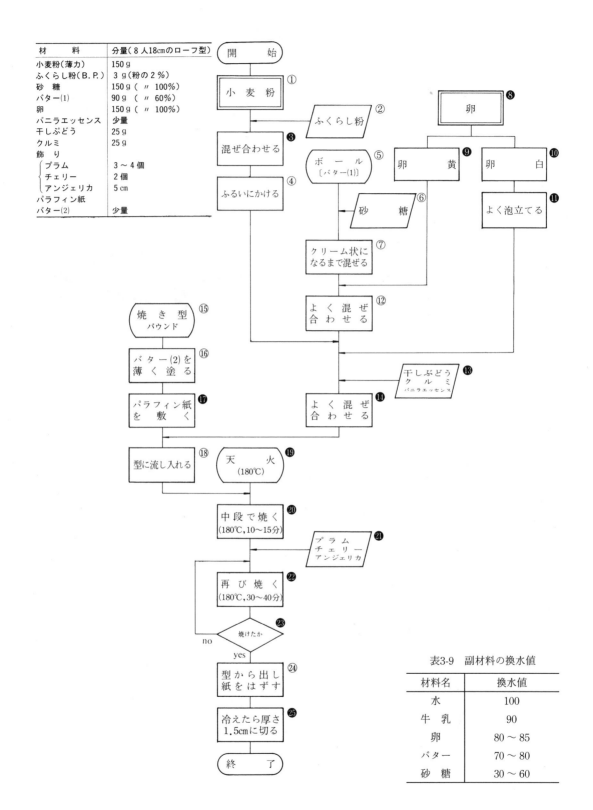

表3-9 副材料の換水値

材料名	換水値
水	100
牛乳	90
卵	80〜85
バター	70〜80
砂糖	30〜60

ロールスポンジケーキ　Roll sponge cake

スポンジケーキは，卵の起泡性とふるった小麦粉に含まれている空気が核になり，スポンジ（多孔質）状の組織を作ったものである．したがって卵の泡の性質が重要であり，緻密で均一な丈夫な泡を作るようにする．泡の立て方が不足すると体積が小さくなり，逆に泡を立てすぎると泡の表面が変性し気泡が破れやすく，もろくなり膨化しにくい．スポンジケーキは，各種デコレーションケーキやロールケーキなどにも用いられる．

調理上の注意と解説

① 小麦粉は薄力粉を用いる．古いものは湿気を多く含んでおり，ふるっても混ぜたときに"ダマ"になりやすいため新しいものがよい．
② 小麦粉中に含まれる空気は膨化に役立つので，ていねいに2，3回ふるう．
③ 卵は起泡力に大きな影響を与えるため新しいものを選ぶ．卵が古くなると水様性卵白が多くなり泡立ちやすいが，泡の安定性が悪いため濃厚卵白の多い新しいものがよい．
④，⑤ 今回のように卵白，卵黄と分けて泡立てる別立てと，全卵に砂糖を加えて泡立てる共立てとがある．共立ての場合は，卵液が35〜36℃になるように60℃ぐらいの湯煎で行うと泡立てやすい．
⑥ 泡立てすぎると腰の弱いものになるので七分ぐらい泡立て，砂糖を加えてから，更に泡立てる．図3-13参照．
⑦，⑫ クリーム状になるまで泡立て，更に砂糖を加えて白くなるまでよく泡立てる．
⑯，⑰ 天板の底とまわりにクッキングシートを敷く．
⑲ 表面を平らにするため1〜2分おいて，浮いてきた泡を竹串でつぶし，おちつかせる．
㉑ 焼き始めてから膨化のはじまる10分間は扉を開けないこと．
㉒ 焼けたかどうかは，竹串を刺して生地がついてこなければよい．
㉔ 表面を下にし荒熱を取る．表面がしっかり焼けていれば焼いた表面をロールケーキの外側にしても，内側にしてもよい．
㉕ 熱いうちにクッキングシートをはがす．
㉖〜㉘ 焼けたスポンジに図3-14のように手前から2cmの幅，5mmの深さの切りこみを4，5本入れ，ジャムを塗り，スポンジの中心部がつぶれないように巻く．
㉙ ふきんで包んだまま，巻き終わりを下にしてしばらくおいて冷まし，形が落ちつくのをまつ．
㉚ グラニュー糖をバットに広げて全体にまぶす．

図3-13　卵白の泡の立て方

図3-14　スポンジの切り込み方

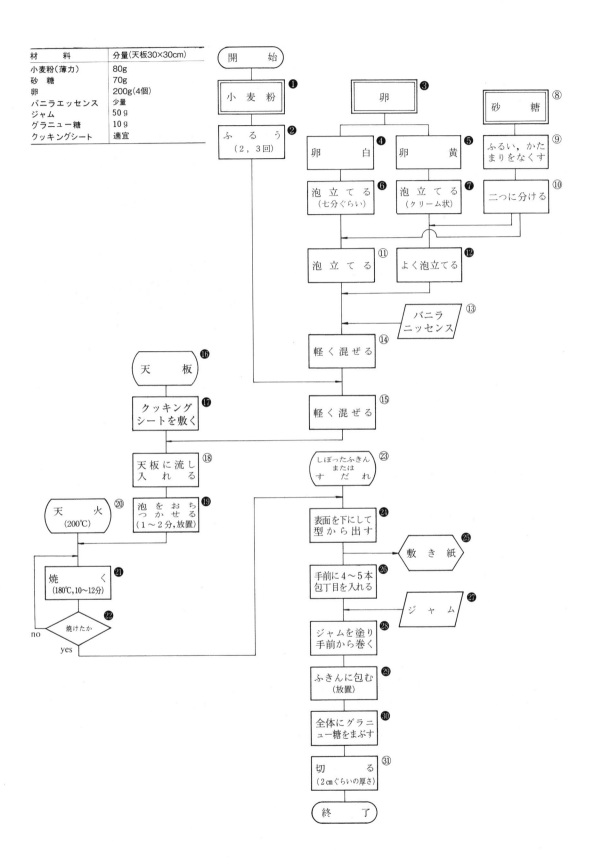

シュークリーム　Choux a la creme　（仏）

シュー（choux）は，フランス語でキャベツのことで，キャベツ形にふくらんだ皮の中に，カスタードクリーム，ホイップクリーム，アイスクリームなどを詰めた菓子をシュークリームという．

シューの生地は，バター，卵，小麦粉を用い，小麦粉は糊化して粘性を増し，グルテンは活性であり，バターは分散してエマルションとなっていることがシューの形をつくるために必要な条件である．卵のタンパク質は，加熱変性することで薄膜を形成し，更に内部に大きな空洞をもつシューができる．各々の材料のもつ特性を利用したものである．

調理上の注意と解説

⑥　バターと水を鍋に入れ沸騰させた中に，小麦粉を加え手早く混ぜ，なめらかな固まりになるまで10〜20秒加熱する（第一次加熱）．このとき温度が75〜77℃付近であればよい．温度が低いと，デンプンの糊化が十分でないため糊ができず，天火での加熱（第二次加熱）で蒸気が逃げて膨化しない．また，生地の温度が高すぎると，グルテンが失活し，膨化がおさえられ体積は小さくなる．

⑧　卵を入れても，タンパク変性をおこさない65℃まで冷ます．

⑩，⑪　生地をこねながら卵を少しずつ加え，更に十分に攪拌し，なめらかで，しぼり出したとき形が保てるくらいの軟らかさまで卵の量によって加減する．シューペーストは，水蒸気によって膨化する形を保つ糊くらいの硬さが適している．

⑮　表面が早くかわくと膨化を妨げるので表面の水分を多くしておく．

⑰　加熱中は，天火の扉を開かないように注意する．高温の天火中で内部のペーストの水分は水蒸気となり，更に蒸気圧が上がり，ペーストは伸展しつつ膨化してシュー（キャベツ形）になる．

㉔，㉕　沸騰してから2〜3分よく加熱する．ぶつぶつ沸騰がはじまっても，糊になると鍋の上部と底の部分の温度差が大きいので，よく混合しながら糊化させる必要がある．80℃以上になることが必要である．

㉜，㉝　しぼり出し袋に詰めたクリームを，切り目を入れたシューの横側から詰め，元通りふたをする．

【カスタードクリームについて】

カスタードとは，卵，砂糖，牛乳を混ぜた菓子のことである．卵は半熟でもよいが，長くおく場合にはよく加熱しておくこと．カスタードクリームは，コーンスターチよりも小麦粉を用いた方がなめらかで軟らかくなる．レモンパイのように，切り分ける菓子に用いる場合は，コーンスターチを使用した方が固まりやすく硬くなる．

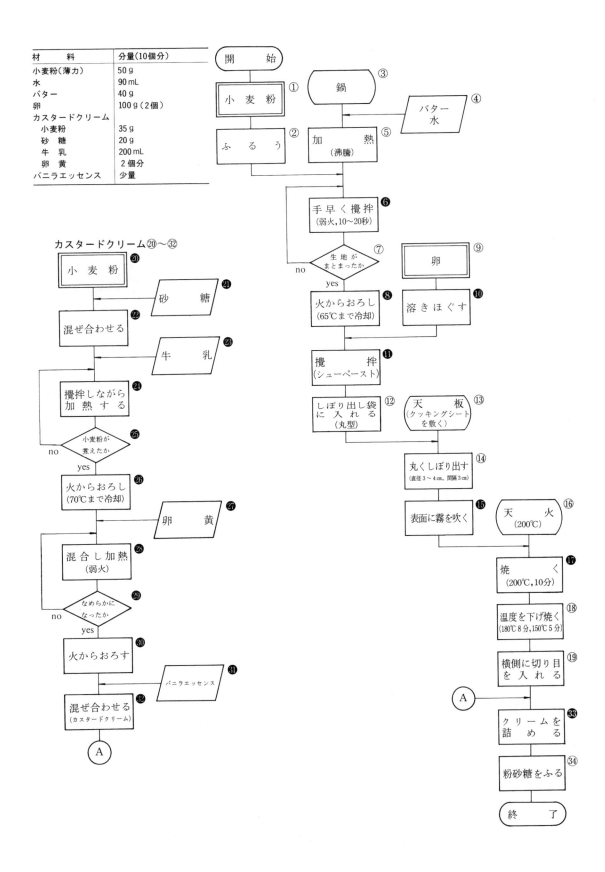

アップルパイ　Apple pie

　アップルパイは，ドウとバターを混ぜ折り込んだパイクラストの中に，リンゴの甘煮したものを詰めて焼いたものである．

　パイクラストは，小麦粉の薄いドウとバターの層を重ねたものを，焼くことによりバターは溶け，小麦粉が糊化し，水が蒸気となってドウの薄層をもちあげ，脂肪層と小麦粉の層ができ，もろくはがれやすくなったものである．パイクラストの作り方は，ヨーロッパ式の折りパイと，アメリカ式の練りパイとがある．折りパイは層ができやすく，パイそのものを味わうのにくらべ，練りパイはもろく，果物を詰めて香りと彩りを楽しむフルーツタルトなどに応用される．

　パイクラストは，アップルパイ，レモンパイ，ピザパイなどに用いられる．

調理上の注意と解説

① 小麦粉をはじめ他の材料と器は冷やしておく．
② 塩の量は，バターが加塩バターの場合，2％の食塩を含有するためその分をひかえる．
③〜⑤ バターのまわりに小麦粉がつく程度に軽く混ぜる．
⑥ 定量の冷水は，霧吹き器に入れて吹きかけ，木べらでさっくりと混ぜ合わせる．
⑧ 生地をねかせることにより，グルテン形成もすすみ，しっとりと伸ばしやすいものになる．
⑭，⑮ リンゴと砂糖を鍋に入れ弱火で汁がでるまで加熱し，更に汁が透明になるまで強火で煮くずれせず，焦げないように煮る．
⑱ 伸ばした後に手粉をふり三つ折りにして伸ばす工程を3，4回行う．
⑳，㉔，㉚ 2枚とれない場合は，1枚をパイ皿に敷き，1 cm幅のひもにして表面を網み，周囲にものせる．
㉒ フォークで穴をあけるとパイクラストがもち上がらない．
㉛ 卵黄で合わせ目を密着し，パイばさみやフォークの背でおさえる．

【フレンチパイとアメリカンパイについて】

　フレンチパイクラストとアメリカンパイクラストの作り方の概略は図3-15の通りである．

　パイクラストが加熱により薄い層となって浮く理由として，小麦粉ドウが加熱されることによって脂肪を吸収し，ドウの中の水分が水蒸気になり，脂肪の吸収された層の空隙を満たすことによると考えられる．

　また，アップルパイを簡便に作るときには，冷凍食品のパイ皮を使用するとよい．

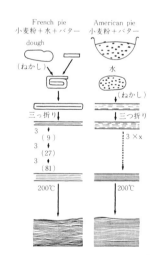

図3-15　パイクラストの製法[1]

---

1) 松元文子：調理とともに，79, お茶の水女子大学調理研究室（1973）

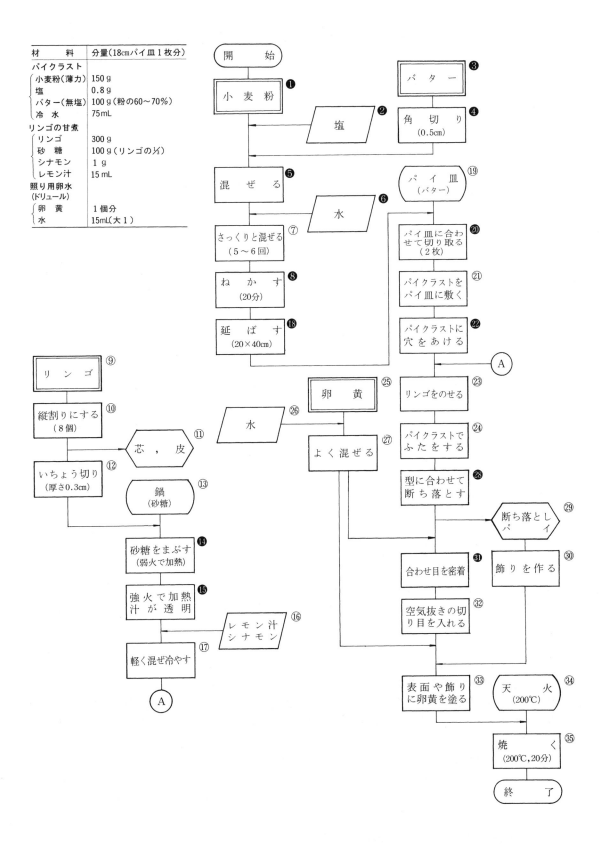

カスタードプディング　Custard pudding

　カスタードプディングとは，卵，牛乳，砂糖を原料として，プディング型に流し入れ，蒸し上げた口ざわりのソフトなデザートである．最もおいしいこれら材料の配合割合は，卵20%，牛乳65%，砂糖15%ともいわれるが，この割合では，温かいうちは軟らかく型から出しにくいことや，たわみ，形がくずれやすいので，卵25～30%，牛乳55～60%，砂糖15%ぐらいの割合にすることが多い．

　近年は，軟らかく，なめらかな口あたりのよいカスタードプディングが好まれ，舌触りがなめらかな市販品には生クリームが使用されている．

調理上の注意と解説

② 牛乳を温めると，砂糖が溶けやすくなることおよび，卵液が予備加熱されるため，蒸し温度の上昇速度をゆっくりすることができるため，予備加熱しない卵液に比べると，温度が低くて固まりやすくなるため，すだちにくくなる．

⑫ 砂糖が水を吸い，しっとりとなじんでから火にかける．この操作は，量が少ないのでなるべく小さな厚手鍋か，小フライパンを用いる．

⑬ 加熱し，煮つめる場合は鍋を動かしながら操作する．鍋の中に，菜ばしや木杓子を入れて攪拌すると，カラメルソースに空気が入り，生地に透明感がなくなる．

⑮ このときの砂糖濃度は80%にするとよいが，重量を測らないとわからないので，鍋を傾けるとゆるやかに流れる程度にする．

⑯ プディング型に金属性の型を用いる場合は，熱の伝導率がよく，すだちがおこりやすいので，とくに火力に気をつける．

㉑ 希釈卵液の蒸し温度は85～90℃に保つ．天火を用いてプディングを蒸し焼きにする場合は，天板に1.5cmぐらい熱湯を入れ，その上にプディング型を並べて，180～200℃の中火で，30分間前後加熱する．できあがりは，竹串で刺してみて，生の液がついてこなければ蒸し上がっている．

㉓ 卵濃度の低い場合には，生地が温かいうちに型からはずすと型くずれしやすい．冷めてから容器を傾け，まわりに少しずつ全面に空気を入れ，型から器に移す．

【カラメルソースの濃度】

　80～90%濃度に仕上げると卵と混じらず型の底に残らないで扱いやすい．180～190℃に加熱したカラメルソースに熱湯を入れ，なめらかになるまで煮つめる．ソースの仕上がり温度は110～115℃になる．カラメルソースは保存がきくので，多めに作って冷蔵庫に保存しておき，随時用いるとよい．

【生クリームの添加】

　カスタードプディングは牛乳の一部を乳脂肪クリームで代替することにより，軟らかく甘くなり，代替量が増加するにつれさらに軟らかくなる．一方，植物性脂肪クリームで代替すると，代替量が増化することにより硬くなる[1]．

---

1) 下坂智恵他：日本調理科学会誌37, 348（2004）

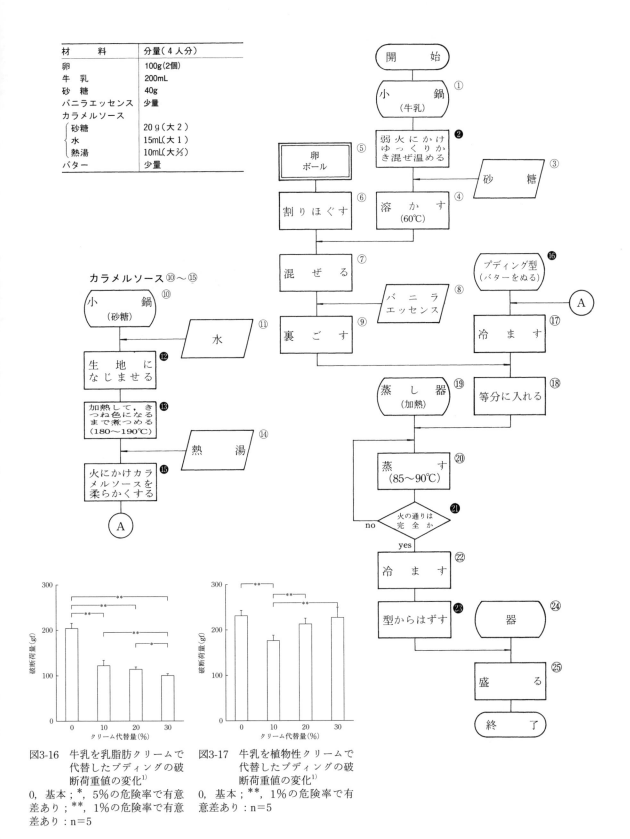

図3-16 牛乳を乳脂肪クリームで代替したプディングの破断荷重値の変化[1]
0, 基本;*, 5%の危険率で有意差あり;**, 1%の危険率で有意差あり:n=5

図3-17 牛乳を植物性クリームで代替したプディングの破断荷重値の変化[1]
0, 基本;**, 1%の危険率で有意差あり:n=5

ブラマンジェ　Blanc manger　（仏）

　ブラマンジェは，冷菓の一種で，「白い食物」という意味であり，牛乳，砂糖をデンプンやゼラチンで固めたものである．英国風にはコーンスターチを用い，フランス風には，ゼラチンを用いる寄せ物の一種である．

　卵白を泡立てて砂糖を加えたメレンゲや，生クリームの泡立てを加えて固めると，弾力がでて食感が変化する．また，砂糖煮した果物を細かく切って混ぜたり，ブラマンジェのまわりに飾ったりすることもある．ソースには，フルーツソース，ワインソースなどが用いられる．いずれも十分に冷やして供する．

調理上の注意と解説

① デンプンの中でも，コーンスターチを用いることによって加熱デンプンゲルの硬さ，弾力，歯切れのよさが生ずる．
②，③ コーンスターチに砂糖をよく混ぜ，牛乳を加えて混ぜると混ぜやすい．
⑤ デンプンは糊化する前は比重が重く，下に沈みやすいので，火にかけ，ぶつぶつと沸騰を始めるまではたえずかき混ぜる．
⑥，⑦ デンプン液は，鍋底からぶつぶつ沸騰を始めても，上部は糊化温度になっていないことが多いので，十分に糊化させることが必要である．温度計で温度を測定しておよそ80℃以上になっていればよいが，沸騰後2分ぐらい加熱すればよい（表3-9）．
⑧ 香料，果物の刻んだものを混ぜるときは，ここで加える．
⑨ ゼリー型にくっつかないように，型を水でぬらす．
⑩ 熱いうちに型に流す．少しでも冷めると粘度がでてくるので，ゼリー型にきれいに入らない．また，流し入れたら，台の上でトントンと型ごとたたいて，型のすみずみまで十分に流す．
⑫ 型から抜くときは，指先を水でぬらし，型の周囲からゲルを離しておいて皿にあける．
⑭〜⑱ デンプンと砂糖を混ぜ，水を加えてよく混ぜる．透明さを必要とするソースにはジャガイモデンプン（片栗粉）を使う．
⑲ 加熱の始めから混ぜ，鍋の底にデンプンが沈まないようにする．
㉑ 透明に糊化させる．
㉒ ソースが少し冷めたら，赤ワインを加え混ぜる．子ども用には下記のイチゴソースなどを用いる．
㉕ ブラマンジェを少し深めの皿にあけ，まわりにソースをかける．そのほか，黄桃の缶詰，ミカンの缶詰などをまわりに飾ったり，黄桃を裏ごしにしてソースにしたりする．

【イチゴソースの作り方】

イチゴ	100g	(1)	イチゴは裏ごしにするか，ふきんでしぼって砂糖を混ぜる．
砂　糖	30g	(2)	ラム酒を加減して加える．
ラム酒	5〜15mL		

---

1) 小倉徳重：調理科学　6, 72（1973）

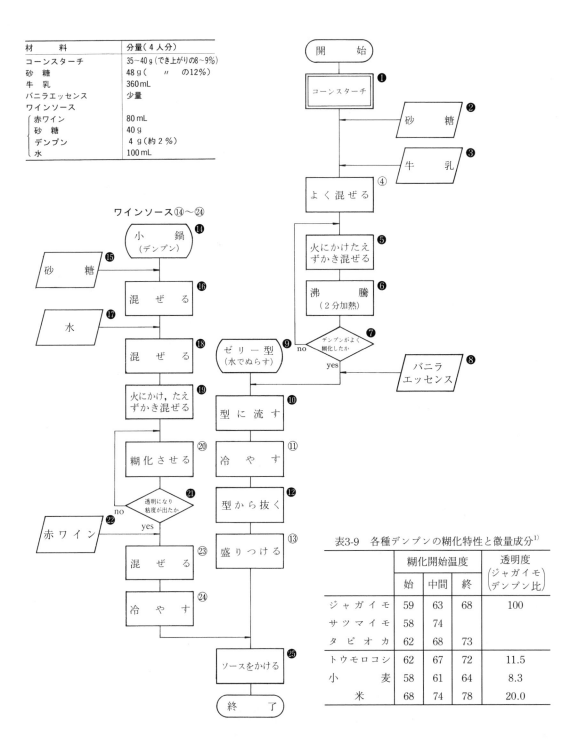

コーヒーゼリー　Coffee jelly

ゼリーは，ゼラチンを加熱溶解したゾル液を冷却して固めたもので，ゼラチンは動物の骨や皮からとるため，かすかなにおいがある．これを消すために，コーヒーや果汁を加え，コーヒーゼリー，果汁ゼリーにする．また，刻み果物を入れたり，2，3種類のゼラチンゼリーを重ね合わせたものなどがある．

調理上の注意と解説

②，③　水を計量した中に，ゼラチンを少しずつふり入れて吸水膨潤させ，ゼラチンのかたまりができないようにする．

③，⑤　ゼラチンゼリーの使用濃度は冬期は仕上がり量の2～2.5％，夏期は3～3.5％程度とする．この2～3.5％濃度のゼラチン液の融点は20～25℃と，寒天を用いた場合に比べて低い．また，ゼラチンは高温で加熱すると特有のにおいを生ずるため，溶かす場合には必ず，湯煎で行う．

⑬　ゼラチン濃度2～3.5％のゾル液の凝固温度は3～10.5℃である．したがって夏，ゼリーを固めるためには氷水が必要である．ゼリーを早く固めるには，冷蔵庫による空気冷却よりも，むしろ，氷水に浸して冷却した方が，効率がよい．

⑳　ゼリーが固まったのを見計らって，泡立てを始める．

㉑　生クリームの泡立ては，クリームを10℃以下にして行うと分離しにくい．そこで，あらかじめ，生クリームを入れたボールをしばらく氷水に浸し，十分冷やしてから泡立て始める．

㉒　生クリームに加えた砂糖は，少量でも甘味としては比較的強く感じられる．これは，生クリーム中の水分（ほぼ58％）に溶けた砂糖が甘味として感じられるためであり，生クリーム全体の約40％は砂糖を含まない脂肪分である．

㉔，㉕　泡立てた生クリームをしぼり出し袋に入れてしぼるか，7割ぐらい泡立てた生クリームをゼリーの上から，スプーンですくってかける．

【ゼラチンの種類について】

板状ゼラチンと粉末ゼラチンがある．板状ゼラチンは15分ぐらい水に浸して軟らかくしてから，湯煎にかけて溶かし，粉末ゼラチンと同様に用いる．最近は，粉末ゼラチンを吸水膨潤せずに，80℃以上の湯に混ぜて溶かすタイプも市販されている．

【参考料理：イチゴゼリー（仕上がり量400g）】

ゼラチン	12g（仕上がり量の3％）
水	320mL－イチゴ果汁量
イチゴ	200g
砂　　糖	60～80g
生クリーム	100g
砂　　糖	大2

(1) 60mLの水にゼラチンをふり入れ，5～10分間吸水膨潤後，湯煎（50℃）で溶かす．

(2) イチゴは洗ってヘタを取り，裏ごし後汁の量を測る．

(3) (1)に砂糖を加えて溶かし，残りの水を加える．液が30℃以下になったら果汁を加え，ゼリー型に入れて氷水で冷やす．

(4) 固まったゼリーを型からはずし，生クリームに砂糖を加えて泡立て，しぼり出し袋に入れ，ゼリーの上から飾る．

材　料	分量（4人分）
ゼラチン	10〜13g（仕上がり量の3％）
水	100mL
インスタントコーヒー	大1
熱湯	160mL
砂糖	65g
生クリーム	80mL
砂糖	15g（大1½）
バニラエッセンス	少量
氷	適量

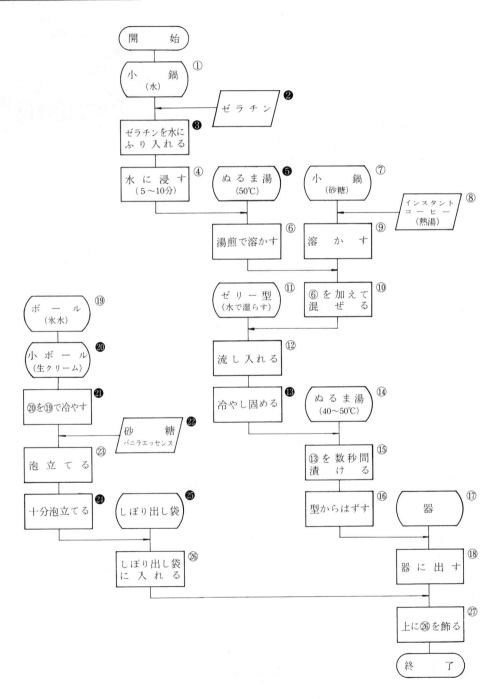

ババロア　Bavarois（仏）

ババロアは，16世紀のころ，ドイツ南部のババリア地方で，フランス人の料理人が，卵，牛乳，砂糖，ゼラチン，生クリームなどを用いて，冷たいゼリーを考案し，その土地の名前をとってフランス風にババロアとよんだのが始まりとされている．

ゼラチンゼリーの特徴は，付着性が強く，しかも融点が低い．そこで，口に入れるとすぐに溶けるので，同じ砂糖濃度でも，寒天ゼリーに比べて甘味を早く，強く感じる．

調理上の注意と解説

①，②　ゼラチンを吸水膨潤させる場合，ゼラチンの5倍量前後の水にゼラチンを振り込み，よく混ぜてから5～10分間おく．粉末ゼラチンの量は冬期は少なめに，夏期は多めに用いる．

④，⑤　ゼラチンは，直火にかけて煮溶かすと特有のにおいが生ずるため，湯煎で溶解する．

⑩　加える砂糖を溶けやすくするため，多少，火にかけて温めるとよい．

⑭　生クリームを生地の中に入れて用いる場合には，あまり泡立てすぎないよう，七分目ぐらいの泡立てとする．生クリームの泡立て温度は，品温が10℃以下で行うと分離しにくい．

⑯　中に入れる果物は，あらかじめ1cmぐらいのさいの目切りにして冷やしておくとゼリーが早く固まる．

⑳　仕上がり液量の3％濃度のゼリーは，8℃前後で固まり始める．夏期には氷水を用いると効果的である．ゼリー型に流し，固めている間にソースの用意を始める．

㉙，㉚　ゼリーを型からはずすときは，微温湯（50℃前後）に数秒つけてまわりを溶かし，型からはずして出す．

【参考料理：マーブルゼリー】

仕上がり重量の1/4量をコーヒーゼリーと果汁ゼリーとし，残り1/2量を牛乳ゼリーとする．

（1）各々のゼリーのゼラチン濃度は2.5～3.0％，砂糖濃度は15～20％とし，ゼラチンは5倍量の水に浸漬しておく．

（2）コーヒーゼリー，果汁ゼリーの作り方はp.166，を参照し，各々別々に固めておく．

（3）牛乳ゼリーは，牛乳を60℃ぐらいに温めて，砂糖を加えて溶かした後，膨潤したゼラチンを加えて溶かし，25℃ぐらいまで冷やす．

（4）あらかじめ固めておいたコーヒーゼリーと果汁ゼリーを，スプーンなどで適当な大きさにすくって型の中へ散らし，25℃ぐらいになった牛乳ゾルを流して，全体を固める．

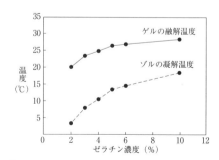

第3.13図　ゼラチンゾルの凝固温度とゼラチンゲル融解温度[1]

1）山崎清子，島田キミエ他：NEW 調理と理論，p.499 同文書院（2015）

材料	分量
ゼラチン	10 g
水	50 mL
牛乳	200 mL
卵黄	30 g (2個)
砂糖	60 g
生クリーム	100 mL
バニラエッセンス	少量
果物缶詰	150〜200 g
ソース	
赤ワイン	30 mL
砂糖	35 g
デンプン	3 g
水	120 mL
氷	適量

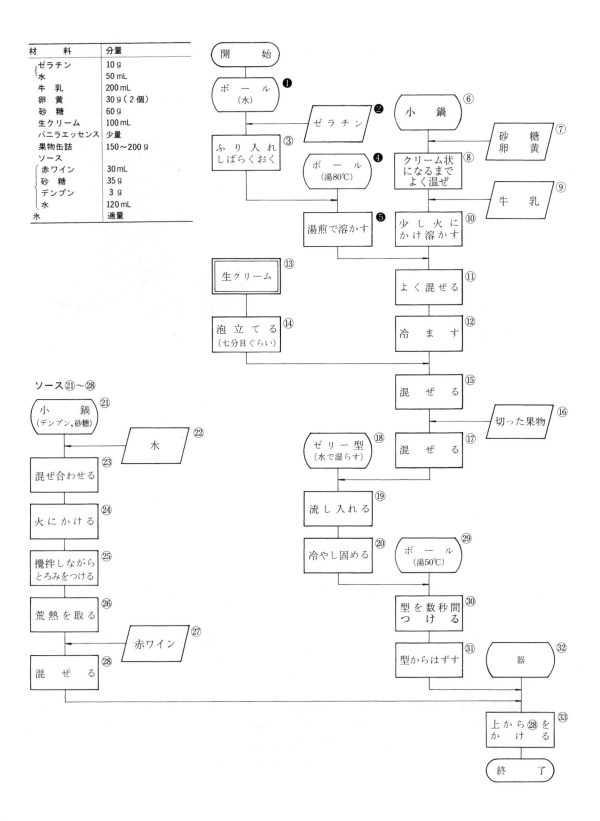

フルーツパンチ　Fruits punch

いろいろな果物を色どりよく取り合わせ，好みの形に切り，シロップとワインを加えたデザートである．果物はリンゴ，イチゴ，バナナなどのように，生のまま用いるもの，加熱したり，缶詰（ミカン，モモ）を用いたり，その季節に応じ，果物の状態，好みに合わせて用いるとよい．パンチとは地酒とシロップなどを混ぜたもののことであるが，子ども用には酒を入れないで，シロップのみのものもある．果物は切ったり，皮をむいたりすると褐変しやすいので，すぐにレモン汁やシロップをかけて褐変を防ぐ．

調理上の注意と解説

②，⑪　砂糖，ワインの割合は，好みにより適当に増減してもよい．ワインの代わりにブランデー，果実酒，ライム等もよくあい，砂糖の代わりに蜂蜜等も，風味を添えるものである．

⑥，⑭，㉑　これら使用材料のバリエーションは，一考すると楽しくなるものである．切り方（形の取り方）も，パーティなどの場合，目的に合わせて切るのもよい．キウイフルーツ，マンゴー，アボガド，ジャックフルーツなども手に入りやすいので，これらを上手に取り合わせると効果的である．

【フルーツパンチの風味の変化】

ミカンの色，モモの軟らかさ，リンゴの歯ごたえ，バナナの甘さ，ブドウの色，そして砂糖のマイルドさ等が相乗して作られるのがフルーツパンチである．このフルーツパンチは，その色，味，香りともに，人間の有する官能を刺激し，食生活に満足感を与えるものである．しかし生の果物を切って長く空気中に放置すると，風味，とくに色の変化が著しい．色の変化は果実特有のポリフェノールオキシダーゼによるもので，長時間，空気中に放置するとほとんどの果実にみられる特有の現象である．

果実に含まれるポリフェノールには様々な種類のものが存在するが，一例を示す．

$$\text{ポリフェノール} + (O) \longrightarrow \text{キノン} \xrightarrow{O_2} \text{酸化重合物（着色物）}$$

この反応は，食塩（NaCl）によって阻害されるので，切った果実を食塩水につけることは，日常的によく行われることである．また，銅イオン，鉄イオン等によって，この酵素は活性化されるので，調理器においては，銅や鉄製品を用いると変色が促進される．

空気中の酸素を取り入れ，ポリフェノールが酸化されるので，果実にシロップをかけておくと褐変を防止することができる．

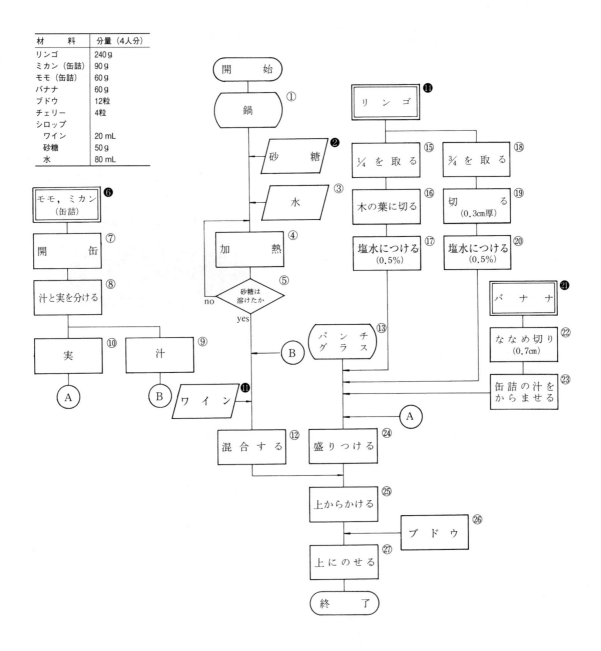

紅茶, コーヒー　Black tea, Coffee

　紅茶とコーヒーは世界中で最も多く飲まれている嗜好品である．紅茶の種類は産地による分け方が一般的で，ダージリン，アッサム，スリランカ（セイロン），キーモンが四大茶産地として有名である．

　最近ではケニヤ，ジャワ，ニルギリなども多く産するようになってきた．コーヒーも産地別に分ける方法が一般的で，赤道をはさんで南北25度以内にある地方が主．ブラジル，コロンビア，グァテマラ，コスタリカ，ジャマイカ（ブルーマウンテン），タンザニア（キリマンジャロ），メキシコなどが代表的である．

調理上の注意と解説
【紅　　茶】
⑥　セイロン系紅茶など，葉形の小さいものは短めに，ダージリン，ギーモン系紅茶など，葉形の大きいものは長めに浸出するとよい．
⑫　飲用するときには，砂糖，ミルク，レモン等を適当に用いる．

【コーヒー】
⑧　好みに応じて量は加減する．
⑪，⑫　口の長いやかんを用い，できるだけ細く流れ出すように，また，粉末の中心から周囲に向けて注ぎ，全体を蒸す．できるだけ泡の立っているのがよい．
⑭　泡の消える寸前に次の湯を注ぐ．
⑮　約50mLぐらいずつ3回に分けて注ぐ．この場合も泡の消える寸前に次の湯を注ぐ．用いる湯の量は1人分として合計170～180mLぐらいが適量である．フィルタが小さい場合には，1回に用いる湯量を減らし，適宜，浸出回数を増やしてもよい．湯の注ぎ方は外側から中央に，中央から外側に円を描くようにして注ぐ．
⑰　カップに移す前に，温め直してからカップに注ぐとよい．このとき，沸騰はさせないこと．

【応　　用】

（1）紅茶用のティーバッグもポットを用い，茶葉の場合と同様にすると，風味のよい紅茶が得られる．珍しいものではロシア紅茶がある．サモワールとよばれる湯沸かし器を用い，やや濃いくらいに浸出した紅茶のことで，ジャムなどを入れ，苦味を和らげて飲用する．アイスティーを作るときには，グラスに砕いた氷をたっぷり入れ，これに紅茶浸出液を熱いうちについで急冷する．透明感のあるアイスティーが得られ，レモン等と飲用する．

（2）コーヒーの入れ方には，同じドリップ式でも，フィルターがネルから紙に代わったカリタ式，エスプレッソ式（デミタスカップ用），自動フィルター式，パーコレーター式，サイフォン式，ボイル式などがある．コーヒーの飲み方も様々で，フランスのカフェ・オー・レー，オーストリアのウインナ・コーヒー，ソ連のルシアン・コーヒー，イタリアのカプチーノ，インドネシアのホットモカジャバ，カフェ・ロイヤル，アイス・コーヒー，カフェソーダ，コーヒーフロートなどが有名である．

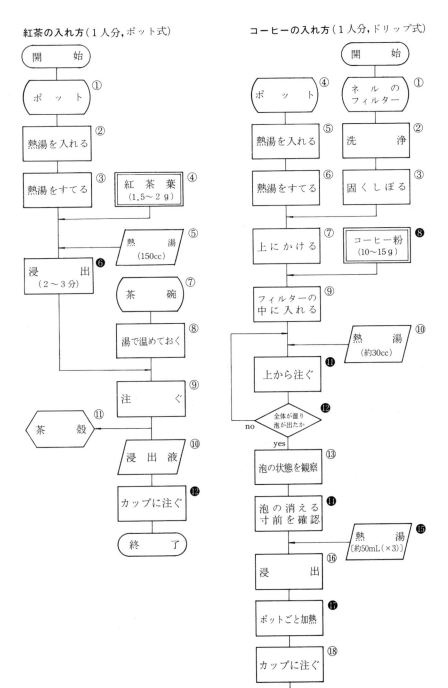

IV 中国料理

中国では古くから不老長寿を目的として，森羅万象すべての物を健康を保つための薬餌の対象として研究し，それらを余すところなく工夫，利用して食とした．そして偉大な歴史と文化を背景に，世界に誇る八千種にものぼるといわれる名菜につながっている．中国の広大な地域とその自然条件は地方独得の料理を多く生み出している．

地域による特徴

1) **北方系**（黄河流域地方） 明朝以来，長い間主都として発展したので，宮廷料理，地方官史のもち込む各地の郷土料理と山東，河南などの地方料理が一体となって北京料理を作り上げた．この地方は寒冷地なので豚，アヒルなどの肉料理や油を多く用いた高カロリー，濃厚な調味が特徴である．また小麦の生産地なので麺類，饅頭，餅など粉食を常食とした．北京烤鴨や中国の最高宴席とされる"満漢全席"は有名である．

2) **四川系**（揚子江上流地域） 四川料理に代表されるこの地方は，山岳地帯のため料理の素材は山の幸や蔬菜類，

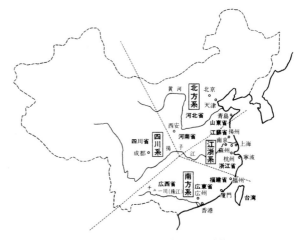

図4-1 中国料理の地域別四天系統図

川魚が主で，とくに香辛料の配合を工夫して独特な調理が考案されている．麻婆豆腐，漬け物の搾菜などは日本でも親しまれている．

3) **江浙系**（揚子江下流および東南沿岸地域） この地方は中国の中心部に位置し，肥沃な河川地，湖沼を有し，貿易の盛んな海港をもち，人口密度が高いなどの立地条件に恵まれて，豊富な材料で作る料理は多彩である．上海は英国の租借地であったため，その影響を受けて洋風を加味した料理が発達している．

4) **南方系**（珠江流域と南方沿岸地域） 代表的なのは広東料理，福建料理である．この地方は亜熱帯で，海陸の豊富な産物と諸外国の交流が加わり，調理法も多彩である．そのため，中国料理のメッカといわれ「食在広州」の称さえある．とくに魚類，水鳥，フカのひれなどの料理が特色である．また食は薬餌の考えから，蛇，猫，犬，猿の脳，象の鼻，ネズミなど，料理人の手にかかると天下の美味に作り上げてしまうところが中国料理の特徴であろう．福建料理も魚貝類や野菜類をよく用い，繊巧で色調美しく淡白な調味に特色がある．この地方の料理は酢豚（古滷肉），カニタマ（芙蓉蟹），八宝菜など日本人に親しまれているものが多い．

調理法の特徴

中国料理の調理法は，なま物の調理が少なく，ほとんどが加熱料理である．とくに油を巧みに使うことである．炒める，揚げるの高温料理は，短時間で材料の水分を蒸発させて油のうま味をつける．また調理の下準備としての油通し（泡油）は，材料の火通しと同時に形くずれや変色を防ぎ，調味料

として香味をつけるなど，油の効用が大きい．デンプンをうまく使っていることも特徴である．材料にデンプンをつけてうま味を流出させない調理，デンプンでとろみをつけて保温と煮汁まで残すことなく食べる調理などがあげられる．

また，調理の特徴として，ネギ，ショウガ，ニンニク，トウガラシ，からしなどの香辛料を必ずといってよいほど使用する．その他の香辛料や香辛料入りの調味料とともに，材料の香味付けや，臭味止めに中国料理独得の風味を作り出すようである．同時に，これは健康のための薬用としての働きも根底に考えられている．

材料は広範囲にわたり，多種多様であって，それを無駄なく利用して調理する．調理時の廃棄物がほとんど出ないことはよく知られている．また調理器具の簡便さが，調理法の合理性と結ばれているのも見逃せない．

特 殊 材 料

中国料理では特有の材料が用いられるが，よく知られているもの，使用されるものを下記にあげる．

1) 燕窩（イエンウォ）　海ツバメの巣．断涯絶壁などに海草や唾液で固めて作る舟形状の糸状塊乳白色のもので，高級料理の材料とされる．湯に2時間ぐらい戻して細い羽毛やごみをピンセットで取り除く．スープに浸してうま味を含ませて料理に用いる．

2) 魚翅（ユイチ）　フカやサメのひれを乾燥したもの．ひれの形のままのものを包翅（パオチ），さらしたものを散翅（サチ）といい，これをほぐしたものを角型にまとめて翅餅（チビン）として売られている．翅餅は熱湯をそそいで戻し，生臭いので2，3回湯を取りかえて一日おき，これをスープにショウガ，粒サンショ，ネギなどの香りを入れて2時間ぐらい煮てから料理に用いる．鉄鍋は魚翅を黒くするから用いない．

3) 海参（ハイシエン）　干しなまこ．黒いものほど良質とされ，2時間ぐらいゆで，そのまま冷めるまで放置する．水を取りかえて再び2時間ぐらいゆで，腹を切り開いて内臓を取り除き，更に4，5日水に漬けて軟らかくしてから煮物，炒め物に用いる．鍋に油気がついていると弾力を失うから注意する．

4) 海蜇皮（ハイチョビイ）　食用のクラゲのかさの部分を石灰とみょうばんに浸したものを塩漬けにしたもの．水を取りかえながら一晩水に漬けて塩抜きする．これを端から巻いて細切りにし，80℃くらいの湯にさっと通してから酢の物の材料にする．コリコリした歯ざわりを賞味する．最近は細切りにしたものが売られている．

5) 皮蛋（ピイダン）　アヒルの卵の石灰漬け．紅茶の茶汁に石灰，ソーダを混ぜた中にアヒルの卵を1ヶ月ぐらい密閉しておき，次に粘土を厚くぬり，もみ殻をつけてかめの中に半月ぐらい保存したもの，卵白は褐色に透き通り，ゼラチンゼリー状を呈し，卵黄は暗緑色の凝固状となり，卵白の部分に松の花のような結晶ができたものは松花蛋といって上等品とされる．水につけて外の粘土を落とし殻をむき，くし形に切って主として前菜に用いられる．

6) 貝柱（カンペイ）　干し貝柱．酒を少し加えた水に浸して戻し，そのまま弱火でゆでるか蒸すかして軟らげて用いる．漬け汁もだし汁として非常に美味である．

7) 蝦米（シャミイ）　エビを殻つきのまま乾燥させたもの．温湯につけてゆっくり戻す．足と殻を除いて料理に用いるつけ汁は貝柱同様スープとして利用する．

その他，搾菜（ザアツァイ）（四川省特産の菜葉の根を香辛料をきかせて塩漬けにしたもの．ピリッとした辛味と独得な風味をもつ），木耳・銀耳（ムウアル・インアル）（キクラゲである．とくに白キクラゲは銀耳といって，四川省に産するが非常に高級なものとして上等のスープの実とされる．水に戻して用いる），竹篠（デウソン）（キヌガサダケ），金針菜（デンデエンツァイ）（カンゾウの花），猪蹄筋（デウティデン）（豚のアキレス腱），魚肚（ユドウ）（魚の浮袋），熊掌（シュンチャン）（熊の手のひら），鴨舌掌（ヤシオチャン）（アヒルの舌，手のひら）などは中国ならではの特殊材料である．

調味料と香辛料

中国料理に用いられる調味料は日本料理に使われる塩(イエン),醬油(ヂヤンイウ),糖(砂糖)(タン),醋(酢)(ツウ),酒,醬(味噌)(ヂオウ ヂヤン)などのほか,蝦油(蝦滷小エビの塩漬けの上澄み)(シヤイウ シヤルウ),芝麻醬(ゴマ味噌)(ヂ マアヂヤン),豆鼓(中国産浜納豆)(ドウチ),腐乳(豆腐を発酵させて塩漬けにしたもの)(フウルウ),辣油(トウガラシの入った油)(ラアイウ),蠔油(カキの油)(ハオイウ),鶏油(鶏の油)(デイ イウ)などの嗜好調味料を料理に用いる.

香辛料は葱(長ネギ)(ツオン),薑(ショウガ)(ヂヤン),蒜(ニンニク)(ソワン),辣椒(トウガラシ)(ラアヂヤオ),花椒(サンショウ)(ホワヂヤオ),粉サンショウと塩を混ぜたものは花椒塩(ホワヂヤオイエン),芥末(カラシ)(ヂエムオ),茴香(ウイキョウの果実を乾燥したもの.大茴香は八角(バージヤオ)ともいって星形のさやを獣鳥肉類に少量用いる),丁香(デインヤン),丁字(チョウジの花つぼみを乾燥したもの)(デインヅ),陳皮(ヂエンピイ),橘皮(ミカンの果皮の乾燥したもの.粉末にして用いる)(ヂユピイ),桂皮(肉桂の樹皮を乾燥したもの,粉にして肉料理や菓子に使う.ナツメッグのこと)(イビイ),五香粉(茴香,花椒,丁字,陳皮,桂皮を粉末にして混ぜ合わせたもの)(ウシヤンフエン),杏仁(アンズの種子の渋皮を取り除いてすりつぶしてしぼり汁を用いる.杏仁霜(シンレンシヤン)は粉末にしたもの)(シンレン)などがある.

中国料理の基本調理

拌菜(バンツアイ) 日本料理の酢の物,和え物に相当する料理で涼拌海蜇(リヤンバンハイヂオ)に代表される.
炒菜(チヤオツアイ) 材料を油で強火,短時間に炒め上げる料理.水溶きデンプンで濃度をつけることもする.
炸菜(ヂアツアイ) 揚げ物料理.清炸(チン)は素揚げ,乾炸(ガン)は穀類の粉をつけて揚げるもの,軟炸(ロワン)は小麦粉,デンプン,上新粉などを卵水などで溶いた衣をつけて揚げるもの.高麗は卵白を泡立てた衣をつけて揚げる.
溜菜(リウツアイ) 揚げ物,炒め物,蒸し物,煮物などにデンプンのあんをかけたり,からめたりする料理.古滷肉(酢豚),軟溜丸子(肉だんごあんかけ)
煨菜(ウエイツアイ) 材料を弱火でゆっくり煮る料理.
湯菜(タンツアイ) スープ料理で,清湯(チン)は清し汁,羹湯(ガン)はデンプンで濃度をつけた汁.
烤菜(カオツアイ) 直火焼きであるが,焼き豚のようにあぶり焼き,天火焼きの場合も含まれる.

このほか,蒸菜(ヂヨンツアイ)(蒸し物料理),醃菜(イエンツアイ)(漬け物料理)などがある.

切り方の名称

末・小米・鬆(ムオ・ヤオミイ・ソオン)……みじん切り,絲(ス)……せん切り,丁(デイン)……さいの目切り,片(ピエン)……薄切り,兎耳(トウアル アル),馬耳……乱切り,塊(コワイ)……ぶつ切り,条(テイヤオ)……短冊切り,柏子木切り,仏手(フオシオウ)……手の形に切る.

調理器具

鉄鏟(テイエ チアン)……鉄べら,鍋子(グウオ ヅ)……中華鍋,蒸籠(ヂヨン ロオン)……中国せいろう,鉄勺(テイエ シヤオ)……しゃくし,漏勺(ロウ シヤオ)……穴じゃくし

中国料理の献立構成

中国料理での献立は次のように構成され，菜単または菜譜（献立表）を呈示するのが慣例とされる．

1) **前菜**（チェンツァイ）　前菜は目を楽しませ食欲をおこさせるためである．前菜には"冷葷（冷たい料理）"（ロンホウエン／ロオペン）"熱盆（温い料理）"とがあるが，冷葷の方が作り置きができる利点がある．品数は2～8種類ぐらいまで偶数で供膳されるが，一般に大皿に美しく飾り盛りにするところが多い．これを拼盤（ピンパン）という．料理は汁気のないものを選び，皮蛋（ピイダン），ハム，焼豚のような加工食品も利用するとよい．調理品は一人につき一口，一はさみ，一枚というように少量ずつにする．

2) **大件**（ダアチェン）　主要料理で，調理材料，調理法，味や色彩の調和を考えて炒め物（炒菜），揚げ物（炸菜），あんかけ（溜菜），焼き物（烤菜），スープ（湯菜）などをもてなしの軽重によって数種類，温かいうちに供される．ただし，フカのひれ，ツバメの巣，アワビ，ナマコなどの高級特殊材料のスープや煮物は，魚翅席，燕窩席，鮑魚席，海参席などと称して，前菜のすぐあとに出される．

3) **点心**（デイエンシン）　主要料理のスープ（湯菜）の次に供される．一品の場合は鹹味の軽い主食代わりに甘味のデザートが出されて料理が終わる．二品以上の場合は鹹味のものは炒麺，湯麺，炸麺などの麺類，炒飯，粥の飯類，餃子，餛飩，焼売，春餅，包子などの粉製品，甘味のものでは，鶏蛋糕，抜絲地爪，八宝飯，元宵，奶豆腐などが供される．

4) **飯**（ファン）／**醃菜**（イエングウオ）　飯／漬物｝希望する者だけに出す．

5) **京菓**（チングウオ）（おつまみ）　正式の宴会の場合は食事に先だち別室で茶と一緒にすすめられるが，近頃は食卓に並べられることが多い．食卓にあるときは料理のでている合間につまんで食べてよい．京菓には干果（ガングウオ）（乾燥したカボチャ，スイカ，アンズの種子，松，クルミ，オリーブ，カシューナッツなど），蜜餞（ミイヂエン）（青梅，ナツメ，オレンジやレモンの皮，ハスの実の砂糖漬けや砂糖煮など）がある．

菜単例Ⅰ

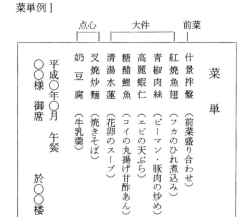

菜単例Ⅱ

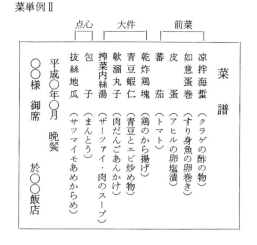

食事作法

1) 食卓の整え方

正式には方卓（四角形の卓）で，一卓8人着席するのが基準であるが，一般には円卓を使って10～12人着席する．食事形式が取りまわしによるので，料理をおく回転式小卓を中央におき，これをまわして料理を取りやすくしたものも用いられている．食器は，取りやすく，食べやすい位置に図4-2のように一人前ずつ並べておく．はしは日本の習慣のように横においてもよい．ナプキン，菜単も適当な場所におく．調味料（からし，酢，醤油）なども卓上に用意する．

その他，骨などを入れる容器もあった方がよい．取り皿は料理がすすむに従って，適宜新しい取り皿と取りかえるようにする．

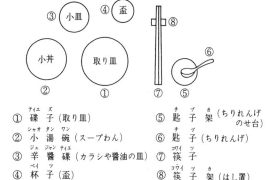

① 碟子 ティエズ（取り皿）　　⑤ 匙子架 チヅカ（ちりれんげのせ台）
② 小湯碗 シャオタンワン（スープわん）　⑥ 匙子 チヅ（ちりれんげ）
③ 辛醬碟 ジュジャンティエ（カラシや醤油の皿）　⑦ 筷子 コワイヅ
④ 杯子 ベイヅ（盃）　　⑧ 筷子架 コワイヅカ（はし置）

図4-2　食器の並べ方の一例

2) 座席の決め方

入口に対して一番奥の席が主客で，主人は入口を背にして主客と向き合った席に座る．角卓，円卓いずれの場合も主人席から向って右側が上席で，その左が次席となり，次に右，左と交互に席を定める．二卓以上になる場合でも図4-3のように席を定める．これは中国の習慣が北と左方を上位とするためで，それは南に向って座し，日出る方，東すなわち左を上位とするということが決められたので，日本の床の間，洋間の暖炉を上座にするなど，ときに応じて席次を組むようにすればよい．

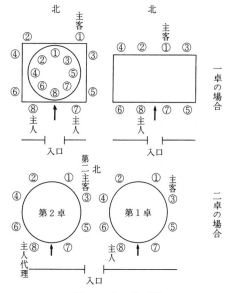

図4-3　座席順

3) 食事のすすめ方

i) **茶**：中国の湯呑茶碗はふたつきである．茶碗に茶を入れ，熱湯を入れて出された場合は，左手で茶碗をもち，右手でふたを向う側に少しずらし，ふたをおさえたまま静かに飲む．お代わりがほしいときはふたを取っておくと，主人側が白湯を注ぎ入れてくれる．ふたをして茶がほどよく出てから飲む．

ii) **前菜（冷葷 ロンホウエン）**：まず主客にすすめ，順次取りまわす．冷葷は最後まで食卓に出しておくものであるからあまりたくさん取ったり，かき混ぜたり，散らしたりしないようにする．

iii) **大件**：主客から冷めないうちに人数にいきわたるように取りまわす．ひとまわりした後は自由に取りまわす．コイの丸揚げやトリやカモの丸焼きなどは，主人または給仕人が切り分けてすすめる．

iv) **点心**：抜絲地瓜のようなあめ引き菓子は，水を入れた小丼が一緒に出される．イモをはしで取ると糸を引くから，小丼の水にちょっとつけて温度を下げ，糸を切ってからいただく．

v) **酒**：老酒の場合は，砕いた氷砂糖が一緒に出されるから，これを盃に少量入れ，温かい老酒をそそぎ，氷砂糖の溶けるのを待って飲む．アルコール度15度くらいの酒であるが，良質の老酒はそのまま飲むのが本来の飲み方とされている．

※ **京果** カボチャ，スイカの種の食べ方は，種を縦にして殻の先を前歯でかみ，殻と殻の間をあけ，中に入っている白い胚乳の部分を前歯で引き出すように取りだしてたべる．殻は食べない．

涼拌墨魚 (イカの酢の物)
<small>リヤンバン ムオ ユ</small>

　拌菜は，酢の物，和え物のことで醤油，酢，砂糖，ゴマ油でソースを作り，材料にかけたり，混ぜたりする料理法である．ソースには溶きがらし，すりゴマ，ネギ，トウガラシなどを好みにより加え変化をつけることができる．この料理は，材料そのものの味を生かすために，季節の出盛りの新鮮な材料を選び色彩を豊富にすることが大切であり，前菜として多く利用される．
　イカ肉は，脂肪が少なく特有の歯ごたえとあっさりしたうま味を有し，切り方によってはなやかな白さがあり，この料理に適した材料の一つである．

調理上の注意と解説

① 　イカのほかに塩クラゲ，木クラゲ，豚腎臓，糸寒天およびセロリー，トマトなどの生野菜があう．

② 　イカは足を胴からはなし，足についているわたを切り取り水洗いする．胴はひれの反対側を縦に切り開いて左手でもち，右手でひれをもって足の方にひっぱって皮をむく（図4-4）．ひれと足の皮をむく，皮がむきにくい場合には乾いたふきんでこするとむきやすい．

③ 　イカの裏側に包丁を斜めにねかし厚身の2/3ぐらいまで切り込みを入れる（下図：松笠）．

④ 　熱湯（塩分1％）にさっと通す．イカ肉の表面が白く不透明で切り込みが開き，松笠状になったら湯から取り出し，冷まして切る．煮すぎは硬くなりかみにくくなるので注意する．

⑦ 　イカの下味つけは，調味料aをイカになじむように手で軽くもみながら混ぜる．

⑭ 　キュウリの太いものは，縦割りにして図4-5のように切る．また，細いものは斜め切りにするとよい．

⑱ 　塩で下味をつけると浸透圧により水がでる．強くしぼると野菜のうま味が流出すので軽くしぼる．

㉔ 　㉓のかけ汁をイカ，野菜と和えて長く放置すると水っぽくなっておいしくなくなる．長く放置する場合はソースを小さい器にあわせておき，供する直前にかける．

【イカ肉の飾り切りの要領】

　いか肉の裏側（内臓側）の表面に細かく切り込みを入れて加熱するとイカ繊維が収縮して切り込みが大きく開き，松笠イカ，布目イカ，唐草イカ，仏手，花捲などの飾り切りができる．飾り切りすることによって肉繊維が短かくなり，食味を軟らかくする．また，表面積が大きくなるので，調味料の浸透および火の通りがよくなり，煮すぎを防ぐことができる．形の美しさよりも軟らかさを重要視するときは，表側（皮側）に切り込みを入れる．

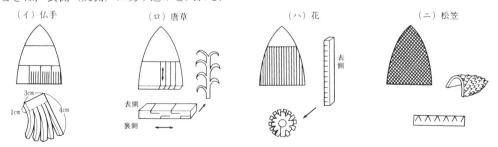

---

1) 田中武夫：イカの肉組織模式図

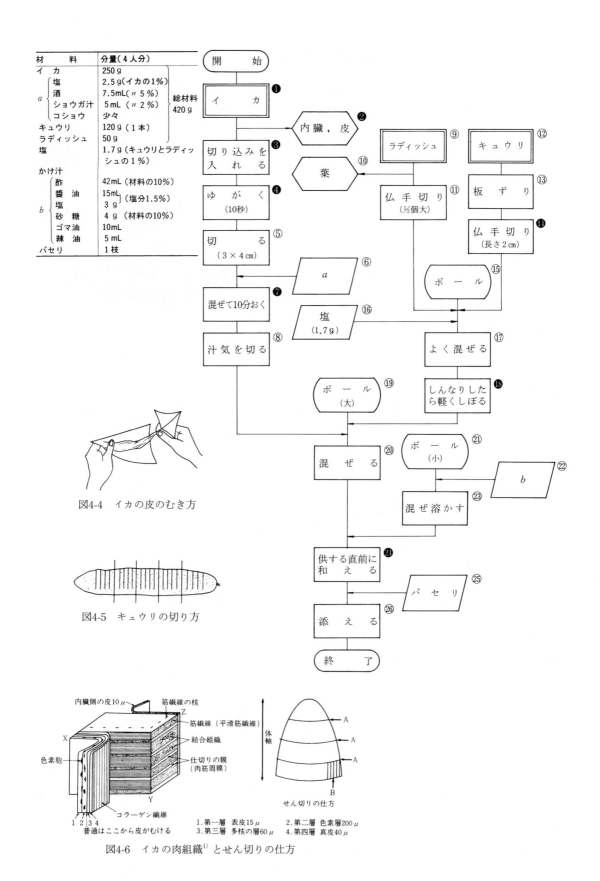

涼拌海蜇（クラゲの酢の物）
リャンバン ハイ ヂオ

涼または冷は冷たい料理，海蜇は食用クラゲのことで，これは，かさの部分を石灰とみょうばんに浸し，血汁を抜き，黄白色の半透明になったものを塩漬けにしたもので，海蜇皮（ビイ）という．

調理に用いる前に冷水に一晩漬けて，塩抜きしてから用いる．2，3回冷水をかえると臭みがよく抜ける．こりこりした歯ざわりが特徴である．

調理上の注意と解説

① 塩クラゲの塩抜きは，冷水を時々かえながら1晩漬けておく方法と，1％の食塩水に4時間ぐらいつけて塩抜きしてから，つけ水で洗う方法がある．

② 50～60℃の，たっぷりの微温湯の中をさっとくぐらせ，縁が縮んできたら，すぐ冷水に取る．あまり熱い湯につけると，弾力性の強いゴム状の口ざわりになる．

⑥，⑦ クラゲは，塩抜きしただけでは味がないので，かけ汁の一部を取って振りかけ，しばらくおく．

⑪ 鶏肉は蒸すと旨味が溶出するので，皿にのせて蒸す．溶出した旨味汁は調理に利用するとよい．

⑭ ささ身は，加熱すると，繊維状にさくことができるようになる．できるだけ細かく縦にさく．

⑳ キュウリのせん切りには下図の方法もある．（イ）→（ロ）→（ハ）

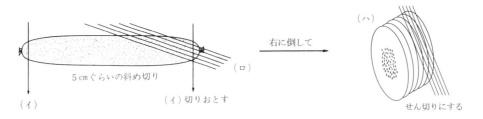

㉕ 卵焼き器を十分にから焼きしてから，たっぷりのサラダ油を加え，油を鍋肌になじませる．油を別器へ移し，テッシュペーパーで表面をきれいにふいた後，薄くサラダ油をぬるとよい．油が多く残っていると，焼き上がって卵の表面に凸凹ができなめらかにならない．

㉙ 以上の材料のほか，ハム，ウドなどをせん切りにして用いてもよい．

㉚ 紅ショウガの酢漬けは，あまり着色料を使用していないものをせん切りにして用いる．

【薄焼き卵をきれいに焼く条件】[1]

(1) 薄焼き卵は鍋に油を引いてから，油をよくふき取って焼くほうができ上がりがよい．

(2) 鍋を加熱し，卵液を流してジュと音がして固まるくらい（160～200℃）がきれいに焼ける．加熱時間は160℃で40秒，180℃で30秒，200℃で20秒くらいがよい．

(3) 卵液にデンプンを加えると加熱によって糊化するので水分の蒸発が少なく焼きやすい．加える量は2％以下が適当である．

(4) 卵液に加える砂糖は5～10％の範囲が適当で，破れにくい．

---
1) 山崎清子，手塚信子：家政学雑誌，17, 153（1966）

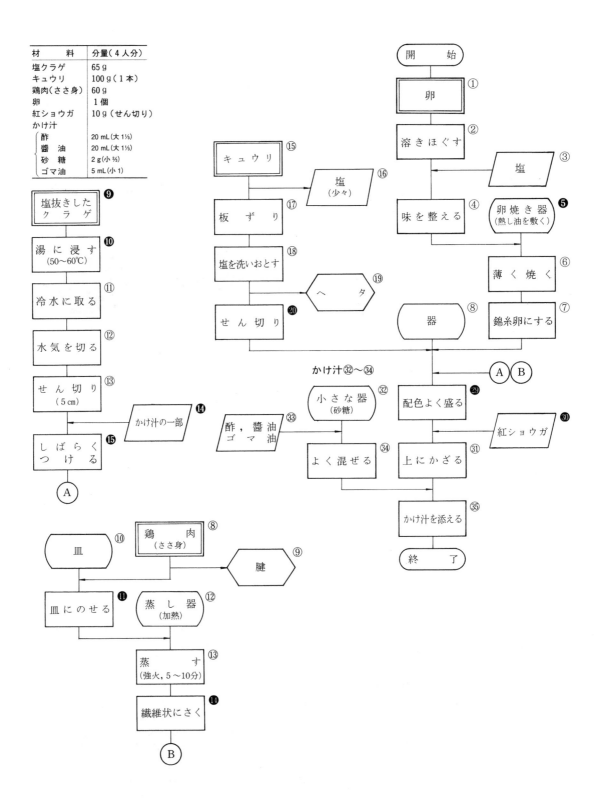

炒墨魚（イカの五目炒め）
チアオ ムオ ユ

炒とは炒める意であり，墨魚はイカの意である．炒墨魚はイカ肉と数種の野菜とをさっと炒めた料理であり，同時にイカ肉の特徴を引き出している比較的あっさりした炒め料理である．イカ肉は加熱しすぎると肉質がゴムのように硬くなるので煮すぎてはいけない．短時間にすばやく加熱調理することが大切である．短時間加熱では調味料の浸透が悪いので，調味汁にデンプンを加えてとろみをつけ，材料に調味汁をからめた調理法がよい．

調理上の注意と解説

① イカの下ごしらえ，皮のむき方は，涼拌墨魚（p.180）を参照のこと．イカは生イカでなく味噌漬のものでもよい．
③ 仏手の切り方は，涼拌墨魚（p.180）を参照．仏手切りにする場合は仏手炒墨魚という．仏手は，柑橘類のブシュカンが果実の上端で十数本の指状に分かれている形状から名づけられている．
⑧ ニンジンは他の野菜と同時に火が通るように七分通りゆでておく．
⑩ 木クラゲは厚身のある大きさのそろっているものを選び，乾燥しすぎたものはよくない．
㉑ 油焼きし，油は鍋肌になじませておく．
㉔ ゆっくりと弱火で炒め，油にショウガの香り，うま味を移しておく．
㉕ イカは生のときはやや透明感があるが，火が通ると白く不透明になるので，煮すぎないように煮え具合を調べる．
㉗ 炒めたイカは加熱しすぎると固くなるので別器のボールに取り出しておく．
㉚ 混合調味料は前もって調合しておく．
㉜ 水溶きデンプンは前もって作っておく．
㉝ 加熱すぎや混ぜすぎは濃度を薄くするので必要以上はしない．

【イカ肉の組織】

イカ肉は加熱すると収縮してまるくなり，固くなってかみ切りにくくなる．そして体軸に直角の方向にさけやすい性質がある．この性質を考えた上で加熱しても軟らかく，おいしく，見た目にイカ肉の白さを失わず，美しく調理することが大切である．イカ肉を組織的にみると，イカ肉の皮は第一層から第四層で構成され[1]，皮をむくときは，第二層と第三層の間がはなれやすい．第三層と第四層は肉についてはがれにくい．この第四層はコラーゲン繊維からなり体軸の方向に走っていて加熱により大きく収縮してイカ肉の表（皮側）を中にして体軸の方向にまるまる（図4-7）．この収縮を利用して飾り切りが多く用いられる．また，イカ肉の肉繊維は，体軸と直角の方向に胴部を取りまくように並び，肉繊維間は結合組織によって接合されていて，加熱するとこの体軸に直角の方向にさけやすくなる．

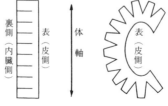

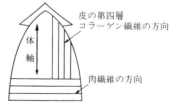

図4-7　イカの胴肉の収縮　　図4-8　イカ肉の繊維の方向

---

1) 山崎清子，島田キミエ他：NEW 調理と理論，p.267 同文書院（2015）

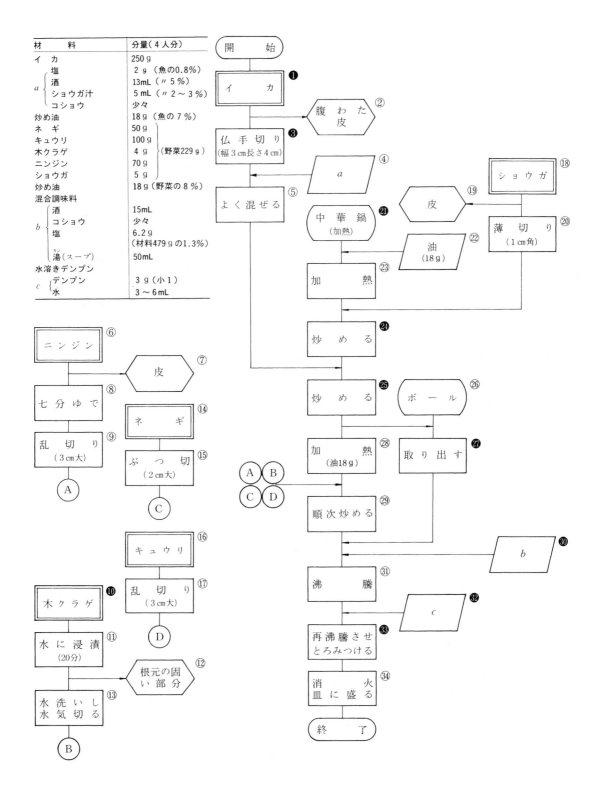

青椒牛肉絲（チンヂヤオニウロウス）（ピーマンと牛肉のせん切り炒め）

青椒はピーマン，絲はせん切りのことを示す．この料理は炒菜（チアオツアイ）に属する．炒菜の料理法は，高温短時間で材料に火を通し，食品のうま味を逃がさず，味を濃縮して調味汁にとろみをつけ，材料にからませ無駄なく供するので栄養分の損失が少ない．また，油のうま味が加わるなどの利点がある．

調理上の注意と解説
② 切り方は右頁を参照．
③ 調味料は肉をよく混ぜながら順次加える．デンプン，卵は肉の切り方により多少必要量が異なる．卵は肉をもみながら加え，肉に吸われ一部は全体にからまる程度で，器にたまるのは多すぎである．
⑨ 肉を入れて肉同志がくっつかないようにはしでかきまわす．肉を高温の油に入れると互いにくっつき，だんごのようになるので油温130℃に注意する．肉全体が白く変わったらピーマンを加える．
⑩ ピーマンを入れ10秒くらいの油通しを目安に，ピーマンの色をあざやかにする．
㉒ ネギとにんにくの香りが油に移ったところで油通しをした肉とピーマンを加え，炒める．
㉕ 水溶きデンプンは，汁が沸騰したところで鍋全体をゆり動かすように加える．
㉖ 炒め物は余熱により味をそこなうことがあるので，余熱を考慮に入れ早目に消火する．
㉘ 必要以上には混ぜない．混ぜすぎるとブレイクダウン現象がおこりとろみが水様化し薄くなる．

【炒菜の種類】
(1) 清炒（チンチアオ） 切った材料をそのまま油で炒める（例 炒墨魚（チアオムオユ），八宝菜（バアバオツァイ））．
(2) 乾炒（ガンチアオ） 主材料に下味をつけてからデンプンをつけ泡油（油通し）してから副材料を炒めた中に加え，一緒に炒めあげる（例：腰果鶏丁（ヤオグウオヂイデイン））．
(3) 京炒（ヂンチアオ） 主材料に下味をつけて卵白で溶いたデンプンをつけて泡油し，副材料と一緒に炒める．（例：青豆蝦仁（チンドウシヤレン））．(1)〜(3)のほか，爆（バオ），煎（ヂエン），煸（ペン），烹（ポン）などの調理法がある．

【炒菜の要領】
(1) 準備 1) 切る．切り方は火の通りやすい片（ピエン）（そぎ切り），絲（ス）（せん切り），丁（デイン）（さいの目切り）が多く，一つの料理に使用する材料は，大きさ，切り方をそろえる．2) 下味をつける．塩，コショウ，酒，醤油，卵，デンプンなどを用いるが，白身の肉や魚には塩分として塩，卵は卵白を用いる．その他臭み消しに香辛料を用意する．3) 泡油（パオイウ）（油通し）する．肉，魚介類は油温130℃，野菜は油温150〜160℃で八分通り加熱する．これは材料のうま味を保ち，形くずれ，変色を防ぐのに効果的である．4) 調味料を調合する．デンプン以外の調味料を合わせ混合調味料とする．デンプンは別器にデンプン（調味液量の4％）の二倍の水と合わせる．5) 盛りつけ皿，器を用意する．

(2) 加熱 1) 中華鍋を油焼きする．鍋を煙が出るくらい加熱し，冷たい油を入れ鍋全体に油がゆきわたるようにして油を鍋肌になじませて別器に油を移す．再び冷めた油を鍋に入れ加熱するこの工程を2，3回くり返す．2) 炒め油を加熱する．油は材料の8％内外．3) 煮えにくい材料から炒める．4) 混合調味料，水溶きデンプンを加える．5) 濃度がついたら消火し皿に盛る．

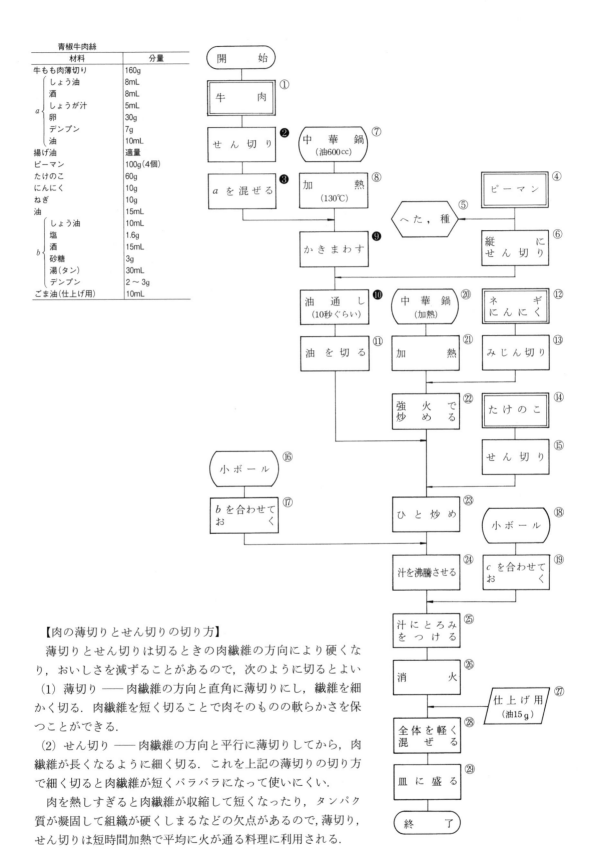

【肉の薄切りとせん切りの切り方】

薄切りとせん切りは切るときの肉繊維の方向により硬くなり，おいしさを減ずることがあるので，次のように切るとよい

(1) 薄切り —— 肉繊維の方向と直角に薄切りにし，繊維を細かく切る．肉繊維を短く切ることで肉そのものの軟らかさを保つことができる．

(2) せん切り —— 肉繊維の方向と平行に薄切りしてから，肉繊維が長くなるように細く切る．これを上記の薄切りの切り方で細く切ると肉繊維が短くバラバラになって使いにくい．

肉を熱しすぎると肉繊維が収縮して短くなったり，タンパク質が凝固して組織が硬くしまるなどの欠点があるので，薄切り，せん切りは短時間加熱で平均に火が通る料理に利用される．

芙蓉蟹（かにたま）

フウ ロオン シエ

芙蓉はフヨウの花，またはハスの花の別名に用いられる．芙蓉蟹はこの花のように卵をふんわりと仕上げた料理である．

蓉芙蟹は，オムレツや厚焼き卵と同様，多めの油を入れて十分に熱した鍋に卵液を流し入れる．卵液は鍋の熱で下の方は早く固まり，上部は流動状態にある．卵液をかき混ぜて下の方へ移し，半熟状態にする．適度の攪拌で全体に熱が通り，つなぎ力が残っている間に形を整えると，内部は半熟状態の軟らかさを保ち，外部は凝固した状態に仕上げることができる．

調理上の注意と解説

⑧　タケノコは，先端の軟らかいところはくし形に切り，下部の硬いところはせん切りにする．
⑪　ネギは，包丁で中心まで切り込みを入れ，開いてから重ねて長さ4cmのせん切りにする．
⑬　油で炒めた材料は十分冷ましてから卵と混ぜる．温かいうちに加えると，卵が一部熱凝固することがあるので注意する．
⑮　カニの缶詰を用いる場合は，肉質をほぐし，軟骨は取り除いておく．
㉕　焼き方には，1人分ずつ小さくまとめて焼いたものを器に盛り供する場合と，数人分一度にまとめて大きく焼き，器に盛り，食卓で適宜切り分けて供する場合がある．

【デンプンを利用した料理】

薄くず汁（かき卵汁）：デンプンは汁の0.8〜1.5%量用いる．汁にとろみが加わるため，汁の保温性が良くなり，口あたりを良くする．また卵を汁に均質に分散させる効果もある．

くずあん：デンプンを3〜6%濃度で用いる．調味料の浸透があまり良くない材料を煮物にする場合などは，薄味に仕上げ，汁にデンプンで濃度をつけて食品にからめる．

くずざくら：水の20%量のデンプンを用いる．くずデンプンは他の材料に比べて透明度が高く弾力性があり，独特の歯ごたえがある．

ブラマンジェ：コーンスターチを仕上がり量の8〜10%濃度で用いる．このデンプンは糊化し終えても透明にならず白く仕上がることやゲル化しやすいなどの特徴を有する．

ごま豆腐：白ゴマと本くず粉を練り合わせ，豆腐様に仕上げたもの．仕上がり量の12〜15%濃度のくず粉を用いる．

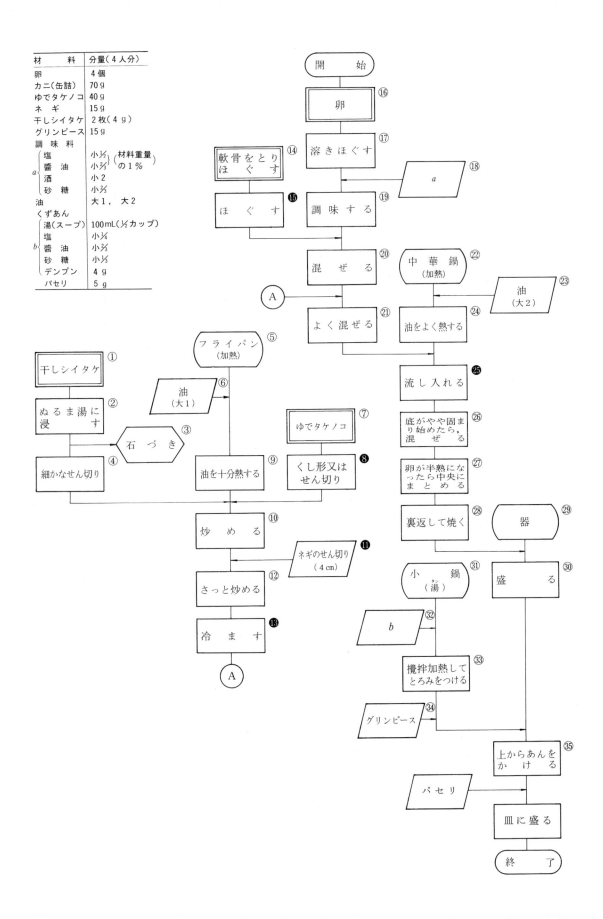

乾炸鶏塊（鶏のぶつ切りから揚げ）
<small>ガン ヂア ヂイ コワイ</small>

乾炸は揚げ方，鶏は鶏肉，塊はぶつ切りを示す．この料理は鶏を骨つきのままぶつ切りにし下味をつけ，デンプンをまぶした揚げ物料理である．揚げることによって油の旨味が加わり，高温加熱のため旨味を流出させることなく手軽にできる．二度揚げ法にし，二度目は供する直前に揚げて熱いうちに供する．炸菜の種類は桃酥魚片の項（p.194）を参照．

調理上の注意と解説

① 骨つきの鶏肉は骨から旨味がでておいしくなる．切り方は火の通りを同じにするために大きさをそろえる．
⑤ ネギは包丁の背でたたいてネギの組織をつぶして香りがでやすいようにしておく．
⑨ デンプンをまぶして長く放置すると肉内部から水分がでて，デンプンの衣がはがれやすくなるのですぐ揚げる．
⑫ 油温170℃にして鶏肉を入れたときに熱が奪われ，油温が下がるのを防ぐ．
⑯ 鶏肉を取り出し油切り，余熱を利用するため2分間ぐらい放置する．
⑲ 再び油温180℃の中に鶏肉を入れ十分に火が通るように二度揚げにする．よく火の通ったものは，肉が収縮して骨から肉がはがれやすくなり，鶏肉の両端から骨がみえてくる．油から取り出すときは，鶏肉の表面がカラッとし，香ばしく焦げ色がつく程度に短時間（様子をみながら約30秒）で揚げる．
㉑ ゴマ油を鶏肉の上からふりかけ，鶏の臭みを消し，風味をよくする．
㉒ 花椒塩<small>（ホワヂヤオイエン）</small>の作り方は桃酥魚片の項（p.194）を参照．

【油について】

揚げ物の熱媒体として用いられる油：揚げ物は130〜200℃に加熱した油の中に食品を入れて熱を加える調理法である．食品に熱が均一に伝わり，高温短時間で材料を軟化，変性させることが可能である．油の比熱（物質1gの温度を1℃上げるのに必要な熱量）は0.47であり，水の約2分の1である．したがって，同じ火力で熱すると水の約2倍の速さで温度が上昇し，100℃以上の温度が容易に得られる．一般に揚げ物料理は揚げ温度を一定に保つことが難しいとされていたが，近年は温度を自動調整できるIH機器が出まわり，温度調節が容易になってきている．

二度揚げ：一度目は中まで火が通るように150℃くらいの低温でじっくり揚げる．その後，一度取り出しておくと表面の熱が内部に伝わり，表面も焦げることなく火が通る．その後，二度目は170〜180℃の高温で揚げる．二度揚げで表面の水分が蒸発して適度な焦げ色がつく．骨付きの鶏肉や魚一尾を揚げる場合によく用いられる方法である．

---

1) 日本食品標準成分表2015
2) 山崎 清子，渋川 祥子，島田 キミエ他：NEW 調理と理論，p224，同文書院（2015）

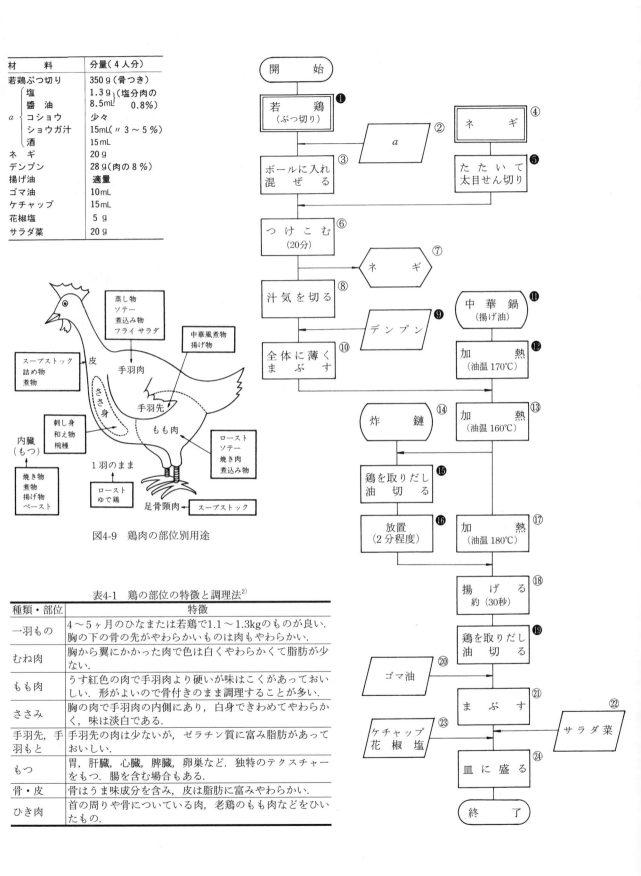

高麗魚条 (ガオリイユテイヤオ)（白身魚の卵白衣揚げ）

高麗魚条は材料に下味をつけて泡立卵白にデンプン，または小麦粉を混ぜた衣を材料にからめてふんわりと白く軽く揚げた上品な揚げ物である（桃酥魚片の項p.194参照）．

条は，中国料理の切り方の名称で拍子木切りをさす．高麗には，白身魚，エビなどの脂肪分の少ない材料やハマグリ，カキ，生シイタケ，バナナ等が適する．
例：高麗蝦仁(ガオリイシャレン)（エビの白揚げ），高麗香蕉(ガオリイシャンヂヤオ)（バナナの白揚げ）などがある．

調理上の注意と解説

② 皮がついていれば蕃茄溜魚片の項（p.200）を参照．
③ 拍子木切りは長さ太さをそろえる．大きさが不ぞろいであると火の通りにも影響するので注意する．
④ 調味料は魚になじませるように手で軽く混ぜる．魚肉が軟らかいのでくずさないよう注意する．
⑦ 魚肉の切り身にまんべんなく薄くデンプンをまぶす．つけ方がむらになると衣がはがれる．
⑨ 衣はデンプンのみで作ると白く色よく仕上がるが，衣の膨化力に欠ける．小麦粉は衣が膨化するが小麦粉の色素により白く仕上がらない．両方の利点を考慮しデンプンと小麦粉を使用するとよい．
⑫ 冷蔵庫から出しておく．
⑬ 新鮮な卵は濃厚卵白が切れにくいので泡立て器を打ちつけるようにして水様化させる．
⑭ 泡立てはきめが細かく，ピンとつのが立つぐらいに硬く泡立てる．
⑮ 泡をつぶさないようにデンプンと小麦粉の混ぜたものを加え，粉が平均に混ざるようにする．
⑱ 魚の切り身一つ一つにていねいに衣をからませ，静かに鍋に入れる．
⑲ 魚を揚げている間は油の表面から出ている部分にも熱い油を上からかけるか，切り身の上下を返しながら揚げると揚げ色が平均につく．揚げ時間が経過するにしたがって衣の表面が硬くなる．
⑳ 衣の表面が固くしっかりしてきたら油温180℃に上げ，取り出して油を切る．180℃で取り出すと油切れがよくなり，衣が軽く揚がる．衣の表面が軟らかいうちに油から取り出すと，衣がしぼんでふっくらとしないので注意する．
㉔ 花椒塩(ホワジヤオイエン)の作り方は桃酥魚片の項（p.194）を参照．

【中国料理に使用する油の種類について】

(1) 動物性油脂（葷油(ホウエンイウ)）　　ラード（猪油(ヂウイウ)），バター（黄油(ホワンイウ)）
　　　　　　　　　　　　　　　　　ヘッド（牛油(ニウイウ)），鶏脂（鶏油(デイイウ)）
(2) 植物性油（素油(スウイウ)）　　　　ゴマ油（芝麻油(ヂマアイウ)），ラッカセイ油（花生油(ホワンオンイウ)）
　　　　　　　　　　　　　　　　　ダイズ油（豆油(ドウイウ)），サラダ油（沙拉油(シヤラーイウ)），菜種油（菜油(ツアイイウ)）

どの料理にも使われるのはダイズ油である．料理の味を濃厚にしたりコクをだすときはラード，ラードは菓子類に小麦粉と練り込んだり，揚げ衣に加えサクサクとくだけやすくし，中国料理独特の風味を出すのに使われる．香りづけにゴマ油，白く仕上げる料理に鶏油など使い分ける．

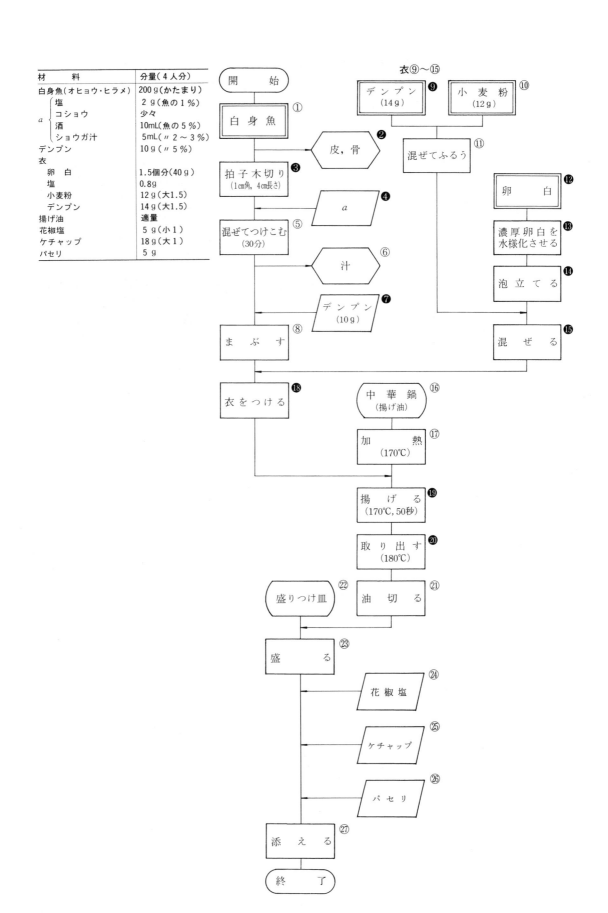

桃酥魚片（タオ ス ユ ピエン）（魚肉の薄切りのクルミ衣揚げ）

桃はクルミ，酥はもろくサクサクした状態を示し，片はそぎ切りのことである．桃酥魚片は魚肉片にクルミをつけ歯ざわりよくサクサクと揚げた料理で乾炸（ガンヂア）に属する．炸菜（ヂアツアイ）は多量の油の中で加熱する揚げ物料理である．揚げ物には，揚げ物そのものを賞味する場合と，溜菜（リウ），炒菜（チアオ），煨菜（ウエイ），蒸菜（ヂオン）などの調理過程の一段階として広く用いられる場合とがある．

調理上の注意と解説
① 白身魚のほかには，鶏ささ身，鶏手羽肉などがよい．
② そぎ切りは厚さ0.8cmより薄くならないように切る．切り身が薄すぎると揚がりすぎる．
④ 魚の下味用調味料 a を加えて手でもむように軽く混ぜる．
⑥ 溶きほぐした卵を少しずつ加え，手でもむように混ぜる．魚肉片をくずさぬようにする．卵液は魚肉片に吸われ魚肉片の表面をおおう程度になるが，卵液が多い場合には，余分な卵液は別器に取りわけてからデンプンを加え混ぜる．
⑦ クルミのほかにカシューナッツ，落花生などでもよい．
⑩ パン粉は，荒いものは細かくし，クルミのみじん切りにそろえる．
⑰ クルミとパン粉は水分が少ないため焦げやすいので油から取り出したあとの余熱を考える．香ばしくサクサクと揚げる．
㉒ トマトケチャップのほか，からし，醬油，花椒塩でもよい．これらは皿に添える．

【炸菜の種類】
(1) 清炸（チンヂア）　材料に衣をつけないで材料そのままを揚げる．
(2) 乾炸（ガンヂア）　材料に小麦粉，デンプンをまぶして揚げる．
(3) 軟炸（ロワンヂア）　材料に小麦粉，デンプン，上新粉をそれぞれ水または卵と合わせ衣を作り，材料につけて揚げる．
(4) 酥炸（スヂア）　(3)の衣にベーキングパウダーまたはラードを加え材料につけて揚げる．
(5) 高麗（ガオリイ）　泡立て卵白にデンプン，上新粉，小麦粉などいずれかを加え衣を作り，材料につけて揚げる．
(6) その他　材料にデンプンをまぶし卵液をつけてからクルミ，カシューナッツなどをつけて揚げる．

【炸菜の要領】
(1) 揚げる前に材料に下味をつけておく．赤身肉類は醬油，白身肉（鶏ささ身，エビ，白身魚）は塩で味をつける．臭みを消すためには，酒，コショウ，ネギ，ショウガなどを用いる．
(2) 中国料理の揚げ物を供するにはトマトケチャップ，からし，酢，醬油，花椒塩（山椒塩のことで，サンショの実を煎って粉にしたものと塩を3：7の割合に混ぜ合わせたもの）を添える．

材　料	分量（4人分）
白身魚（オヒョウヒラメ）	150 g（かたまり）
a ｛塩	1.5 g（魚の1％）
酒	8 mL（〃 5％）
コショウ	少々
ショウガ汁	3 mL（魚の2～3％）
b ｛卵	1/2個
デンプン	10 g
衣	
｛クルミ	60 g
パン粉	20 g
揚げ油	適量
パセリ	5 g
トマトケチャップ	15 mL
サラダ菜	30 g

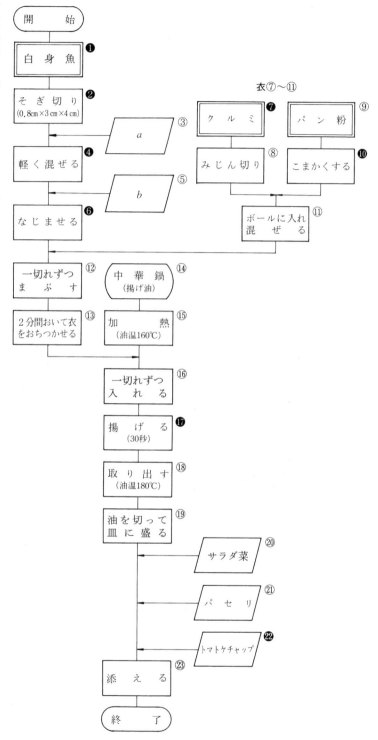

醋溜丸子（肉だんごの甘酢あんかけ）

　醋溜は甘酢あん，丸子はだんごの意である．醋溜丸子は豚肉で作った揚げだんごに甘酢あんをかけたあんかけ料理（溜菜）である．溜菜のあんは使用する調味料，材料により仕上がりの色彩，味覚が異なるので下記のような種類に分けられる．

調理上の注意と解説

③　ボールにひき肉を入れ，調味料 a を加え，ねばりのでるまでよく混ぜる．

④　ネギはみじん切りにするので芯部のみでよい．外側は㉖のせん切りのネギに使用する．

⑥　卵を肉に少量ずつ加える．デンプンとともにつなぎの役目をする．

⑧　手に油をつけて肉だんごを作る．下記の肉だんごの作り方参照．

⑩　揚げ油は⑧のだんごを作りはじめるまでに油温170℃に加熱し，だんごは作りながら油の中に入れ，揚げられるようにする．揚げ方は二度揚げにする．二度揚げについてはp.190も参照

⑪　肉だんごを入れて油温160℃に保つように火加減を調節する．

⑮　⑬で取り出した肉だんごは，油温180℃の高温で二度揚げし，肉だんごの表面をきつね色にきれいに揚げる．二度揚げは油切れをよくし，カラッと揚げることができる．肉だんごは揚げすぎるとボソボソしておいしくないので，油から取り出してからの余熱を考慮しておく．また，一度目を揚げるのは時間的に余裕のあるうちに揚げ，二度目は供する直前にあたため直す意を含めて揚げると合理的である．

㉑　汁が透明になって濃度がついたら混ぜすぎないようにする．

㉔　肉だんごとあんが熱いうちに，皿に盛る．

㉖　ネギは 5 cm の長さに切って縦に包丁を入れ，芯をはずす．外側の白い部分をせん切りにする．

【肉だんごの作り方】

(1) 左手で肉を軽く握って小指より押し出すようにする

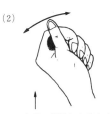

(2) 左手の親指から出た肉の表面を，親指を左右に動かしなめらかにする

(3) 左手をきつく握ってだんご状になるまで肉を押し出し，右手でちりれんげやスプーンを持ちすくいとる

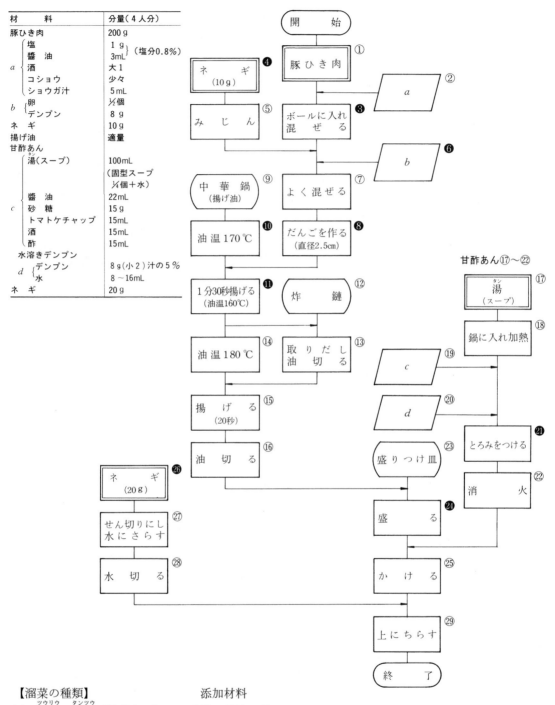

【溜菜の種類】　　　　　　　　　添加材料
(1) 醋溜＝糖醋（甘酢あん）　　　砂糖，醤油，酢
(2) 醤汁（醤油あん）　　　　　　塩，醤油
(3) 水晶，玻璃（透明あん）　　　塩
(4) 蕃茄溜（トマトあん）　　　　トマトケチャップ
(5) 奶溜（牛乳あん）　　　　　　牛乳，エバミルク
(6) 杏酪＝杏露（杏仁あん）　　　杏仁粉

古滷肉（酢豚）
（クルウロウ）

　古滷肉は咕咾肉・糖醋肉塊といい広東の代表的な料理で，日本では古くから酢豚として親しまれている．主材料の肉を油で揚げ，肉のもち味を生かし，副材料の野菜を炒め熱いうちに甘酢あんであんかけにした料理である（醋溜丸子の項p.196を参照）．

　溜菜（リウツァイ）は，材料を揚げるか，炒めるかの下調理をして，熱いうちにあんと混ぜ合わせる調理法である．あんは，デンプンで濃度をつけ，調味のつけ方でいろいろなあんを作ることができる．あんはデンプンの糊化により粘性を増し，料理の口あたりをよくする．材料の表面をあんで包んで冷めにくくする．下調理で材料の表面に油の膜ができ，調味料の浸透を悪くするためにあんを材料にからめ欠点を補う，料理につやをつけ，みた目を美しくする利点がある．

調理上の注意と解説

① 豚肉は，もも肉またはバラ肉のかたまりのまま用意する．他に鶏肉，魚，肉だんごでもよい．
② 肉は加熱するとかさが小さくなるので野菜よりも少し大き目に切って，料理のでき上がりで野菜と大きさがそろうように切る．料理の変化をつけるために拍子木切り（条）にしてもよい．
⑤ デンプンは，薄めにむらなくつけ，余分なデンプンは落とす．またデンプンは，肉の水分を吸収し，揚げることによって肉内部のうま味成分の流出を防ぐことができる．
⑨ 肉の表面をカラッときつね色に揚げる．また，肉は他に二度揚げにしてもよい（p.190参照）．
㉗ ショウガは，みじん切りにしておく．
㉚ 林料を手早く強火で炒め，材料に油をなじませ，火を通す．
㉛ 混合調味料はあらかじめ小ボールにあわせておく．
㉝ 水溶きデンプンはあらかじめデンプンと水をあわせておく．
㉞ 調味料が蒸発しすぎないように手早く水溶きデンプンを加え，平均にとろみがつくように鍋全体をゆり動かしながら加熱する．
㉟ 汁にとろみがつき，つやがでて透明になったら，パイナップルを加える．
㊲ 仕上げ油を加えて軽く混ぜる（混ぜすぎてはいけない）．奶油鶏片の項（p.202）を参照．

【獣鳥肉類の加熱による変化】
　(1) 肉の赤色は，組織中に含まれるミオグロビンと血液中のヘモグロビンによるもので，50℃ぐらいから灰褐色に変色していく．(2) 肉を加熱すると重量の20〜40％の損失がある．(3) 肉のタンパク質は，65℃ぐらいで凝固，収縮する．結合組織の主成分であるコラーゲンは，80℃以上で水を加えて煮ると分解し，ゼラチン化して煮汁中に溶出する．(4) 脂肪は，脂肪球として結合組織の網状の中に存在し，加熱により網がこわれ脂肪が溶出する．(5) 加熱すると肉の風味がよくなる．アミノ酸の生成により臭味をもつ揮発性物質は，香辛料を添加することによっておさえることができる．

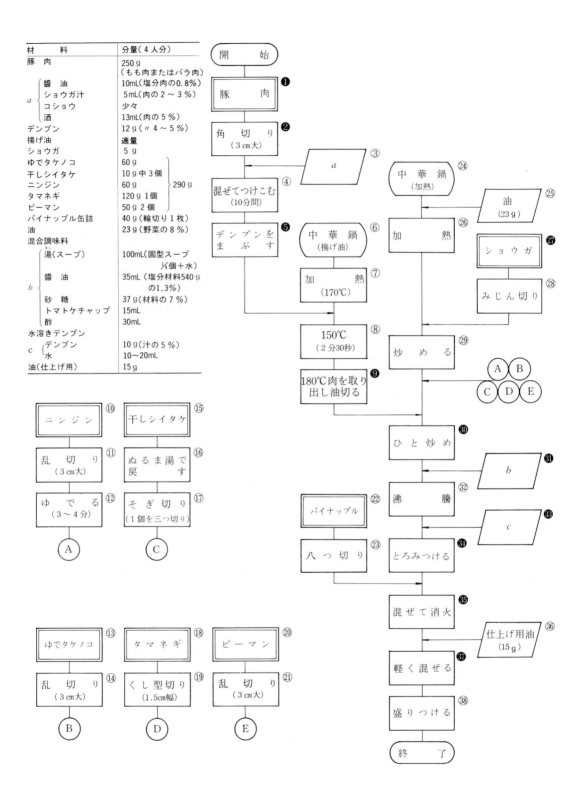

蕃茄溜魚片 (魚肉のトマトあんかけ)

フアンチエリウ ユ ピェン

蕃茄はトマト，魚片は魚のそぎ切りという意である．蕃茄溜魚片は，副材料を炒めカラッと揚げた魚肉を熱いうちに混ぜ，トマトケチャップあんを加えた料理である．魚肉のカラッとした感触が残るように炒めすぎ，混ぜすぎに注意してあんをからませるとよい．魚の切り方を棒状（条），そぎ切りの切り身を一枚一枚巻く（捲）など，変化をつけることができる．ヒラメのほかに，オヒョウ，イシモチ，サバなどに適する料理である．醋溜丸子 (p.196)，古滷肉 (p.198) の項を参照．

調理上の注意と解説

① 冷凍の場合は，自然解凍（低温解凍）にする．冷凍室から冷蔵室に包装のまま移して5℃前後で解凍する．そぎ切りのような切り方は，半解凍のうちに切ると身くずれしなく切りやすい．

② 皮がついている場合は，まな板に魚肉の皮側を下にしてのせ，左端の皮をつまみ，皮と魚肉の間に包丁を入れ，まな板にぴったりねかせ皮だけを引っぱって皮と身をはがす．（図4-10参照）

③ 魚の切り身の厚みが薄いと揚がりすぎるので，ある程度の厚み（0.8cm程度）をもたせる．

⑩ ⑦の魚肉片を一切れずつ中華鍋に静かに入れ，油温が下がったら強火で170℃に加熱する．その後中火に火力を変え，1分前後で魚肉片の表面がカサカサになり油の表面に浮いてくる．

⑪ 火加減を強火に変え，油温180℃で魚を取り出し油を切る．この操作で魚肉の表面が薄くきつね色になり，油切れよく揚げることができる．

㉒ ⑬のタマネギと⑰のピーマンを順次さっと油にくぐらせ油通しする．油は⑪の残り油を150℃に冷まして使用する．タマネギはシャキシャキした歯ごたえを残し，ピーマンはあざやかな緑色が残るようにする．あとで炒めるのを考慮に入れておく．

㉓ 中華鍋の鍋肌に油をなじませておく．

㉕ ⑲のみじん切りのニンニクは，焦げやすいので，弱火か中火程度でニンニクの香りを移すように炒める．

㉖ 油通ししたタマネギ，ピーマンは手早く強火でひと炒めし，加熱しすぎないように注意する．

㉚ ㉘の合わせ調味料を加える．このとき調味料が少ないので手間どると蒸発してしまうから手早くする．そして㉙の水溶きデンプンは鍋全体をゆり動かしながら一ヶ所に固まらないように混ぜる．

㉛ ⑪の魚を混ぜるときは軽く混ぜる．混ぜすぎないように注意する．

㉞ 料理全体に油をかけ3回ぐらいさっと混ぜる．この油は，料理のつやをよくし，風味をつけたり，料理の中の油をまわりによび出す．

【溜菜の要領】

(1) 主材料となる材料の下味は，薄めにし完全に火を通す．

(2) 主材料，その他の材料の下調理とあんが同時にでき上がり，どちらも熱く同温で混ぜられるように手順を考える．

(3) デンプンは，液量の5％前後用意し，水溶きしてデンプン粒を膨潤させ糊化しやすくしておき，煮立ったところに鍋全体をゆり動かしながら加え，一煮立ちさせる．

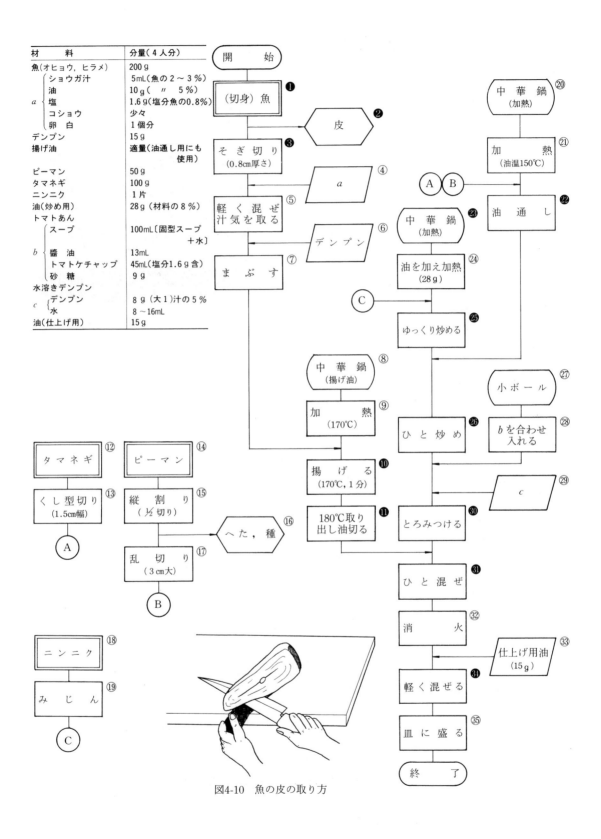

図4-10 魚の皮の取り方

奶溜鶏片 (鶏ささ身の牛乳あんかけ)
ナイ リウ ヂイ ピエン

奶溜は牛乳を用いて白く仕上げた牛乳あん，片はそぎ切りのことである．牛乳あんは牛乳のもつなめらかな感触とコクのある味と香りを有し，あんにとろみをつけることにより一層なめらかさが加わる．鶏ささ身のような脂肪の少ない淡白な材料に適するあんである．更にハクサイを軟らかく煮て，鶏ささ身にデンプンをまぶすので料理全体が口あたりよくなる．

奶溜鶏片のほかに，奶油蒸鯛（鯛の牛乳蒸し），奶油三色菜（三色野菜クリーム煮）がある．溜菜については醋溜丸子（p.196），古滷肉（p.198）の項を参照．
ナイイウヂオンデイアオ
イウサンシェツアイ

調理上の注意と解説

② 鶏ささ身のすじの取り方は，すじのある方を下側にまな板の上におき，すじの太い方を指でつまみ包丁で身をおさえ，すじをひっぱって取る．
③ 鶏ささ身をそぎ切りにする．包丁にはりついて切りにくい場合，包丁を水でぬらすと切りやすい．
⑥ そぎ切りにした鶏ささ身を一切れ一切れ手のひらにのせ軽くたたいておくと，鶏ささ身の加熱による収縮が小さく，加熱しても軟らかさを保つ．
⑧ 汁気を切ってデンプンを一切れ一切れまぶし，余分なデンプンははたいて落とす．デンプンをおちつかせてから熱湯に入れゆでる．
⑨ 鶏ささ身のゆで具合は，まぶしたデンプンが透明になって鶏ささ身が白くなるまでゆでる．ゆですぎると身がしまって硬くなりおいしくなくなる．
⑬ ハクサイの代わりにチンゲン菜を使用してもよい．
⑲ ⑭のハクサイを葉身から先に炒め，炒め油がなじんでから葉柄を炒める．
㉑ スープを加えてからハクサイがとろけるようになるまで中火で煮る．
㉓ 牛乳を加えて長く加熱すると牛乳が凝固しやすいので長く煮ない．牛乳の代わりに生クリーム，無糖エバミルクなどを使用することができる．
㉔ ⑪の水溶きデンプンを沸騰しているところに加え，手早く全体を混ぜ，汁が透明になってとろみがついたら，煮すぎ，混ぜすぎないように注意する．
㉕ 鶏油は白く仕上げる料理に風味づけに使われるもので，使わなくてもよい．

表4-2 デンプンを薄い濃度で用いる調理[1]

料理の種類	濃度（％）	デンプンの種類	調理例
飲み物	5〜8	くず，片栗粉	くず湯
くずあん	3〜6	片栗粉	あんかけ
溜菜	3〜5	片栗粉	八宝菜，酢豚
汁物	1〜1.5	片栗粉	かき卵汁
	2	片栗粉	のっぺい汁

1) 山崎清子，島田キミエ他：NEW 調理と理論，p.192，同文書院（2015）

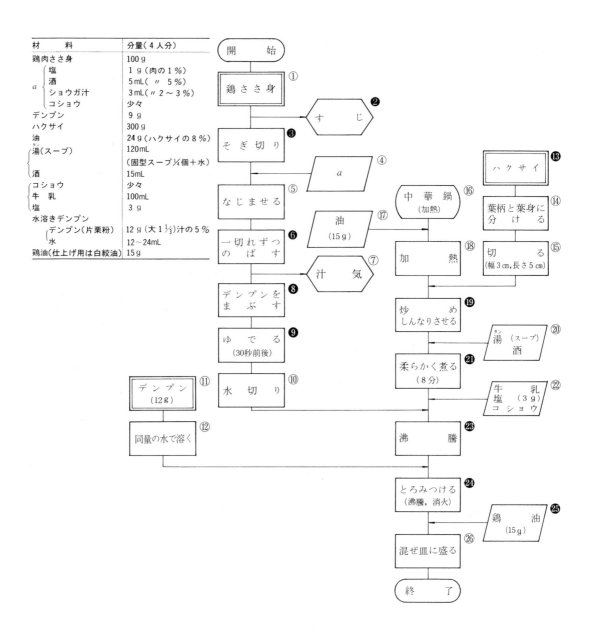

玻璃白菜（ハクサイのくずあんかけ）
ブオ リイ バイ ツアイ

玻璃は，塩，砂糖，酒などで調味した透明なあんのことで，水晶（シュイチン）ともいい溜菜（リウツアイ）の一種類である．玻璃白菜は，ハクサイを軟らかく煮て，透明なあんをかけた料理である．ハムやベーコンの代わりに鶏肉のぶつ切りを用いてもよい．

調理上の注意と解説

③　ハクサイの葉一枚ずつがそのまま入るぐらいの鍋（直径24〜25cm）を用意して，葉先と根元を交互にきちんと重ねて並べる．

⑤　湯（タン）のとり方はp.214を参照．

⑦　根元に近い方が厚いので，ここが軟らかくなるまで煮る．

⑩, ⑮　味を整えたら，ハクサイと煮汁各々を，器と小鍋に取り分ける．

⑪, ⑫　重ねたまま，くずさないようにして切る．

⑬　大皿は蒸しあげたらそのままあんをかけて食卓に供せる器であり，蒸籠の中に入る大きさの器を選ぶ．

⑳　水溶きデンプンは，デンプンと同量から1.5倍量の水を加えて，よく混ぜて用いる．

㉒　生のグリンピースを用いる場合は，沸騰した塩水で，あらかじめ硬めに色よくゆでておく．冷凍品を用いる場合は，熱湯にさっとくぐらせる．

【蒸籠と鍋子】

蒸籠とは蒸し器のこと（図4-11）．湯を沸かす鍋子（クォズ）より4cmほど小さい蒸籠が望ましい．鍋子の上に蒸籠を重ね，蒸気が上がると材料を入れて蒸し上げる．蒸籠は木と竹でできており，余分な水分を吸収する．さらに，ふたにカーブのあるあじろ編みなので，蒸気が平均的に当たり，また蒸気が適当に抜けるため，しずくが落ちないので，温度管理しやすい．なお，熱の当たりが軟らかいので，ふきんなどを敷く必要がない．

【参考料理：白菜捲（バイツアイジュアン）（4人分）】

材料	分量	作り方
ハクサイ	400〜500g	(1) ハクサイを湯でゆでた後，取り出して2枚重ねぐらいに並べて上からデンプンを少々ふりかけ，ハムを並べてくるりと巻く．
デンプン	5 g	
ハ　ム	30g	(2) 2，3ヶ所糸でしばる．
塩	3 g	(3) 蒸し器に入れて強火で8分間ぐらい蒸し，糸を取り，約2cmに切り，皿に盛る．
湯（タン）	200mL	
芝エビ	4尾	(4) ハクサイを煮た汁に，芝エビ，塩を入れる．最後に水溶きデンプンを加えてとろみをつける．ハクサイの上にかけ，グリンピースを散らす．
グリンピース	10g	
水溶エデンプン		
デンプン	6 g	
水	12mL	
たこ糸	適宜	

図4-11　蒸籠（チョンロン）と鍋子[1]

---

1) 新調理研究会編，これからの調理学実習，p.83，オーム社

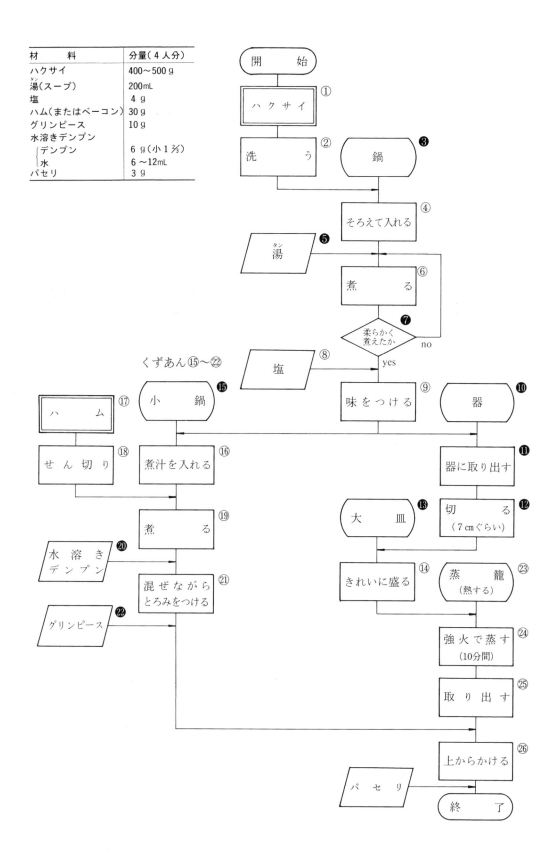

蒸蛋黄花(茶碗蒸し)
(ヂオンダン ホワンホワ)

蒸は蒸し物，蛋は卵のことを表わす．希釈卵液を調味した蒸し調理で，希釈する湯の量が多いほど，口あたりが軟らかく味もよいが，蒸し操作が難しくなる．だし汁による希釈卵液が凝固するのは，80℃以上であり，また90℃以上になるとタンパク質が凝集し，加えた水分が蒸気になって膨化するので，"す"がたつ．(p.48茶碗蒸し，p.50卵豆腐を参照)

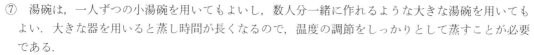

調理上の注意と解説

③ 湯(タン)のとり方はp.214を参照．卵に加える場合，湯の温度が50℃以下になっていること．

⑤ 塩は卵の凝固力を促進する．卵液ゲルの，材料配合による硬さの違いは下表に示したとおりである．

⑦ 湯碗は，一人ずつの小湯碗を用いてもよいし，数人分一緒に作れるような大きな湯碗を用いてもよい．大きな器を用いると蒸し時間が長くなるので，温度の調節をしっかりとして蒸すことが必要である．

⑧ 表面にできた泡は，きれいにすくい取る．

⑨ 蒸籠(p.204)は，竹で上部が編まれているので，蒸気が凝縮してしずくになって落ちることがなく，便利である．金属製の蒸し器を用いる場合は，ふたと身の間にふきんをはさみ，ふたをピタッとせず，少しずらしておく．

⑩，⑳ 希釈卵液の蒸し物であるから，蒸し温度調節ができあがりに大きく影響をおよぼす．85～90℃に蒸し温度を常に保つ．

⑪，⑯ サヤエンドウは，飾りに扱いやすいよう小さめのものを用い，適当な大きさの斜め切りとする．

⑰ ハムは，みじん切りにして飾りに用いる．他にせん切りにしても良い．

⑲ 蒸し始めて数分ぐらいの間で卵液の表面がまわりから凝固し始め，表面も不透明な薄いクリーム色になりはじめたときに．飾りをのせる．

㉑ 竹串で固まった卵液を刺し，中から出てくる卵液が澄んでいれば，蒸し上がっている．

表4-3 卵液ゲルの硬さにおよぼす塩，牛乳の影響[1]

実験番号	材料配合				硬さdyne/cm^2
	卵	水	牛乳	食塩	
1	20	80	—	—	凝固しない
2	20	—	80	—	$8.98×10^2$
3	20	80	—	1	$5.83×10^2$
4	30	70	—	—	$2.50×10^2$

カードメーター使用条件(品温20℃)

重　錘：100g
感圧面：径11.3mm
上昇速度：1インチ/7秒

卵：水が1：4では凝固しないが，この割合でも全体の1％量の食塩を加えると凝固する．
卵：牛乳は1：4で凝固し，しかも硬さのしっかりとしたゲルになる．

---

1) 松元文子，吉松藤子：調理学　p.158 光生館 (1979)

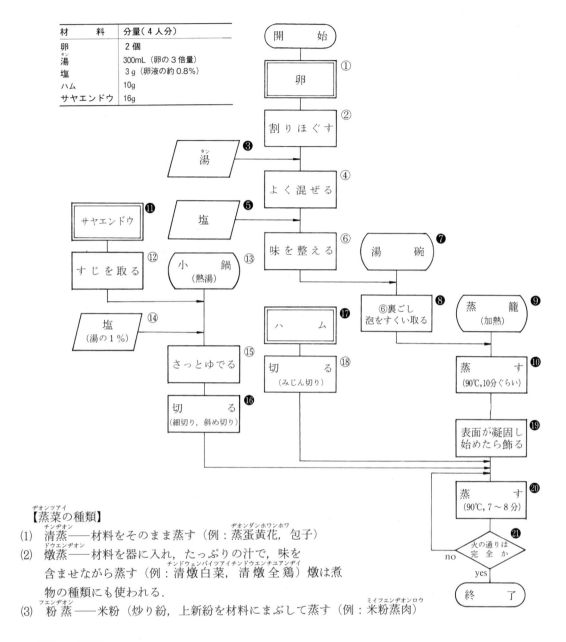

【蒸菜の種類】
(1) 清蒸（チンヂォン）——材料をそのまま蒸す（例：蒸蛋黄花（デォンダンホワンホワ），包子）
(2) 燉蒸（ドウエンヂォン）——材料を器に入れ，たっぷりの汁で，味を含ませながら蒸す（例：清燉白菜（チンドウェンパイツァイ），清燉全鶏（チンドウェンチュアンヂイ））燉は煮物の種類にも使われる．
(3) 粉蒸（フェンヂォン）——米粉（炒り紛，上新紛を材料にまぶして蒸す（例：米粉蒸肉（ミイフェンヂォンロウ））

【蒸菜の要領】

(1)材料の種類，特質，大きさに適した火加減に調節する．材料を蒸籠に入れ再び蒸籠の上から蒸気が上がるまで強火，その後，硬くて煮えにくく時間のかかるもの，時間をかけて味を含ませるもの，卵を用いたものは弱火か中火の蒸気で蒸す．一方，強火の蒸気で蒸す場合は，包子（パオヅ），鶏蛋糕（デイダンガオ）のような膨化させるもの，魚など火の通りやすいものなどがある．(2)材料を蒸籠に入れたら蒸籠内温度を一定に保つためむし上がるまでふたを取らない．ふたを取ると料理の味が落ち，包子など膨化させるものはせっかく膨らんだものが，冷気でしぼむなど悪影響をおよぼす．(3)加熱中は，中華鍋の湯量の不足を補う．蒸し時間が長いと中華鍋の湯が蒸発して少なくなり，同時に蒸気も少なくなって蒸籠内の温度が低くなり，適温を保つことができなくなるので，中華鍋の湯はたっぷりの量を保つことが必要である．

珍珠丸子（肉だんごのもち米蒸し）
（ヂエンヂユ ワン ヅ）

珍珠丸子は，肉のだんごの周囲にもち米をつけて蒸した料理である．珍珠は真珠を意味し，つやよく蒸し上がったもち米を形容したもので，丸子はだんごのことである．醤油や食紅を加えた水に入れ，もち米を着色し変化をつけることもある．

丸子は，豚，鶏肉のひき肉，魚肉のすり身，エビ肉のすり身，豆腐などを主材料に形作られ，蒸菜（ヂォンツァイ）のほかに，炸菜（ヂア），溜菜（リゥ），煨菜（ウェイ），湯菜（タン）に用いられる．

調理上の注意と解説

③ もち米は，その重量の1.5倍の水に2～3時間浸す．こわ飯を作る場合と異なり，ふり水をすると形が悪くなるので，浸漬時間を長くして十分吸水させてから加熱する．

⑦，⑪，⑭，⑯ 細かいみじん切りにする．みじん切りが粗いとだんごにしたときに食感が悪くなる．

⑲，⑳ 豚肉のみでもよいが，鶏肉を混ぜると味が複雑になっておいしい．

㉑ ひき肉をボールに入れ，粘りがでるまで手で混ぜる．卵は少しずつ加える．

㉓ 12～16個のだんごにする．だんごに形作る方法はp.196参照のこと．

㉕ 盆ざるで水を切った④のもち米にだんごをころがし，だんごの周囲にもち米をつける．だんごにもち米を埋めこまないようにそっところがす．

㉗ だんごとだんごの間を少しあけて並べ，蒸気の通りをよくする．

㉘～㉚ 加熱中，蒸し水がなくならないように注意する．

㉚ 蒸籠を鍋からおろす（うちわで風を送り荒熱を除くとつやが出る）．

㉛ 器に盛り熱いところを供する．好みによりからし醤油を添える．

【参考料理：八宝肉飯（五目炒め飯）】（パアパオロウファン）

もち米	400g	
鶏肉	100g	
干しむきエビ	20g	
干しシイタケ	2枚	
ゆでタケノコ	40g	
甘栗	10個	
グリンピース	20g	
ネギ	20g	
油	40mL	
醤油	20mL	
湯（タン）	340～380mL	
ゴマ油	10mL	

（1）干しむきエビは水に浸して戻し，荒みじんに切る．戻し汁は湯（タン）に加える．（2）干しシイタケは戻し，5mmくらいの小角切りにし，戻し汁は湯（タン）に加える．（3）もち米は水洗いし，よく水を切る．（4）鶏肉，ゆでタケノコ，鬼皮をむいた甘栗は5mmくらいの小角切りにする．（5）グリンピースは，沸騰塩水（1%）中に入れゆで，水に取る．（6）ネギは，小口切りにする．（7）中華鍋を熱し，油10gを入れ，鶏肉，シイタケ，ゆでタケノコを炒め，別器に取る．（8）先の鍋に油30gを入れ，（3）のもち米を入れて炒め，半透明になったら湯（干しエビ，干しシイタケの戻し汁を加え，340～380mL）を入れ，（7）と（1）を加えて調味し，ほとんど汁がなくなるまでかき混ぜながら加熱し，ごま油を加え火からおろす．（9）（8）を皿に盛り，蒸籠に入れて20～30分蒸し，蒸し上がってから（5）のグリンピースを散らす．

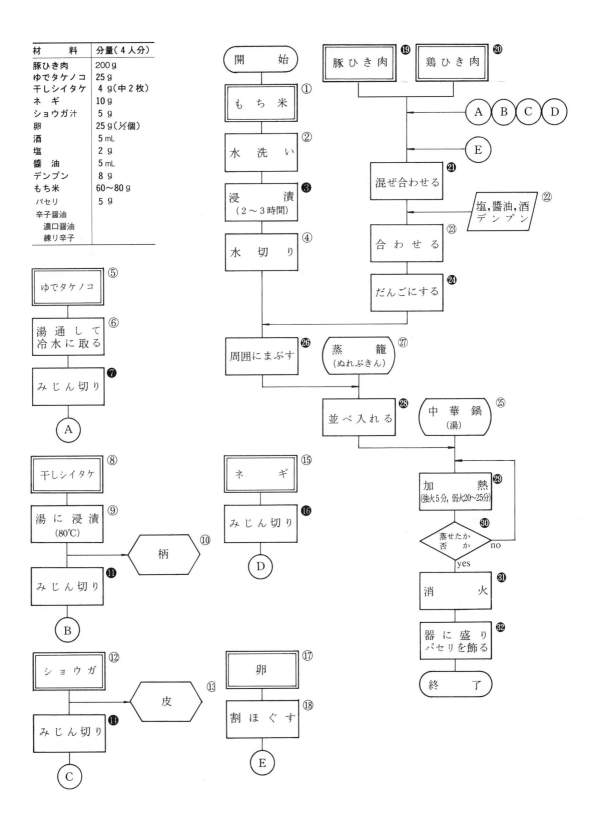

210

白片肉 (ゆで豚)
(バイ ピエン ロウ)

白片肉は，豚バラ肉を大切りのままゆで，熱いうちにごく薄切りにしてソースをつけ，温かいうちに供する．この料理は夏向きの前菜である．

ソースはからし醤油，酢醤油などで変化をつけ，つけ合わせに生野菜を盛り合わせると豪華な料理になる．中国料理での煮物は下記のように煮汁の多少，煮上がりの色の濃淡，味つけの濃淡，火加減，煮ている間の所要時間の長短，などの違いにより区別されている．

調理上の注意と解説

②，④　ネギ，ショウガは包丁の背でたたいて組織を破壊し香りのでやすいようにしてから切る．

⑨　肉の中心部まで平均に熱が通るように，太さにむらなく成形してたこ糸でかたちよく縛る．

⑩　鍋は，肉が入る小さめの深鍋にし，熱湯は肉がかぶる程度でゆで汁が少なくてすむようにする．

⑪　ゆでている間は，ボールに水を用意し，表面に浮いたアクをすくい取り除く．

⑫　ゆで豚が中心部まで煮えているか，竹串を刺して透明な肉汁がでてくるか確かめる．ゆで汁は，スープや炒め物のスープに使う．

⑰　c（ニンニクソース）を使用の場合は，料理名が蒜泥白肉（スワニーパイロウ）または雲白肉（インパイロウ）にかわる．ニンニクはおろし金でするか，できるだけこまかく切る．

⑱　ニンニクソースとともに供する場合には，つけ合わせとしてキュウリの薄く切ったものをさっと水に漬けて，パリッと歯ざわりよくしたものが適する．他に生野菜をつけ合わせるとよい．

【煨菜（ウエイツァイ）の種類】

(1)　煨（ウエイ）　埋もれ火ぐらいの弱火で静かに煮込む．
(2)　燒（シァオ）　材料を油で炒めてからスープと調味料で煮込み，仕上がりに強火で煮つめ汁を少なく仕上げる煮方．
(3)　燜（メン）　煮汁を材料に対しひたひた程度とし，弱火で蒸し煮する．
(4)　煮（ヂゥ）　たっぷりの煮汁の中で火加減を中火にし，煮汁を補給しながら煮込む．
(5)　滷（ルゥ）　調味料に香辛料を加え濃厚な味つけで煮る．日本でいうタレのような汁で煮込む．
(6)　燉（ドゥン）　土鍋に材料をたっぷりの煮汁を入れ煮込む．
(7)　燴（ホエイ）　材料を煮込んだ後，デンプンを用いて煮汁に濃度をつける．

【煨菜（ウエイツァイ）の要領】

（1）　材料を炒める，揚げるなどの下料理をして煮込む．
（2）　比較的煮熟時間が長いので，強火にすると焦げつきやすいため，沸騰まで強火でその後は弱火にし，煮くずれをしないようゆっくり煮る．また，十分に味をしみ込ませる．
（3）　煮汁は煮熟中に煮つまるので薄めに調味しておく．
（4）　材料は大きめに切るか，魚などは1尾丸ごと使用する．
（5）　香辛料を多く使って煮る，料理の仕上げにふりかける，料理に添える，などして風味を増す．

---

1)　西郷，森，杉田，沢野，相沢：食品材料の化学，p.68　医歯薬出版（1983）

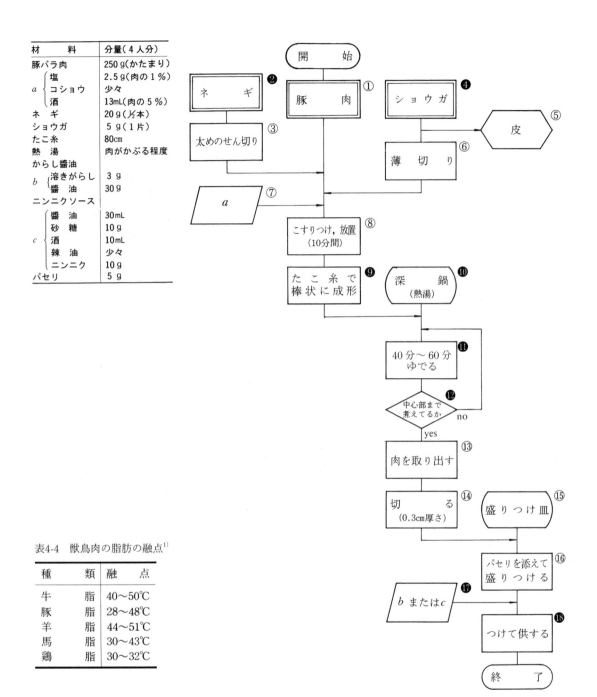

表4-4 獣鳥肉の脂肪の融点[1)]

種類	融点
牛脂	40〜50℃
豚脂	28〜48℃
羊脂	44〜51℃
馬脂	30〜43℃
鶏脂	30〜32℃

【獣鳥肉類の脂肪の融点について】

　獣鳥肉の脂肪は口に含んだ場合にすぐにとろけるように溶ける状態がおいしく，ザラザラしてロウのようにいつまでも口に残るのはまずい．これは脂肪の融点の高低により左右されるので，融点に適した料理を選ぶことが必要である．表4-4に示したように牛脂の融点が一番高く，体温より高いので口の中では溶けにくい．このため温かいすき焼きのような料理にして口中で溶けやすい状態で食べる料理を選ぶ．一方，冷製料理にする場合には脂肪の少ない部位を選ぶ．豚脂は比較的融点が低いので脂肪が多く含まれている部位でも冷めて常温に保っていればおいしく食べることができ，適する料理には白片肉，焼叉肉がある．

烤　肉（焼き豚）
　　カオ　　　ロウ

烤菜（カオツァイ）には下記のような種類があるが，家庭では設備がないので材料を油焼きし煮る簡単な方法が多く利用されている．焼く調理法の場合は脂が皮，肉にしみ込んだり火中に脂が落ち，煙って燻されるので表面が茶褐色となり香ばしく脂っぽさを感じさせない独特の風味が加わる．代表的なものに北京烤鴨（ペイチンカオヤ）（鴨の丸焼き）がある．

烤肉は叉焼肉ともいい，前菜に使ったり，作りおきして炒飯，中華そば，五目よせ鍋などに利用するとよい．

調理上の注意と解説
① 豚もも肉が適当であるが，三枚肉を利用するのも脂肪部分がとろけるようにおいしい．
⑦ ③のニンニクと⑥のショウガをすり込む．
⑧ 脂身があれば中側に巻き込むように直径5 cmの棒状にたこ糸で形よく成形する．（図4-12参照）
⑨ 包丁の背でネギをたたいて香りの出やすいようにし，肉の臭みを和らげる．
⑫ ネギを肉のまわりにまぶし強くおさえ，長ネギの香りが肉にしみるようにする．1時間つけ汁に漬け込んでいる間は肉の上下を返し全体に漬け汁が浸み込むようにする．
⑭ 漬け汁は⑳で使うので取っておく．
⑯ 小さい厚手の深鍋を使用し，煮汁として加える水がなるべく少なくてすむようにする．
⑲ 強火で表面のタンパク質を凝固させて肉内部の旨味が肉汁に溶出しないように焦げ目をつける．
⑳ つけ汁を加え煮汁がかぶる程度になるまで水を加え，落しぶたをし中火で煮る．
㉑ 煮汁を裏ごしでこした方が肉の表面のつやがよくなる．
㉕ 中心部まで煮えているか竹串を刺してでてくる肉汁が透明であるかを調べる．濁っていればもう一度蒸発分の水を加え加熱し煮る．中心部まで煮えたら強火にして煮汁を煮つめ肉に煮汁をからめる．

図4-12　豚肉の縛り方[1]

【烤菜の種類】
(1) 掛炉に材料をつるし蒸し焼きにする．仔豚，鴨子，鶏など丸ごとおよび大切りの肉（皮つき）を焼くときに用いられる．
(2) 天火で焼く．材料を金網にのせ天火に入れ焼く．
(3) 直火であぶり焼き．材料にたれをつけ直火であぶり焼きする．
(4) 燻し焼き．材料を揚げる，蒸す，煮るなどして，木の葉（ヒバ），ザラメ，ネギなどで燻し焼く．

【豚肉の調理】
豚肉は牛肉に比べて繊維がこまかく結合組織が少なく軟らかい．硬い部位も牛肉より加熱時間が少なくてすみ，そして脂肪が多いのが特徴である．このため部位による使い分けは牛肉ほど制限はないが，脂肪の多少により使い分ける必要がある．豚の脂は融点が低いので常温に冷ましておいしく供することができ，脂身は菓子類に使用することもある．

---
1) 永嶋久美子，福永淑子：一食献立による調理実習25, p.126, 医歯薬出版株式会社（2007）
2) 山崎清子，島田キミエ他：NEW調理と理論，p.220-223, 同文書院（2015）

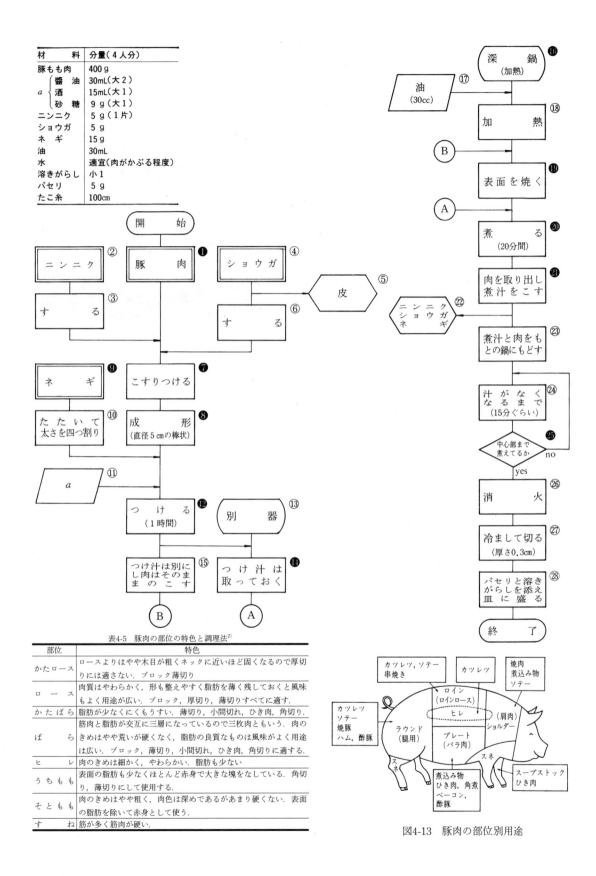

図4-13 豚肉の部位別用途

清湯水蓮（ゆで卵と春雨の清し汁）
（チンタンシユイリエン）

清湯とは澄んだスープのことである．清湯水蓮はゆで卵を花形切りにし睡蓮の花にみたて，それに清湯をそそぎ入れた湯菜である．

湯菜は，中国料理の汁物（スープ）のことで，湯（タン）は汁物のほかに煮だし汁（スープストック）のこともさす．湯（タン）は日本料理の煮だし汁，西洋料理のスープストックと同様に料理の味を左右する基本となる．

調理上の注意と解説

④ 清湯に仕上げるために，鶏骨に付着している内臓や脂肪をとくに注意して取り除く．

⑧，⑩ ショウガ，ネギはくずれない程度にたたきつぶし，湯に香りが移りやすくする．

⑫ 卵は，卵黄が中央になるような全熟卵にする．それには，卵と卵がかぶるくらいの水とともに火にかけ，水温が80℃になるまで静かにころがしながらゆで，沸騰後は弱火にし12分間加熱する．また，ゆでる前に卵の鈍端の卵殻に針ぐらいの穴をあけてから加熱する方法もある．

⑭ ゆで卵は，ペティナイフ，または揚子に木綿糸を結びつけたものを用いて花形に切る．花形卵が盛りつけやすいように，卵の端を少し切り落とす．（スタッフドエッグp.106参照）

⑱ ネギは，縦に中央まで切り芯を取り除き，1〜1.5mmぐらいに細く切る（図4-14）．

㉑〜㉕ この間，鍋にふたはしない．鶏骨のにおいが湯（タン）に残らないようにする．

㉑，㉒ 沸騰までは強火にし，沸騰したらすぐ火を弱めアクをすくい取る．小ボールに水を入れておき，その中にすくい取ったアクをにがすとよい．その後は沸騰を持続するくらいの火力にすると，あくが取りやすく湯（タン）が徐々に澄んでくる．

㉛ 春雨は，熱湯の中に入れふたをして戻す．急ぐ場合はゆでる．

【湯菜の種類】

(1) 清湯（チンタン） 澄んだスープのことである．とくに清澄さをあらわす場合は清湯水蓮のように料理の初めに清湯をつける．清湯のうち身の多いものを川湯（チュワンタン）ということがあるが，清湯と川湯の区別はしがたい．

(2) 奶湯（ナイタン） 濁ったスープのことである．奶は乳をさすが牛乳を用いなくとも濁ったスープは奶湯に属する．

(3) 烩湯（ホエイタン） デンプンを加え濃度をつけた，薄くず汁のことである．

(4) 羹湯（ゴンタン） 烩湯に比べデンプン濃度が高くドロリとしたくず汁のことである．

【参考料理：搾菜肉絲湯（ヂアツァイロウスタン）】

清　湯	600mL	
塩	3 g	
醤　油	3 mL	
酒	10mL	
豚薄切り肉	60g	
搾　菜	30g	

(1) 搾菜は水に1時間位さらし塩抜きした後絲に切る．(2) 豚肉も長さ5cmぐらいの絲に切る．(3) 清湯を静かに沸騰させ(2)の豚肉の絲をバラバラになるように加え，一度アクを除く．(4) 搾菜の塩分を考慮して調味する．(5) 搾菜を加え火からおろす．

※搾菜は四川特産の漬け物で，トウガラシをきかせて塩漬けにしてあるためピリッとした辛味と独特の風味がある．

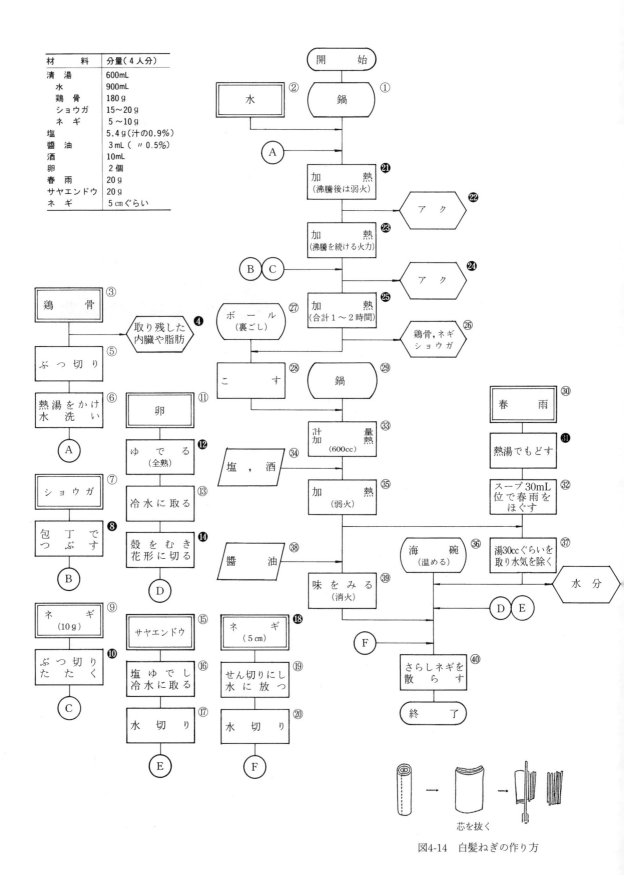

図4-14 白髪ねぎの作り方

豆腐蛤蜊羹（豆腐とハマグリのむき身のくず汁）

羹湯とは，デンプンで濃度をつけた口ざわりのよい湯菜である．身になるハマグリのむき身はよい旨味が出るので湯をとらず固型スープを用いても十分美味である．

湯をとるには動物性食品を用いるときと，植物性食品を用いるときとがある．前者でとった湯を葷湯，後者でとった湯を素湯という．両者ともにショウガ，ネギを香味野菜として必ず用いる．これは，中国料理の湯のとり方の特色といえる．

調理上の注意と解説

⑤　ハマグリのむき身は，つやのある新鮮なものを選ぶ．

⑫，⑬　皮をむいたショウガは，細いせん切りにし水に放ち，アクと余分な辛味を除く．せん切りではなく，すりおろしてその汁を用いてもよい．

⑱〜㉖　ハマグリは高温で長く加熱すると硬く小さくなり，まずくなる．火加減に注意し，加熱時間はできるだけ短くする．

⑲〜㉖　豆腐も高温で加熱したり，加熱時間が長くなると口ざわりが悪くなるので注意する．

㉒〜㉖　汁の中に水溶きデンプンを加える場合，水とデンプンをよく混ぜて用いる．汁を静かに沸騰させ，かき混ぜながら水溶きデンプンを少しずつ加え，汁全体に平均にとろみをつける．汁が一煮立ちしたところに醤油を加え，すぐ火を消す（醤油は加熱をくり返すと香りがなくなるため）．

表4-6　葷湯，素湯の種類と材料

葷湯			素湯		
種類		材料	種類		材料
鶏湯	老鶏	水1200〜900mL（仕上がり600mL） 老鶏　180 g ネギ　15〜20 g ショウガ　10〜5 g	香菇湯		水900〜750mL（仕上がり600mL） 干しシイタケ15 g ネギ　15〜20 g ショウガ10〜5 g
	鶏骨	水1200〜900mL（仕上がり600mL） 鶏骨　180〜240 g ネギ　15〜20 g ショウガ　10〜5 g	豆芽湯		水　750mL（仕上がり600mL） モヤシ120〜180 g ネギ　15〜20 g ショウガ10〜5 g
	鶏皮	水900〜750mL（仕上がり600mL） 鶏皮90〜120 g ネギ　15〜20 g ショウガ10〜5 g			
肉湯		水1200〜900mL（仕上がり600mL） 豚肉　180 g ネギ　15〜20 g ショウガ10〜5 g			
魷魚湯		水900〜750mL（仕上がり600mL） するめ　120 g ネギ　15〜20 g ショウガ10〜5 g			

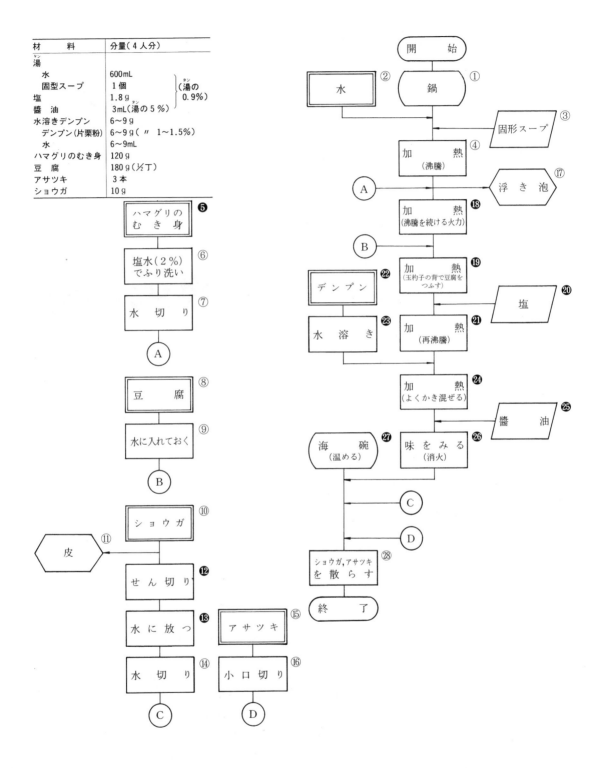

青瓜魚絲湯(チンゴワユスタン)(キュウリと白身魚の濁り汁)

青瓜はキュウリ，絲はせん切りのことで青瓜魚絲湯は，キュウリと魚を用いた湯菜(奶湯(ナイタン))である．奶湯は牛乳を用い白濁した湯(タン)，および濁った湯(タン)をさす．乳を使用しない奶湯は，鶏骨，たたき割った豚骨，あらかじめ湯通し水洗いした豚背脂，ショウガ，ネギを鍋に入れ水から火にかける．沸騰後も比較的強火で2時間以上煮だすので湯は次第に白濁し，味，香りともに濃厚なスープになる．

奶湯は，このほか奶湯魚翅(ナイタンユチ)(ふかのひれの濁り汁)，奶羹蝦丸子(ナイゴンシャワンズ)(エビだんごの濁りくず汁)など数多くある．

調理上の注意と解説

② 湯のとり方はp.214, 215を参照のこと．奶湯なので，加熱中に浮いてくる脂肪は除かなくてもよい．

⑩, ⑭ 白身魚とキュウリの調理は，湯(タン)がとれるのをみはからって準備する．

⑪ 白身魚は，薄いそぎ切りにする(p.18マグロの刺身を参照)．

⑯, ⑰ 卵白は切るように混ぜ合わせ，下味のついた白身魚にからめる．

⑲ 白身魚はくずれないようにていねいにデンプンをまぶす．

㉑, ㉓ 130℃の揚げ油の中に片栗粉をまぶした白身魚をパラパラと入れ20〜30秒加熱する．

㉕, ㉖ せん切りキュウリを150℃の油に入れ，鮮やかな緑色になったらすぐ取り出す．泡油(パオイウ)(油通し)したキュウリは時間とともに色が悪くなるので㉝にすぐ用いる注意が必要である．

㉙ 牛乳を加え，軽く混ぜながら加熱し，表面に皮膜ができるのを防ぐ．

【参考料理：奶羹蝦丸子(ナイゴンシャワンズ)】

奶湯	600mL	
水	900mL	
鶏骨	180g	
豚脂	30g	
ネギ	20g	
ショウガ	10g	
塩	5.4〜6g	
水溶きデンプン(片栗粉)		
デンプン	6〜9g	
水	6〜9g	
芝エビ	120g	
塩	少量	
酒	10mL	
卵白	30g	
デンプン	3〜5g	
サヤエンドウ	30g	

(1) 鶏骨についている内臓を除き，水洗いする．(2) ネギとショウガをつぶす．(3) 筒型鍋に水を入れ(1)の鶏骨，(2)のネギ，ショウガと豚脂を入れ火にかける．沸騰までは強火，沸騰直前に弱火にして浮き上がったアクを除く．その後は沸騰を持続する火加減で加熱を続ける．時々アクをすくい取る．(4) 芝エビは塩水で洗い，水切りする．殻を除き，背わたを取る．まな板の上にエビのむき身をのせ，出刃包丁の背ですり身にする．次にすり鉢に入れ調味し，卵白を少量ずつ入れ，片栗粉を加え混ぜる．(5) (4)を直径1.5cmぐらいのだんごにし，熱湯中でゆでる．(6) サヤエンドウは塩ゆでにし，水に取り，適当に切る．(7) (1)を2時間後にこし取り，計量(600mL)する．再び火にかけ調味した後，デンプンの水溶きを加えとろみをつける．(8) 温めた海碗に(5)の蝦丸子を入れ，(7)の熱い奶羹をそそぎ(6)のサヤエンドウを加える．

注：(4), (5), (6)は，奶湯がとれるのをみはからって調理する．

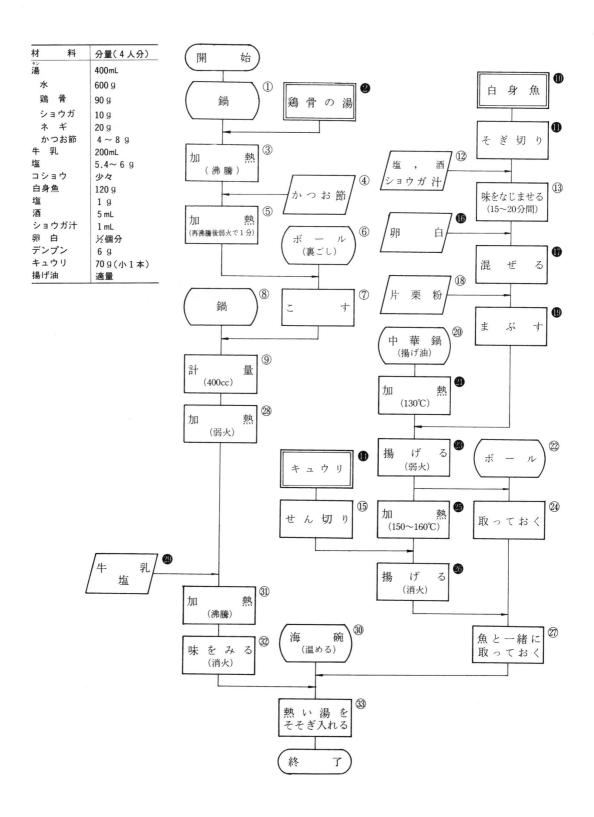

豆芽菜湯(モヤシの清し汁)

豆芽菜湯は,緑豆モヤシをたっぷりと用いた素湯の一つである.素湯は動物性食品を使用せず,植物性食品のみで作られる素菜(精進料理)の献立に組まれることが多い.仏教では殺生を忌むところから生きたものを食べないという戒律が守られ,昔から仏教徒は菜食の習慣をもっている.よって素菜の歴史は仏教の淵源とその軌を一つにするもので,わが国には奈良時代,平安時代に仏教の伝来とその興隆により精進料理も寺院内で採用されたものと思われる.現在私達の食生活の中に,仏事に際し精進料理が用いられる習慣が残っている.素菜は,大豆製品や季節の野菜を主材料としているが,各種葷菜に模して作られたものが多く,一例として素火腿(精進ハム),素焼鴨(家鴨の煮込み),醋溜素黄魚(黄魚の酢味あんかけ),素肉鬆(精進でんぶ)などがあり,中国では上海の素菜が有名である.

素湯は,このほか香菇豆腐湯(シイタケと豆腐のスープ),黄豆芽焼豆腐湯(ダイズモヤシと焼豆腐のスープ)など多数ある.

調理上の注意と解説

③ 干しシイタケの戻し汁は,よい旨味をもっているので水に加え素湯とする.
⑧ モヤシはよく水洗いした後,根と芽を1本ずつていねいに除く.惣菜用には,根のみ除くか,そのまま使用する.
⑫ ショウガはつぶし,ネギはぶつ切りにし,湯に香りが移りやすくする.
⑬ 沸騰後,一度浮き泡をすくい取り,弱火で5分ぐらい加熱して湯にショウガ,ネギの香りを移す.
⑯ モヤシは,さっと火を通す.長く加熱すると歯ざわりが悪くなるばかりでなく,独特のにおいがでるので短時間の加熱にする.

【モヤシについて】

米,麦,豆類を人為的に発芽させた若芽をモヤシという.大豆モヤシ,緑豆モヤシ,ブラックマッペモヤシ,アルファルファモヤシなどがあり,ブラックマッペモヤシの成分は,水分が95%,ビタミンCは100gあたり11mg(いちご62mg,レモン100mg)である.特に栄養価の高い野菜ではないが,特有の歯触りがあり野菜の端境期には多く用いられている.

【参考料理:香菇豆腐湯】

水	650mL	(1) 干しシイタケは,水に入れ戻す. (2) ショウガとネギはたたきつぶす. (3) 水に干しシイタケの戻し汁を加え,(2)のショウガ,ネギを入れ沸騰後弱火にして5分ぐらい加熱する.その間,アクを除く. (4) (1)のシイタケを絲に切り,(3)に加え1〜2分煮る. (5) ショウガ,ネギを除く. (6) 豆腐を1〜1.5cmの丁(小角切り)に切り,(4)に加えて調味する.
ショウガ	20g	
ネギ	10g	
塩	5.4〜6g	
酒	10mL	
干しシイタケ	10g(5枚)	
豆腐	150g(½丁)	

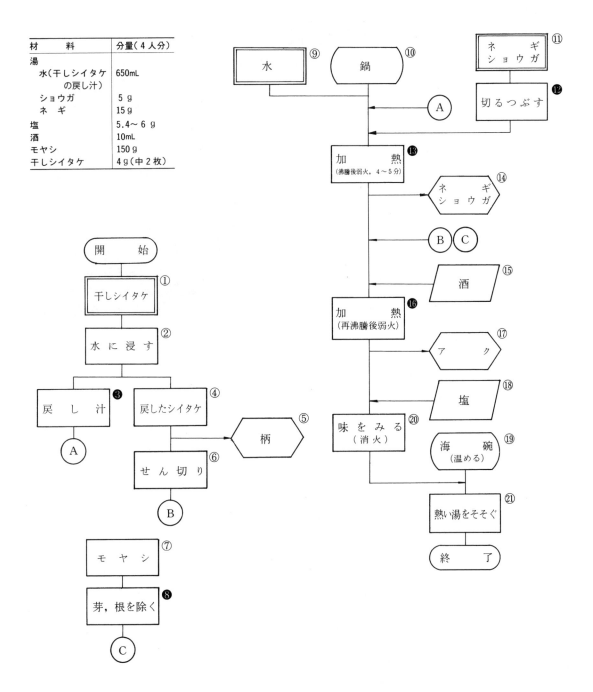

什景炒飯（五目焼き飯）

シチン チアオフアン

　什景炒飯は，硬めに炊いた白飯と数多くの副材料とをラードで炒めて作った鹹味の点心の一つである．
　炒飯は，什景炒飯のほかに蛋花炒飯（卵入り焼き飯），蝦仁炒飯（小エビのむき身入り焼き飯），蟹肉炒飯（カニ入り焼き飯），加利炒飯（カレー味の焼き飯）などたくさんの種類があり，軽食として親しまれている．

調理上の注意と解説

① 米は，水洗いしてざるにあけ水切りする．
② 炒飯には，硬めで粘りの少ない飯が適しているので水は米の体積の1.1倍，重量の1.3倍で湯炊きにする．湯炊きの方法はp.72参照のこと．
③，④ 蒸らし終えたら飯を軽くかき混ぜ，すぐにバットにひろげて荒熱を取り，冷ます．熱い飯を炒めるとベタつき，米粒がパラパラの状態に炒めにくいので，前もって冷飯を準備しておく．
⑥ 干しシイタケは，水に浸し十分に吸水膨潤させ香りを出す．
⑦，⑩，⑫，⑭，⑯，⑲ 飯を炊き，冷ましている間に用意する．
⑨，⑩ 生のグリンピースは，沸騰した塩水（1％）でゆで，水に取り，色よく仕上げる．また，冷凍の場合も，1％塩水を沸騰させた中に入れ解凍して使う．
⑳，㉑ 中華鍋はよく熱し，古い油を1カップぐらい入れて油をならしてから別器に油を移し，新たにラードを入れる．
㉔～㉖ 卵は，半熟程度に炒め別器に取る．
㉘～㉜ 豚肉をよく炒めてから，シイタケ，タケノコを加え，調味して別器に取る．
㉝ 肉汁が焦げて鍋が汚れている場合は，ここで一度鍋を洗い再び⑳と同様に鍋をならす．
㉞，㊱ 米粒の一粒一粒がパラパラになるように，飯を切るように混ぜながら炒める．
㊳，㊴ 材料全部が炒められたら，醤油を鍋肌から流し入れ，醤油の焦げた香りをつける．

【炒飯に冷飯を使う理由】

　炒飯には，普通冷飯を使う．炊飯によりデンプンを糊化（α化）した飯を冷所に放置すると，硬くパラパラの飯になる．この現象をデンプンの老化（β化）という．老化したデンプンは，口ざわりが悪くおいしくないばかりでなく消化もよくない．
　炒飯は，粘りのある炊きたての飯よりも冷飯を用いた方が，ラードが平均につきパラパラに炒められ，炒めることによりα－デンプンに戻るのでおいしくなる．

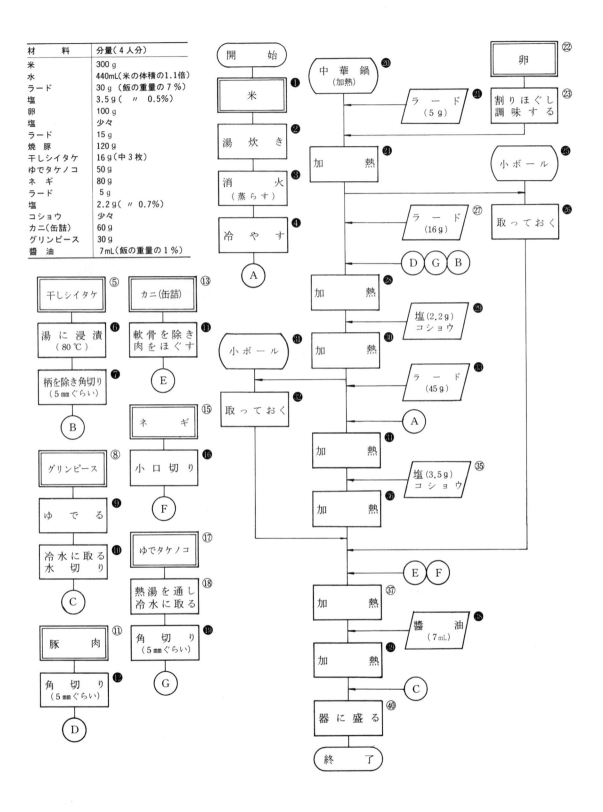

什景炒麺（五目焼きそば）
（シ チン チアオミエン）

什景炒麺の什景とは，多くの種類の材料を用いることを意味しており，多種類の具を用いた炒めそばである．

炒麺つまり焼きそばには2種類あり，蒸し中華麺を油で揚げて，肉，野菜の具を上からかけた硬焼きそばと，蒸し中華麺をラードで炒め焼き，同様に肉，野菜も炒めて添えた軟らかい焼きそばである．

麺には，卵を多く用いた伊府麺（イフ），煮込みそばの熬麺（アオミエン），日本のヒモカワのように幅広く切った裾帯麺（デュダイミエン），すいとんのような老鼠麺（ラオシュミエン）などがある．

調理上の注意と解説
① 豚肉は3mmの幅で4cmの長さのせん切りにする．
⑤，⑪，⑫ 肉類，魚介類は油通しをしておくと，後で材料を合わせ加熱する場合に，加熱時間に差がなく，また形よく，軟らかくできる．
⑧ 背わたは，エビの背に少し切り目を入れて揚子で取る．
⑭，⑮ シイタケ，ニンジン，タケノコは，4cm長さのせん切りにする．
⑱ モヤシの処理の仕方は，豆芽菜湯の項（p.220）を参照．
⑲〜㉓ 錦糸卵は，薄焼き卵を細かくせん切りしたものである．涼拌海蜇の項（p.182）を参照
㉖，㉗ 沸騰した蒸籠中で約10分間蒸し，熱湯の中に20〜30秒入れかん水（アルカリ）を溶出させる．蒸すとき麺がくっつかないように蒸籠に薄く油を塗るとよい．
㉙，㉚ 中華鍋にラード（大さじ1）を加え，十分に熱したところに1玉（1人分）ずつ円盤状に広げて入れる．焦げつきやすいので鍋をたえず動かしきつね色になるまで焦げ目をつけ，硬さのある麺にする．裏も同様に焼く．
㊲ 湯（タン）として固形スープを用いる場合は，塩分が含まれているため使用する塩（㊳）を控えること．
㊴，㊵ デンプンを同量の水で溶かしておき，この水溶きデンプンをかき混ぜながら鍋の中に入れる．具のとろみのつき具合により入れる分量を加減するとよい．デンプンを長時間煮たり，攪拌すると粘度が落ちるので手早く行うこと．

【麺の種類について】
麺の製法は包丁を使わず生地を両手で引っ張りながら細くのばして作る拉麺と生地を麺棒で薄くのばしてから包丁で細く切る切麺がある．切麺には次に示す種類がある．(1)生麺（シェンミェン）：打ち立ての麺，卵麺，かん水入りの麺などがあり，滑らかでコシがあり，スープ麺，焼きそばなどに用いられる．(2)伊府麺（イーフウミェン）：卵入りの麺を油で揚げた麺，揚げて麺の中に気泡を作っているので，少量のスープを含ませる和え麺によい．(3)乾麺（ガンミェン）：生麺を乾燥させたもの．乾燥した海老の卵を麺に練り込んだ蝦子麺，卵麺，ホウレン草の汁で色づけた翡翠麺などがある

【かん水】
アルカリ性の水溶液で，酸性になった麺の発酵生地に加えて中和させる。入れすぎると小麦粉のフラボノイド色素に作用して生地が黄身を帯びたり，渋みが出る。中華麺のコシを出し，風味をつけるためにも加える。

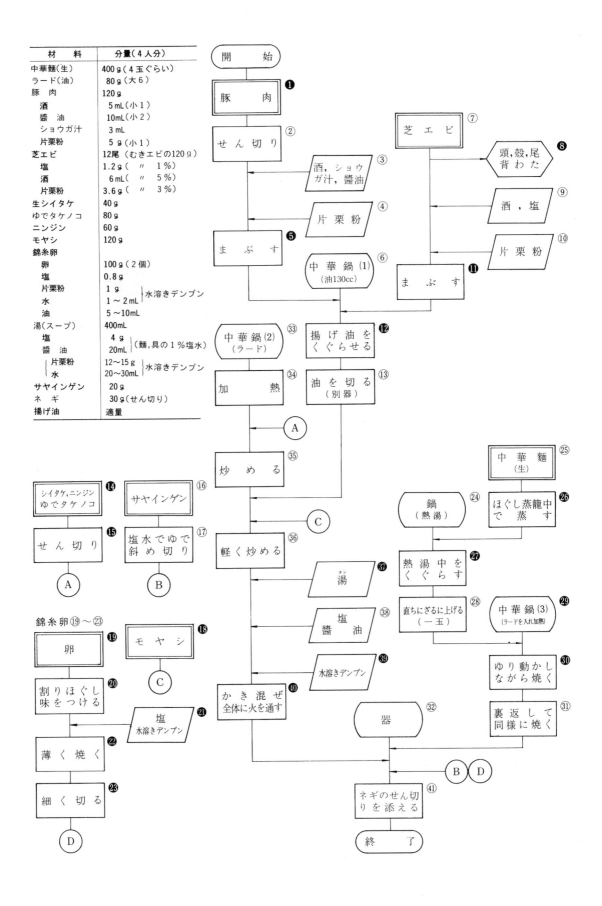

鍋貼餃子（焼きぎょうざ）
（グウオテイエヂヤオヅ）

餃子は，小麦粉のドウを円形に伸ばし，その中に肉，野菜などの具を包んで加熱したもので点心の一つである．

餃子には，調理の方法により焼き餃子（鍋貼餃子），蒸し餃子（蒸餃子），ゆで餃子（水餃子）などがある．中国で発達した餃子は，地方によって形や大きさ，具など多種多様である．

ドウを薄く伸ばした皮は，焼売（シヤオマイ），餛飩（フワンタン），春餅（チウンピン）などに用いられる．

調理上の注意と解説

① 小麦粉は，タンパク質含量の多い強力粉，または中力粉を用いる．小麦粉の種類と用途については，手打ちうどんの項（p.96）を参照．

③，④ 小麦粉をよくこねて耳たぶぐらいの硬さにする．小麦粉中のタンパク質グルテニン，グリアジンは食塩を溶かした熱湯を加え，よくこね放置することにより，粘りのある網目状組織をもつグルテンを形成する．放置している間に，餃子の具の用意（⑤～⑳）をする．

⑲ 豚ひき肉中の粘りがでるくらいまで，手でよく混ぜ合わせる．

㉒，㉓ 棒状に伸ばしたドウを10～15個分に切断し，切り口に打ち粉をして切り口を上下におき，軽く手のひらで押さえて円形にする．左手に皮をもち，右手の麺棒を上下にまわしつつ押さえながら，皮を左にまわして，周囲を薄く，中央の厚い直径7～8cmの円形に伸ばす．

㉔ 餃子の包み方には，円形に伸ばした皮の周囲2/3にひだを作る．一方向のみにひだをつける，両方向にひだの向きをかえるものなど幾通りもある．下図は包み方の一例である．また，包み終わったものは，粉を薄くひいたバットの上におく．

ひだの部分

㉖～㉘ 油をよく加熱してから餃子を並べて入れると，フライパンに焼きつくことが少ない．餃子を入れ終わったらフライパンをゆり動かしながら焦げ目をつける．

㉙，㉚ 餃子の1/2～1/3ぐらいかぶる程度の熱湯または水を入れると同時にふたをして中火で10分間蒸し焼きをする．火が通ったらふたを取り，餃子の底面に湯がのり状に少し焦げつく程度まで弱火で焼きあげるとフライパンから離れやすくなる．

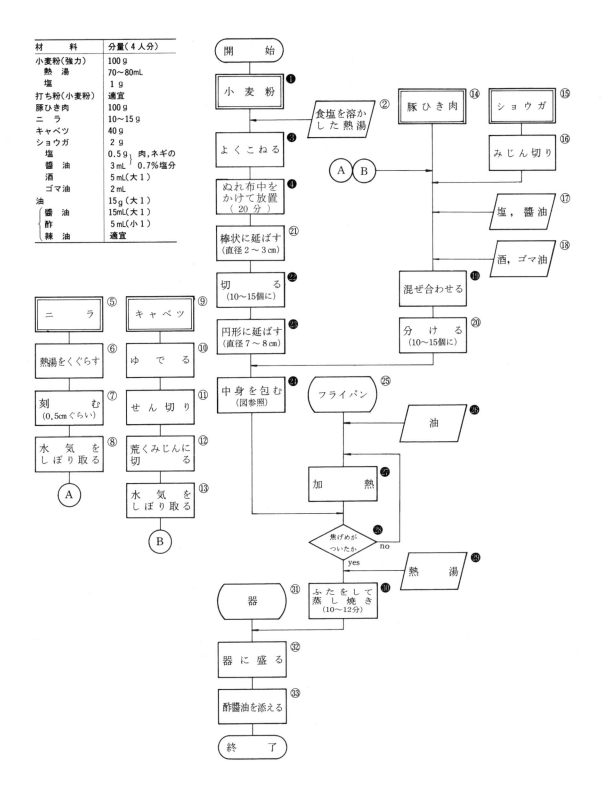

包子（豆沙包子ドゥシャバオヅ，肉包子ロウバオヅ）

包子は，中華まんじゅうのことで大きく分けると，豆沙包子（あんまん）と肉包子（肉まん）の2種類があり，点心の一つである．

包子をつくるときの小麦粉は，タンパク質含量の多い強力粉を用い，形づくりやすいように薄力粉を混ぜ，酵母（イースト菌）の働きで膨化させる．ベーキングパウダーと併用する方法もある．

調理上の注意と解説

① イースト菌の生育に適した微温湯（40℃）を用意する．

② 砂糖は，イースト菌の活性化を助けるものである．

③ ドライイーストの代わりに，生イーストを用いるときは，約2倍量（重量）が必要である．

⑤，⑥ 強力粉と薄力粉をよく混ぜ，ふるいにかけて小麦粉を均一にする．

⑦ 泡立ちがおこったことで，CO_2を生成するイースト菌が活性になったことを判断する．

⑧，⑨，⑩ ふるった小麦粉の真ん中にくぼみを作り，微温湯に，砂糖，食塩，ラードを溶かしたものと，イーストとを一緒に入れてよく混ぜ，耳たぶぐらいの硬さまでこねる．

⑪，㉖ ぬれぶきんをかけて表面がかわかないように30℃で1時間から1時間半おくと約3倍ぐらいに膨化してくる（一次発酵）．

⑫〜⑰ 鍋にゴマ油を入れ，練りあん，クルミ，炒り黒ゴマを加えて弱火でねっとりするまで練り上げる．

⑲ あんを4等分して丸める．このとき，手にゴマ油をつけて行うとやりやすい．

⑳ 肉は，加熱すると収縮するため，肉の分量の半分を少量の油でから炒りして用いると，蒸した後，皮とあんの間にすき間がなくできる．

㉓ ひき肉と野菜の重量200gの1.2％の塩分になるように塩1g，醤油7mLを加える．

㉗ イースト菌の膨化で十分であるが，さらにふくらし粉（B.P.）を用いて膨化を助ける．ドウにB.P.をふりこみ，均一になるようによく混ぜてこねる．

㉙ 膨化したドウを棒状にまとめ，あんまん（豆沙包子）用に4個，肉まん（肉包子）用に4個，計8個に分割する．分割した一つのドウをめん棒で，周囲をやや薄く中央部が厚い直径7〜10cmの円形にする．

㉚ あんまん（豆沙包子）の包み方は，皮の真ん中にあんを置いて，皮のまわりをつまみ寄せ，包み目が下になるように腰高にまとめる．肉まん（肉包子）の包み方は，皮の真ん中に肉あんをおいて皮のまわりにひだを寄せて包み，手で上をつまんでおく．

㉛ 包み目は，あんまん（豆沙包子）は下に，肉まん（肉包子）は上にして，パラフィン紙又はクッキングシートにのせる．

㉝ 中華鍋に40〜45℃の湯を入れ，蒸籠の上に間隔をおいてならべ，30℃で20〜30分保温し，二次発酵をさせる．約2倍になったら蒸す．

㉞ 蒸気が十分に立った後強火で蒸す．

㉟ 肉まん（肉包子）には，好みによりからし醤油を添えて熱いうちに食する．

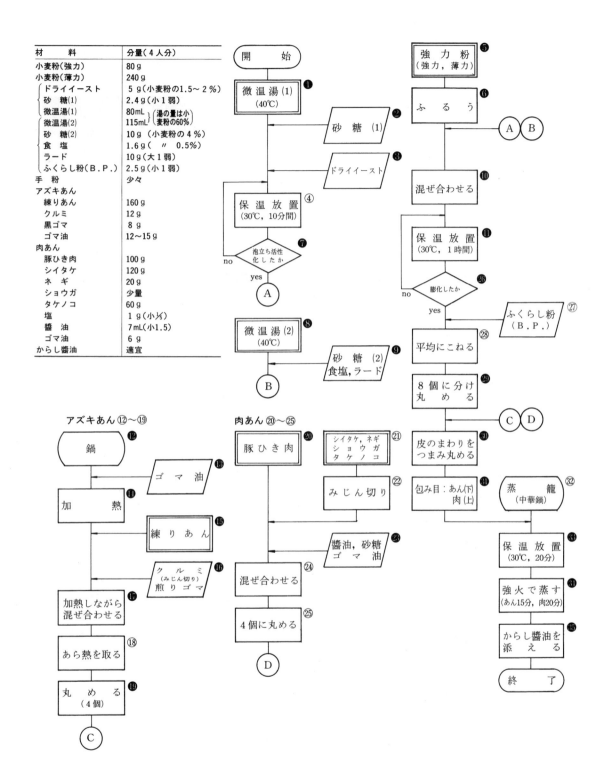

杏仁酥（中華風クッキー）

　杏仁はアンズの仁，酥はもろくサクサクした状態を示す．小麦粉のタンパク質は水分が結合することで網目構造のグルテンができる．グルテンは粘りと弾力があるが，クッキー生地はグルテン量が多いと焼き固まって硬くなり，口溶けが悪いため小麦粉に油脂を混ぜ合わせてグルテンの形成を抑えるようにしてつくる．油脂は小麦タンパク質と水の結合を弱め，グルテンの形成を抑えるので，加熱するともろく，サクサクとした食感となる．

調理上の注意と解説

① 　ラードをボールに入れ，泡立て器で混ぜてクリーム状にする．
⑤ 　砂糖を加えて，よく混ぜて溶かす．ラードと砂糖をよくすり混ぜることによって，空気が入り膨らみやすくなる．
⑪ 　小麦粉とふくらし粉（B.P.）は混ぜてふるう．
⑬ 　打ち粉をした麺板に取り出し形作る．気温が高い時はドウが軟らかくなるので，冷蔵庫で少し冷やすとよい．
⑰ 　直径4〜5cmに成形した生地を指で押して真ん中にくぼみを作るとアーモンドが乗せやすい．

【ラード】
　豚の脂肪組織を加熱溶解して得られる油である．油脂よりも不飽和脂肪酸が多いため，軟質であるがリノレイン酸が多いため酸化を受けやすい．純正ラードは100％豚脂であるが，調整ラードは豚脂を主体とし，これに他の脂肪を混合したものである．

【ショートニング】
　ショートニングは、精製した動植物の液体状の油脂にガスまたは乳化剤を含ませた可塑性（固体に外力を加えて変形させ，力を取り去ってももとに戻らない性質）のある硬化油である．原料は、やし油，牛脂，豚脂のほか，綿実油，大豆油，魚油などであるが，高級製菓用や家庭用には，純植物性油を原料とするものもある．製菓，製パン等に用いられショートニング性やクリーミング性を与える．ショートニング性とはビスケット，クッキーなどがもろく，さくさくとして溶けやすい性質である．クリーミング性とは空気を抱き込む性質で，パン生地に練り込むと分散している気泡をそのまま保持して気孔率の高いすだちの良いパンができ上がる．

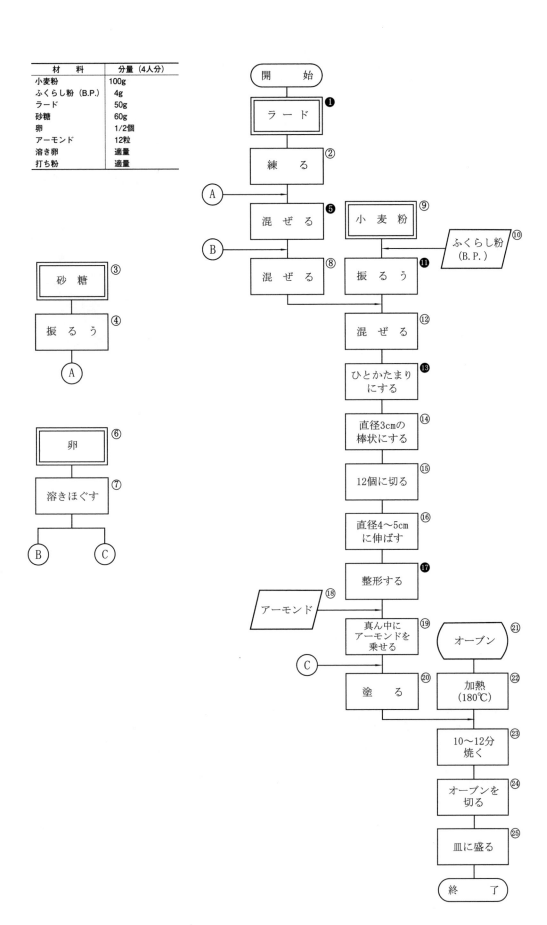

鶏蛋糕（ヂイ ダン ガオ）(蒸しカステラ)

鶏蛋糕は，卵，上新粉，砂糖を主材料として作った蒸しカステラである．鶏蛋は鶏卵のことで，糕は小麦粉以外の粉を用いた菓子をさす．これは卵の起泡性を利用し膨化させる調理で，ふくらし粉を使用しないのが普通である．小麦粉を用いたカステラに比べ歯もろく，乾いた感じがする．小麦粉を用いる場合は，粉を蒸して用いるとよい．

調理上の注意と解説

⑦　砂糖はふるって用いる．かたまりのある砂糖を用いるとカステラに穴ができることがある．

⑧，⑨　豚の背脂は，冷凍して切るとよい．

⑫，⑭，⑯　みじん切りが大きいと蒸している間に，カステラの下部に沈んでしまう．また，細かすぎるとカステラの色をきたなくする．

⑲，⑳　青絲・紅絲（チンスー・ホンスー）は，パパイヤの実を絲状にして青，紅に着色し甘味をつけて中国菓子のデコレーションに使用される．ここでは，ダイコン（ジャガイモ）を細いせん切りにし食紅，食青で染め酢で色止めして用いる．また，⑫〜⑮は省き，⑦，⑨，⑪の一部を飾ってもよい．

①　新鮮な卵を用いる．卵を冷蔵庫に保存してある場合は，室温にしばらく放置したものを使うと泡立てやすい．

②，③　卵白と卵黄に分けるとき，卵白に卵黄が混入しないようにする．また，卵白を入れるボールに油がついていないように注意する．

⑤　⑥〜⑳，㉑，㉒の準備ができてから泡立て始める．卵白は硬く泡立て，泡立て器で持ち上げた時にピンとツノが立つまで泡立てる．

㉓　砂糖は3，4回に分けて卵白を泡立てながら加える．

㉔　泡をつぶさないようにサックリと合わせる．

㉕，㉖　さっくりと撹拌し．泡をつぶさないようにする．

㉘　手早くする．

㉚　消火する前に，カステラに金串を刺し，火が通ったか否か確める．鍋から蒸籠をおろし，うちわであおぎ，荒熱を除くとともにつやをだす．

【卵白の泡立てについて】

卵白の泡立ては，手動の場合撹拌力が弱いので濃厚卵白の多い新しい卵より，水様性卵白の多い古い卵の方が容易である．しかし，泡の安定度は新しい卵の方がよい．また，ある程度温度が高い方が粘度が下るので泡立ちがよいが，低温で泡立てたものよりこしが弱く，つや，安定度が悪い．起泡力，安定度，泡の状態から，新しい卵を用い，泡立てるときの卵白の温度を30℃前後にするとよい．卵白に油や卵黄が入ると泡立ち，安定度ともに低下するので注意する．

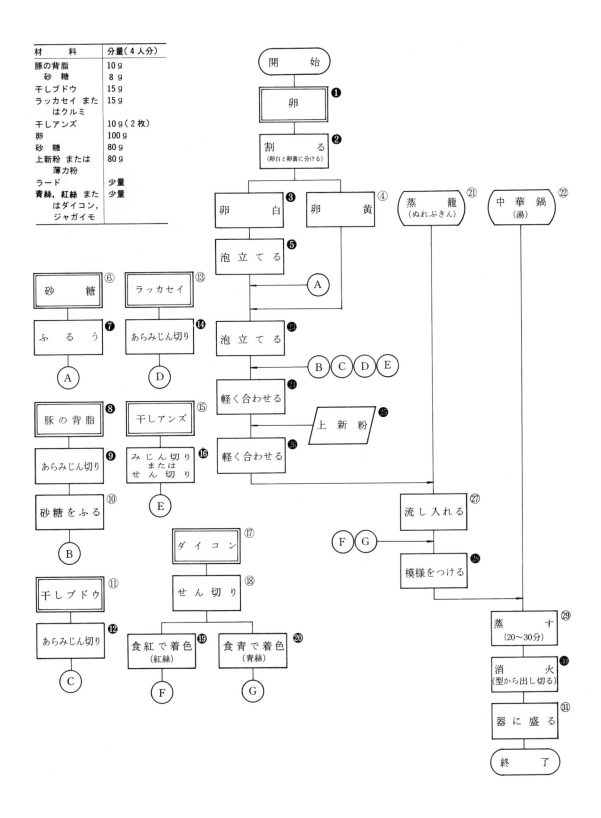

抜絲地瓜（揚げサツマイモのあめからめ）
バアスチゴワ

抜絲地瓜は，砂糖の濃厚な液を結晶させずにあめにし，その状態で揚げたサツマイモに衣がけする調理である．サツマイモにからめたあめが熱いうちは糸をひくので中国料理では抜絲という．

サツマイモは，ジャガイモ，サトイモに比べ，糖質，ビタミンCが多く，エネルギーが高い．デンプン含量の違いによりポクポクする粉質のイモと，ベタベタする粘質のイモがある．粉質のイモはデンプンが多く，粘質のイモは糖分が多い．サツマイモには強力なβ-アミラーゼが含まれているので，加熱している間にデンプンが糊化し，これに酵素が働きデンプンは糖化して麦芽糖などの甘味成分をつくる．サツマイモを日光にあてると甘くなるのも同じ理由である．

抜絲は，サツマイモのほかにヤマイモ（山薬：シアンヤオ），クリ（栗子：リィズ），バナナ（香蕉：シャンヂヤオ），リンゴ（苹果：ピングウオ）などを用いる．

調理上の注意と解説

① サツマイモは，中型のよく身の締った太めのもので，表面に凸凹のない皮張りのよい色のきれいなイモを選ぶ．

②～④ イモに包丁を入れたらすぐ水に入れ褐変を防ぐ．浸し水を取りかえイモの切り口から溶出するデンプンをよく洗う．デンプンがついていると揚げ上がりの色が強くなる．

⑤ イモはざるに上げ，しばらくしてから揚げる．イモに水が付着していると揚げ油の温度を下げるので，急ぐ場合はざるに上げたイモを乾いたふきんで水気をよく取る．

⑥ 揚げ油は，新しい癖のないサラダ油が適する．

⑦，⑧ 油は170～180℃に加熱してイモを加える．油に冷めたいイモが入ると温度が下るので150～160℃を持続するように火加減する．

⑨，⑬，⑮ イモに火が通り浮いてきたら，火力を強め油の温度を180℃くらいにして油切れをよくしきつね色にする．

⑫，⑭，⑮ イモが揚がるのをみはからって砂糖をあめにする．砂糖が湿めるくらいの水と酢を加え火にかける．鍋をゆり動かしながら砂糖液が140～160℃になるまで加熱する．この際，はしやへらで混ぜると砂糖が結晶して滑らかなあめにならないので注意する．

⑰～⑳ 皿にごま油またはサラダ油を塗って盛りつけると料理が皿から離れやすい．熱い抜絲地瓜をひとはし取り，湯碗の水をくぐらせ，あめの糸を切るとともに温度を下げて食する．

【抜絲について】

抜絲は，砂糖液の煮つめ温度が140～160℃が適当である．140℃ではあめに色がつかないので銀絲（インス），160℃になると一部がカラメル化して黄色くなるので金絲（チンス）という．冷めた材料を加えたり激しく混ぜると砂糖液が再結晶することがある．砂糖液にあらかじめ酸（酢の成分の酢酸）を加え，加熱すると蔗糖の一部が転化糖（ブドウ糖と果糖）に代わり結晶化を防ぐことができる．

---

1) 市川朝子、下坂智恵：食生活 p.46 八千代出版（2015）

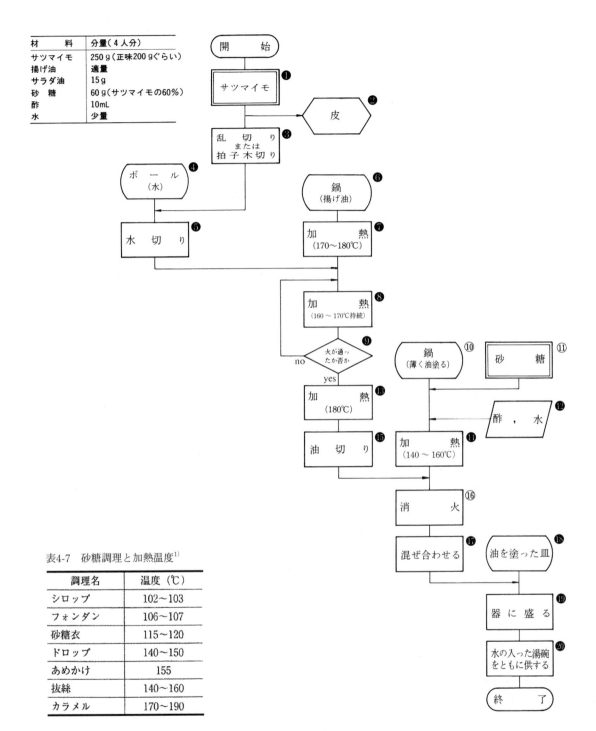

(牛)奶豆腐(牛乳羹)

(牛)奶は牛乳のことで，牛乳を用いた白い豆腐様の寄せ物のことである．この料理は点心に属する．

点心は，中国で宴会の途中に中休みしたとき，別室で軽い食事や，甘い菓子を飲み物とともに饗応したのがはじまりである．点心には鹹味のものと，甘味のものがあり，前者には，飯，麺，肉まんじゅう，鮫子などが，後者には菓子，京果(ヂングウォ)などがある．

調理上の注意と解説

① 寒天には，形態上，棒状，糸状，粉末状などがあり，一般に家庭料理で多く用いられるのは粉末寒天であるが，ここでは棒状寒天の取り扱いを学ぶため，棒状寒天を用いる．

② 棒状寒天は製造工程中に雑物が混入しやすいことや吸水膨潤に時間がかかることから，まず流水を用いてよくもみ洗いする．

③ 適量の水とは，寒天が十分に浸漬できる水の量を意味する．

④ 寒天が吸水膨潤しやすくなるよう，ちぎってから浸漬する．

⑥，⑳ 加熱の最終点は，いずれも仕上がり重量で決めるので，あらかじめ鍋の重さを測っておく．

⑦ 寒天の煮溶かしは，最初の寒天濃度が1％以上になると時間がかかるので，1％以下にする．

⑨，⑩ 木杓子で液をかき混ぜながら煮溶かし，その一部をすくい上げてみたとき，木杓子に寒天の細かなかたまりがついてこなければ，溶けている．しかし，寄せ物はでき上がった製品の口ざわりが大切なため，煮溶けたら，熱いうちに茶こしなどで，さっとこしておくとよい．

⑫ 牛乳が200mL加わるので，でき上がり量450gとするため，寒天，砂糖液は250gに煮つめる．

⑭ 牛乳を冷蔵庫から出してすぐ冷たいまま用いると，寒天液の温度が急に下がり，生地が凝固し始めることがある．また，寒天ゾル液に牛乳を加えて長時間加熱すると，細かいかたまりができやすい．そこで，牛乳は最初から加えず，寒天を煮溶かして定量にし，火から下ろすときに加える．奶豆腐に用いる牛乳の液量はでき上がり量の50％を最大とする．

⑰ 器の形は底が狭く，上部が広くなっている形のものを用いる．あらかじめ水でぬらし，液を流し入れた後は，上に泡が残ったらすくい取り，冷やし固める．

㉗ この調理は奶豆腐の比重と，シロップの比重の差を利用し，シロップの比重が重いので奶豆腐が浮きあがり，切り目の間にすき間ができて，幾何学的模様がくっきりとみられる．

表4-8 奶豆腐とシロップの比重[1]

種　　　類	砂糖濃度	比　　重
奶　豆　腐	10％	1.093
(寒天濃度　0.8％	20％	1.100
牛乳濃度　50％)	30％	1.160
シ　ロ　ッ　プ	50％	1.294

図4-15　切り込みの入れ方（例）

---

1) 山崎清子，島田キミエ他：NEW 調理と理論，p.518 同文書院（2015）

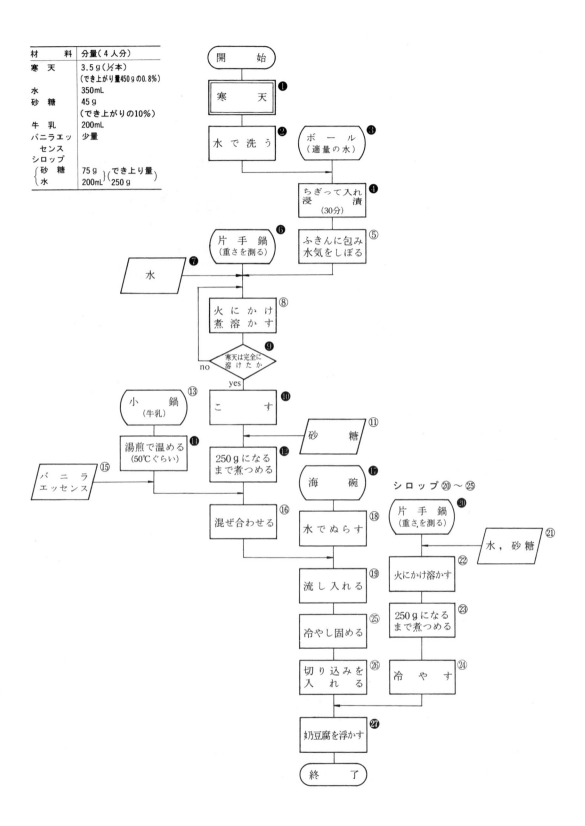

烏龍茶（ウーロン茶）

中国茶は、採集した茶葉の酸化発酵の度合いによって，不発酵茶（緑茶），半発酵（白茶，黄茶，青茶，黒茶），完全発酵茶（紅茶）の6つにジャスミン茶などの花茶を加えて7つに分類される．烏龍茶はこのうち青茶に分類される半発酵茶である．清代に製法が確立され，有名なものは福建省の武夷岩茶，鉄観音，広東の鳳凰単欉，台湾の高山烏龍茶，凍頂烏龍茶，東方美人，木柵鉄観音茶，などがある．

生産量では福建省がトップで，台湾がこれに続き，いわゆる華南文化圏が主な産地であるが，近年は台湾の製茶技師などの指導によってベトナムやタイの山岳地帯でも生産されている．

発酵度合いの代表的な茶は以下のものがある。不発酵茶（緑茶）の生産量は多く、製造法は日本茶の多くは蒸して発酵（酵素反応）を止めるが、中国では炒るのが一般的である。また、中国紅茶の一つ祁門紅茶（キームン）は、ダージリン、ウバにならぶ世界の銘茶の一つである。

調理上の注意と解説

⑤　緑茶，紅茶に比べ，多めに用いた方が味わい深い．
⑥　トレイは写真のようなものが便利である．
⑧～⑩　茶葉がかくれる程度に湯を入れ，さっとすてる．茶葉に混入している茶くずや，ほこり臭を除くために行う．
⑬，⑭　急須の温度が下るのを防ぐために行うもので，たっぷりとかける．
⑰，⑱　複数の人数のときにはぜひ，このようにしたいもの．朱泥の酒杯大の茶杯で飲むと趣がある．
⑲　この茶殻に熱湯を150～160mLを加え2～3分浸出すると「二煎」目のウーロン茶が得られる．同様にして，三煎，四煎でもまだ十分楽しめるのがウーロン茶，包種茶の特長である．

【応　用】

中国茶は、旨味を優先する日本と異なり、香りを優先するため100℃という高温でお茶を淹れ，青茶では70～100℃と発酵度が進むにつれ熱くする．青茶は、無発酵の緑茶に近いものから全発酵の紅茶に近いものまで含まれ，種類として高山烏龍茶は発酵度が非常に浅く，東方美人はほぼ紅茶と言えるほど発酵が進んだものである．中国茶を煎れる際、中国茶を楽しむための茶菓子として，瓜子（クワズ）にはスイカの種（黒瓜子，ヘイクワズ）やかぼちゃの種（白瓜子，パイクワズ），ひまわりの種（葵花子，グイホワズ）などが有名であるが，その他に蜜餞（ミッチェン）という砂糖を加えて加工した果実もあり，話梅（ファーメイ），烏龍茶梅，蜜棗（ミツナツメ），糖姜（タンジェン）がポピュラーである．乾燥フルーツは果物をそのまま干した加工食品で乾燥マンゴー（干芒果），乾燥いちじく（干無花果），干しぶどう（干葡萄）などの他に、乾燥野菜や乾燥キノコもお茶請けにされることがある．

材 料	分量（1人分）
ウーロン茶	3～4 g
熱 湯	150～160mL

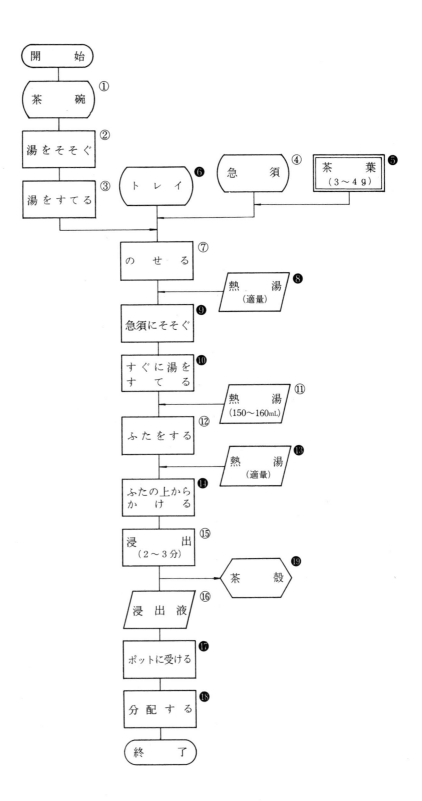

索引

あ

和え物	11, 62, 66, 70, 180
―の種類と材料に対する割合	11
アク	38, 46
野菜に含まれるアク成分の除去	38
揚げサツマイモのあめからめ	234
揚げ物	10, 62, 190, 192, 194
―の吸油率	10
―の種類	10
―の適温と時間	10
アサリとワケギのからし酢味噌和え	70
アジ	56
―の姿焼き	56
―のたたき	26
味の相互作用	6
アズキ	82
―がゆ	74
アップルパイ	160
厚焼き卵	60
圧力鍋	46
―の使用法	46
油	191
―の変敗	62
甘酢あん	196, 198
アミノカルボニル反応	9, 11, 58
アメリカ料理	101
アメリカンパイ	160
合わせ酢	80
あん	84, 90, 92
あんかけ料理	196, 198, 200, 202, 204
塩梅	11
イースト菌	148, 152, 228
イカ	7, 42, 54, 184
加熱によるイカの破断力	42
―肉の飾り切り	180
―肉の繊維の方向	184
―肉の組織	184
―の皮のむき方	181
―のけんちん蒸し	54
―の五目炒め	184
―の酢の物	180
―の照り煮	42
イギリス料理	101
炒め物	11
炒め焼き料理	122, 130
獣鳥肉の炒め焼きの要領	130
イタリア料理	101
イチゴソース	164
一番だし	7, 48, 50
糸作り	19
イノシン酸	7
イモがゆ	74
炒り鶏	34
炒り煮	8, 34
イワシの手開き	119
いんげん豆の煮豆	46
ウィンターライズ処理	107
烏龍茶	238
煨菜	210
―の種類	210
潮汁	28
タイの―	28
ハマグリの―	28
薄くずあん	50
薄くず汁	29
内割比率	6
ウド	25
よりウド	25
うどん	96
うねり串	56
旨味成分の含有量	6
エビ	48
―の殻および背わたの除き方	48
オードブル	106, 108, 136
おこわ	82
小田巻蒸し	48
落しぶた	34, 46
オムレツ	116
親子どんぶり	78

か

介護食	74
会席料理	14
貝類について	114
烤菜	212
高麗魚条	192
烤肉	212
かき卵汁	29
角作り	19
柏もち	84
カスタードクリーム	158
カスタードプディング	8, 162
片づま折り	58
カツオ	7, 20
―のたたき	20
かつお節	7, 13, 28
カップケーキ	154
金串のさし方	20
カナッペ	108
かにたま	188
カブの即席漬け	98
カボチャのそぼろあんかけ	40
かゆ	74
唐揚げ	62
カラギーナン	12
ガラクタン	11
ガラクトース	36
カラメルソース	162
カレー粉	142
カレーライス	142
変わり衣揚げ	62
乾炸	190, 194
かん水	224
間接焼き	9
乾炸鶏塊	190
寒天	11, 12, 90, 236
観音開き	54
乾物	8
キス	25, 120
―の切り方	120
―のフリッター	120
―フライ	120
―結びキス	25
菊花カブ	58

菊花豆腐の薄くず汁 ……… 29	ゲル ……… 12	酒 ……… 13
きねショウガ ……… 56	—化材料の種類と特性 ……… 12	サケのけんちん蒸し ……… 54
起泡性 ……… 46	けんちん汁（巻繊汁） ……… 26	ササゲ ……… 82
黄身酢 ……… 11	けんちん蒸し ……… 54	刺身 ……… 18
キャベツ ……… 124	イカの— ……… 54	—の作り方 ……… 19
キャロットグラッセ ……… 122	香辛料 ……… 6, 102	—のつま ……… 18
牛肉 ……… 128	紅茶 ……… 172	サツマイモ ……… 92, 234
牛もも肉 ……… 186	香味材料 ……… 18	さつま汁 ……… 26
—の部位別用途 ……… 127	高野豆腐 ……… 36	砂糖 ……… 152
牛乳 ……… 202, 236	高齢者 ……… 74	サバ ……… 7, 22, 44
—あん ……… 202	コーヒー ……… 172	—生き腐れ ……… 22
キュウリ ……… 25, 68, 218	コーヒーゼリー ……… 166	—の種類と調理 ……… 22
—と白身魚の濁り汁 ……… 218	コーンスターチ ……… 164	—の味噌煮 ……… 44
—とわかめの酢の物 ……… 68	糊化 ……… 134	サポニン ……… 46
虹の目— ……… 25	五原味 ……… 6	サヨリ ……… 7
—の切り方 ……… 181	粉ふきイモ ……… 118, 134	サラダ ……… 136, 138
行木切り ……… 54	ゴマ ……… 66	サラダ油 ……… 70
行木串 ……… 58	五枚下ろし ……… 21	サンドウィッチ ……… 150
キョウナのからし和え ……… 70	小麦粉 ……… 96, 226, 230	三枚おろし ……… 21
魚介類を使用した汁物 ……… 28	—の種類と用途 ……… 96	シイタケ ……… 24
玉露 ……… 94	米 ……… 74, 78, 80, 84	塩もみ ……… 98
魚臭 ……… 18, 44	—粉 ……… 84	塩焼き ……… 9
魚肉の薄切りのクルミ衣揚げ … 194	—の浸水時間と給水量 ……… 73	蒸蛋黄花 ……… 206
魚肉のトマトあんかけ ……… 200	—の水加減 ……… 73	直火焼き ……… 9
切る（切断） ……… 4	—飯 ……… 72	下処理 ……… 5
錦糸卵 ……… 80	五目焼きそば ……… 224	シチュー ……… 128
きんとん ……… 92	五目焼き飯 ……… 222	什景炒飯 ……… 222
鍋貼餃子 ……… 226	コラーゲン ……… 11	什景炒麺 ……… 224
空也蒸し ……… 48	衣揚げ ……… 62	卓袱料理 ……… 15, 26
串の刺し方 ……… 58	こわ飯 ……… 82	しめさば ……… 22
果物，野菜の成分の特徴と構造 … 138	コンソメ ……… 110, 112	霜ふり ……… 20
クラゲ ……… 182	羹湯 ……… 216	ジャガイモ ……… 134, 136
グラタン ……… 144	こんにゃく ……… 26	粉質イモ ……… 134
クリーム ……… 158	コンブ ……… 7, 13	粘質イモ ……… 134
クリームスープ ……… 112		シャトー切り ……… 122, 132
グリーンスープ ……… 112		香菇豆腐湯 ……… 220
クリ ……… 92	## さ	シュークリーム ……… 158
古滷肉 ……… 198	サーロイン ……… 126	シュウ酸 ……… 36
グルタミン酸 ……… 7	さいの目野菜のコンソメ ……… 110	獣鳥肉
グルテン ……… 96, 148, 152	魚	—の炒め焼きの要領 ……… 130
クルミ ……… 194	—のおろし方 ……… 21	—の脂肪の融点 ……… 210
グレービーソース ……… 130	—の切れ目の入れ方 ……… 44	—の調理法の種類 ……… 132
黒大豆の煮豆 ……… 46	—の塩焼き ……… 56	—類の加熱による変化 ……… 198
クロワッサン ……… 148	—の蒸し物 ……… 54	旬 ……… 13
鶏卵の重量と各部の割合 ……… 52	さく取り ……… 18	上新粉 ……… 84
計量・計測 ……… 3	さくら飯 ……… 76	精進料理 ……… 14

醤油	13
ショートニング	230
食酢	11
―の調理特性	11
白和え	62
白玉粉	84, 86
白煮	38
汁物	7, 24
シロップ	152
白身魚	194, 218
―の卵白衣揚げ	192
杏仁餅	230
素揚げ	62
スイートコーンのクリームスープ	112
炊飯	72
ガスによる炊飯	73
吸い物の実	24
素湯	216, 220
素菜	220
スープ	110, 112, 114
浮身の種類	112
―ストック	110, 112
―の種類	111
末広串	58
スクランブルエッグ	116
酢魚	22
すし	80
スタッフドエッグ	106
ステーキ	126
酢取り	
―アジ	80
―ショウガ	80
酢煮	38
酢の物	11, 68, 180, 182
スパゲッティ・ミートソース	146
酢豚	198
スペイン料理	101
スポンジケーキ	156
清し汁	24, 28, 110
酢味噌	70
酢飯	80
西洋料理	101
日本における西洋料理	102
食事作法	105
食卓での注意	105
―の供応形式と献立構成	104
―の特徴	101
食事の進め方	105
代表的な西洋料理の料理傾向	101
赤飯	82
ゼラチン	11, 12, 90, 166, 168
ゼリー	166, 168
ババロア	168
マーブルゼリー	168
煎茶	94
ソース	103
そぎ作り	19
ソテー	122, 130
外割比率	6
そぼろあんかけ	40

た

大豆加工食品	62
タイの潮汁	28
桃酥魚片	194
炊き込み飯	76
醤油味の炊き込み飯	76
タケノコ	76, 188
―飯	76
だし	13
だし汁	7, 50, 60
―のとり方	7
たたき	19, 20
田作り	42
卵	106, 156, 188, 206, 214
―希釈液	48, 50
―豆腐	50
―濃度	48, 50
―の鮮度	106
―の熱凝固	106
―焼き	60
玉緑茶	94
タルタルソース	118, 119
湯	218
湯菜	214, 216, 218, 220
―の種類	214
タンパク質	8, 9, 11, 20, 22, 36, 62, 88, 96
炸菜	186, 190, 192, 194
―の種類	194
―要領	194
珍珠丸子	208
蒸菜	206, 208
―の種類	207
―の要領	207
炒飯	222
―に冷飯を使う理由	222
炒墨魚	184
炒麺	224
搾菜肉絲	214
鶏蛋糕	232
チキンソテー	130
チキンピラフ	140
茶	94
チャウダー	114
餃子	226
炒菜	186
茶懐石料理	14
茶碗蒸し	8, 48, 206
中華風クッキー	230
中華まんじゅう	228
中国料理	175
切り方の名称	177
食事作法	179
地域による特徴	175
調味料と香辛料	177
調理器具	177
調理法の特徴	175
特殊材料	176
―に使用する油の種類	192
―の基本調理	177
―の献立構成	178
調味	6
調味酢	68
―の配合	12
調味料	6
調理	
―の意義	3
―の基本	3
―の手法	6
―の目的	3
蒸籠	204, 206, 208
ちらしずし	80
青瓜魚絲湯	218
青椒牛肉絲	186
清湯水蓮	214
つけ醤油	18

漬け物		98
醋溜丸子		196
テアニン		94
ティーバッグ		172
手打ちうどん		96
テーブルセッティング		105
照り煮		42
照り焼き		9, 58
ブリの照り焼き		58
点心		236
甜茶		94
天火焼き		9
てんぷら		62
デンプン		12, 29, 36, 72, 90, 134, 196, 198, 200, 202, 204
ジャガイモデンプン		29
—性食品		10
—の種類と調理特性		188
—を薄い濃度で用いる料理		202
ドイツ料理		101
ドウ		160
トウガン		40
豆沙包子		228
豆腐		32, 54, 62, 216
—蛤蜊羹		216
—とハマグリのむき身のくず汁		216
糖分		
食品中の糖分		6
—の換算		6
豆芽菜湯		220
溶き卵		60
土佐作り		20
ドライイースト		148
鶏ささみ		202
—の牛乳あんかけ		202
鶏		
—肉		34, 78, 190
—の部位の特徴と調理法		191
—のぶつ切りから揚げ		190
—むね肉		132
—もも肉		130
どんぶり物		78

な

奶羹蝦丸子	218
奶豆腐	236
奶溜鶏片	202
七草がゆ	74
生イースト	148
ナメコダケ	32
馴れずし	80
肉だんごの甘酢あんかけ	196
二色卵	52
煮出し汁	48
二度揚げ	190, 196
煮干し	32
日本料理	13
材料の配合と盛りつけ	13
食事作法	16
—と食器	13
—の供応形式と献立構成	13
煮豆	46
煮物	8
—の甘味	8
—の種類と調味・加熱方法	8
—の種類	34
牛奶豆腐	236
ニンジン	122
ぬた	70
ネギ	78
練りあん	90
濃厚卵白率	106

は

抜絲	234
抜絲地瓜	234
パイ	160
廃棄率	3
白菜捲	204
白片肉	210
パウンドケーキ	154
包子	228
ハクサイ	204
—のくずあんかけ	204
はし	16
はじかみショウガ	56
パスタ	144, 146
バター	160
バターケーキ	154
バターライス	140
バターロール	148
—の成形のしかた	149
発酵茶	94
バッター	152
花レンコン	39
ババロア	168
ハマグリ	28, 114, 216
—の潮汁	28
—のチャウダー	114
針ショウガ	40
春雨	214
パン	148, 150
番茶	94
拌菜	180, 182
—に用いられる酢醤油調味料	182
ハンバーグステーキ	122
半発酵茶	94, 238
ビーフシチュー	128
ビーフステーキ	126
—に適するソース	126
—の焼き程度	126
ピーマン	186
—と牛肉のせん切り炒め	186
ひき茶まんじゅう	88
引き作り	19
ひき肉	122, 124
病人食	74
平作り	18, 19
蕃茄溜魚片	200
フィレ肉	126
ブールマニエ	124, 128, 132
芙蓉蟹	188
玻璃白菜	204
含め煮	8, 36
ふくらし粉	88, 152, 154, 230
豚汁	26
豚肉	198
—の調理	212
—の部位の特色と調理法	212
豚ばら肉	210
豚ひき肉	208, 226
豚もも肉	212
普茶料理	15
プディング	162
筆ショウガ	56, 58
ぶどう豆	46

ふなずし	80	
不発酵茶	94	
フライ	120	
ブラウンソース	142	
ブラマンジェ	164	
フランス料理	101	
ブリ	58	
―の照り焼き	58	
フリッター	120	
フルーツサラダ	138	
フルーツ白玉	86	
フルーツパンチ	170	
―の風味の変化	170	
プレーンオムレツ	116	
フレンチドレッシング	70, 150	
フレンチパイ	160	
フローチャート	1	
B.P.	88, 152, 154, 230	
ベシャメルソース	112	
膨化	152	
包丁	4	
―の種類	5	
―の部位と主な用途	5	
指先の置き方	5	
ホウレンソウ	66	
―の磯巻き	66	
―のゴマ和え	66	
葷湯	216	
北欧料理	101	
干しシイタケ	26, 220	
―の戻し方	26	
ポタージュ	112	
ホットケーキ	152	
ポテトサラダ	136	
ポテトフライ	134	
ポリフェノール	170, 238	
ホワイトソース	132, 144	
本膳料理	14	

ま

マーブルゼリー	168
前盛り	56
マカロニグラタン	144
巻き焼き卵	60
マグロ	7, 18
―の刺身	18
抹茶	88, 94
豆類の吸水曲線	47
マヨネーズ	118
―ソース	70, 136
―を土台とした各種ソース	118
マンシェット	131
まんじゅう	88
ミートソース	146
麺	224
水羊羹	90
味噌	13, 32
色による分類	33
食塩量による分類	33
―汁	32
―煮	44
―の緩衝作用	32
―の品質	32
ミツバ	24
結びミツバ	25
みりん	13
蒸しカステラ	232
蒸し器	204
蒸し物	8, 206, 208
―の種類と加熱温度	9
ムニエル	118
麺	96
面取り	36, 40
麺の種類	224
もち米	82, 208
モヤシ	220
―の清し汁	220

や

八重作り	19
焼き餃子	226
焼き豚	212
焼きみょうばん	92
焼き物	9, 56
―の種類と方法	9
野菜	
―の色とｐＨ	38
―の切り方	4
ヤツガシラ	36
―と高野豆腐の含め煮	36
矢バス	39
湯炊き	72
ゆで卵と春雨の清し汁	214
ゆで豚	210
吉野鶏	24
寄せ物	11, 90
―の種類	90

ら

ラード	230
卵黄	52
―係数	106
卵白	52, 156
―の泡立て	232
溜菜	196, 198, 200, 202, 204
―の種類	196
―の要領	200
利休まんじゅう	88
涼拌海蜇	182
涼拌墨魚	180
両づま折り	58
緑黄色野菜を食塩水で茹でる理由	66
緑茶	94
レンコン	38
花レンコン	39
矢バス	39
肉包子	228
ローカストビーンガム	12
ロールキャベツ	124
ロールサンドイッチ	150
ロールスポンジケーキ	156
ロシア料理	101

わ

若鶏のクリーム煮	132
若菜がゆ	74
わかめ	68
ワケギ	70
丸子	208
椀種	24

新フローチャートによる調理実習

2016 年 4 月 15 日	初版第 1 刷 ©
2018 年 4 月 15 日	初版第 2 刷
2023 年 9 月 15 日	初版第 3 刷

編　著　　下　坂　智　惠
　　　　　長　野　宏　子
発 行 者　上　條　　　宰
印刷・製本　モ リ モ ト 印 刷

発行所　株式会社　地人書館
〒162-0835　東京都新宿区中町15番地
電　話　03-3235-4422
FAX　03-3235-8984
郵便振替　00160-6-1532
URL http://www.chijinshokan.co.jp
E-mail　chijinshokan@nifty.com

ISBN978-4-8052-0898-4 C3058　　　　Printed in Japan

JCOPY ＜出版者著作権管理機構　委託出版物＞
本書の無断複製は著作権法上での例外を除き禁じられています．複製される場合は，そのつど事前に出版者著作権管理機構（電話 03-5244-5088, FAX 03-5244-5089, e-mail: info@jcopy.or.jp）の許諾を得てください．